Geschichte

der

Wissenschaften in Deutschland.

Neuere Zeit.

Siebenzehnter Band.

Geschichte der Mathematik.

München, 1877.
Druck und Verlag von R. Oldenbourg.

Reprinted with the permission of the original publishers

JOHNSON REPRINT CORPORATION
111 Fifth Avenue, New York, N.Y. 10003

JOHNSON REPRINT COMPANY LIMITED
Berkeley Square House, London, W. 1

Geschichte

der

Mathematik

in Deutschland.

Von

C. J. Gerhardt.

München, 1877.

Druck und Verlag von R. Oldenbourg.

Reprinted with the permission of the original publishers

JOHNSON REPRINT CORPORATION
111 Fifth Avenue, New York, N.Y. 10003

JOHNSON REPRINT COMPANY LIMITED
Berkeley Square House, London, W. 1

First reprinting, 1965, Johnson Reprint Corporation

Printed in West Germany

Druck: Anton Hain KG, Meisenheim (Glan)

Ich hatte die Absicht, die Geschichte der Mathematik in Deutschland auf dem Hintergrund der allgemeinen deutschen Culturgeschichte zu zeichnen. Dies Ideal zu verwirklichen ist aber zur Zeit noch unmöglich, denn erst seit wenigen Jahrzehnten hat man in Deutschland der historischen Entwickelung der Mathematik ein Interesse zugewandt. Wenn nun auch einige Vorarbeiten für die neuere Zeit und Einzelnes in Betreff der früheren Jahrhunderte vorhanden waren, so mußte doch bei weitem das Meiste, namentlich für das 15. und 16. Jahrhundert, eine Blüthezeit der Mathematik in Deutschland, erst mühsam herbeigeschafft werden. Größtentheils von größeren Büchersammlungen entfernt lebend und beschränkt auf das was ein günstiges Geschick mir zusandte, war ich, wie jedem bekannt ist der Studien in größeren Bibliotheken gemacht hat, nicht minder dem Zufall preisgegeben, wenn ich dort suchte und fand wonach bisher noch Keiner gefragt hatte. Hierzu kam, daß meine amtliche Stellung mir immer nur auf kurze Zeit den Besuch wissenschaftlicher Centralpunkte gestattete, und was öfters hemmender war, die Durcharbeitung und Verwerthung des Gewonnenen auf längere Zeit hinderte.

Unter solchen Umständen ist die vorliegende Schrift entstanden. Der Plan dazu wurde bereits vor länger als einem Menschenalter gefaßt, Materialien gesammelt, Einzelnes ausgearbeitet. Vielleicht zeigen sich Spuren davon in der Darstellung, daß sie zu sehr verschiedenen Zeiten entworfen ist. Daß manche Lücke noch auszufüllen ist, erkenne ich sehr wohl, sowie daß bei fortgesetzter Arbeit auf dem Gebiete der Geschichte und Literatur der Mathematik vielleicht hier und da Einzelnes in anderem Zusammenhang sich darstellen wird. Ich werde meine langjährige Mühe belohnt sehen, wenn in der vorliegenden Schrift gefunden wird, daß sie die Grundlinien zu einer Geschichte der Mathematik in Deutschland enthält.

Eisleben im November 1877.

C. I. Gerhardt.

Inhalt.

Erstes Buch.

Bis zur Mitte des siebzehnten Jahrhunderts.

Den germanischen Völkern wurde die erste Bekanntschaft mit der Cultur des Alterthums durch die Römer vermittelt, mit welchen sie am frühsten und am längsten in Berührung kamen. Ihr eigenthümlicher Charakter indeß, ihre ganze Lebensweise verhinderte, daß unter ihnen römische Bildung schnell Wurzel faßte. Dieser Proceß vollzog sich erst, als die Deutschen den Boden des römischen Reiches in Besitz nahmen; erst dann und durch die Annahme des Christenthums wurden die Sieger die Schüler der Besiegten, aber auch so vollständig, daß nicht nur die Germanen das alte römische Reich in seiner Macht fortzusetzen sich bestrebten, sondern auch daß die ersten Keime mittelalterlicher Gesittung und Einrichtungen aus der Vermischung römischer und germanischer Institutionen hervorgingen und Kunst und Wissenschaft im weitesten Umfange auf römischer Grundlage Jahrhunderte hindurch fußten.

Beschränken wir uns auf die mathematische Wissenschaft, so zeigt in einer der glänzendsten Epochen der deutschen Geschichte, in dem Zeitalter der Ottonen, das Beispiel Gerbert's, daß er die Belebung und Förderung mathematischen Wissens wesentlich nach römischem Muster versuchte; die unter seinem Namen vorhandene Geometrie hat dieselbe praktische Tendenz wie die

Schriften der römischen Feldmesser; seine arithmetischen Schriften und die von ihm gelehrte Art und Weise des Rechnens basiren auf dem Abacus. Sogar noch zu Anfang des 16. Jahrhunderts erläutert Köbel, der Verfasser eines der am weitesten verbreiteten elementaren Rechenbücher, die arabischen Ziffern durch die römischen Zahlzeichen, die er deutsche Zahlen nennt[1]).

Es ist bekannt, daß das Christenthum von den Deutschen mit Begeisterung aufgenommen wurde; sie wurden vorzugsweise die Träger und Verkündiger der neuen Lehre. Alles andere Wissen wurde der Lehre von den himmlischen Dingen unterthan. Daher denn auch keine Weiterbildung der wenigen mathematischen Kenntnisse, die von den Römern ererbt waren. Sie reichten eben aus für die Bedürfnisse der Kirche, deren ganzes Streben auf die Erhaltung des Ueberlieferten, keineswegs auf Erwerbung neuer Kenntnisse hinausging. In den seltenen Notizen über den Unterricht in den Stifts- nnd Klosterschulen, aus welchen die Gelehrten hervorgingen, wird der Mathematik kaum gedacht. Das Rechnen geschah mittelst der Fingerrechnung, die Beda in seinem Computus lehrte; sie wurde durch Hrabanus Maurus, der die Schrift Beda's in die leichtere Form des Dialogs brachte, nach Deutschland verpflanzt[2]).

---

[1]) Das new Rechē | püchlein Wie mann uff den | Linien vnnd Spacien, mit | Rechēpfenningē, Kauffmanschafft | vnd Tegliche handelungē, leichtlich | rechē lernē mage, zum Drittē male | gebessert vñ zu Oppenheym getrückt. | 1518. Der Anfang der Vorrede lautet: Dis Rechenbüchlein, hab ich dem gemeinen Leyen zu gut vnnd nutz (dem die Zeyfertzal, im anfang zu lernē schwere) durch die gemein Teütsch zale zu Trücken, fürgenōmen, Vnd wil zu dem Ersten, dieselb Teütsch zale, die uff etlich Buchstaben auß dem A b c verordent ist, anzeigen. — In deutsch abgefaßten Schriftstücken aus dem Ende des 15. und zu Anfang des 16. Jahrhunderts werden die römischen Ziffern noch häufig gebraucht. Vergl. v. Löher, Archivalische Zeitschrift. I. Bd.

[2]) Beda, mit dem Beinamen Venerabilis († 735) trieb in einem Kloster an der Gränze Schottlands, das er nur selten verließ, sein ganzes Leben hindurch wissenschaftliche Studien. Eine Bibliothek, deren Schätze namentlich aus Rom stammten, lieferte ihm das Material. Besonders ist hier zu erwähnen seine Schrift: De temporum ratione (Bedae op. ed. Giles, tom. VI), in welcher alles was zur Bestimmung der christlichen Feste gehört, zusammen-

Erst mit der Gründung der Universitäten beginnt das Studium der mathematischen Wissenschaften in Deutschland. Als bedeutungsvoll für die Stellung, welche die Mathematik in dem Kreise der Wissenschaften in Deutschland einnehmen sollte, darf nicht unerwähnt bleiben, daß die erste Universität in deutschen Landen, die Universität zu Wien (gestiftet 1365) nach dem Muster der Pariser eingerichtet wurde, an welcher letztern um die Mitte des 14. Jahrhunderts die Nominalisten herrschten, die namentlich das Studium der Mathematik, Physik, Astronomie, Arzneikunde beförderten, und daß die Koryphäen der neu gegründeten Wiener Universität von Paris kamen und von dort die Pflege der genannten Wissenschaften nach Wien verpflanzten. Es ist ferner hervorzuheben, daß an der Wiener Universität zuerst die artistische, d. h. die philosophische Facultät ins Leben trat, und daß, als später die übrigen Facultäten hinzukamen, immer die erst genannte die tonangebende blieb und die Richtung der gesammten Universität beherrschte[1]). Der erste Rector der Wiener Universität, Albertus de Saxonia, trat als mathematischer Schriftsteller auf; er schrieb De latitudinibus formarum, Liber proportionum, De maximo et minimo, Tractate die wahrscheinlich in Wien als Lehrbücher gebraucht wurden[2]). Unter den ersten Docenten (er hatte auch auf die Einrichtung der Wiener Universität den größten Einfluß) ist als der gefeiertste Heinrich von Langenstein aus Hessen zu nennen; er war bereits

gestellt ist. Aus dem ersten Capitel, in dem Beda „de computo vel loquela digitorum" handelt, ersieht man, daß er die bei den Römern übliche Fingerrechnung kannte; in dem 55. Capitel kommt er bei Gelegenheit der Osterrechnung auf die Rechnung mit den Gliedern der Finger (articuli). — Der Computus des Hrabanus († 856) ist zum Theil ein wörtlicher Auszug aus der Schrift Beda's. Er findet sich gedruckt in Baluzii Miscellanea. Luccae 1761. Tom. II.

[1]) Aschbach, Geschichte der Wiener Universität im ersten Jahrhundert ihres Bestehens. Wien 1865. S. 70.

[2]) Weiteres über Albertus de Saxonia findet sich bei Aschbach a. a. O. S. 359 ff.

in Paris als Lehrer aufgetreten und hatte daselbst für die mathematischen Wissenschaften ein großes Interesse bewiesen. Er besaß eine gründliche Bildung, und hatte als klarer Kopf, der seiner Zeit vorauseilte, die Astrologie mit scharfen Waffen bekämpft. Durch das Gewicht seines Namens brachte er das Studium der Astronomie in Aufnahme, und erweckte dadurch auch Interesse für die Mathematik[1]). Die Vorlesungen an der Wiener Universität erstreckten sich über Euklid, die Sphaera, Latitudines formarum (d. i. ebene Geometrie, vorzugsweise Inhalt der Figuren aus senkrechten Linien und den dazu construirten Rechtecken), Proportiones Bradwardini, Perspectiva communis, Theorica planetarum. Die zu Grunde gelegten Lehrbücher waren wenigstens in der ersten Zeit des Bestehens der Wiener Hochschule dieselben, die in Paris gebraucht wurden: außer Euklid besonders die Schriften des Johann Halifax de Sacro Bosco († 1256 zu Paris). Hier sind besonders seine Algorismi zu erwähnen, von denen der eine in Versen, der andere in Prosa geschrieben ist[2]). Beide enthalten die folgenden Rechnungsoperationen: Numeratio, Additio, Subtractio, Mediatio, Duplatio, Multiplicatio, Divisio, Radicum extractio in quadratis et cubicis, von denen die ersteren von rechts nach links, die drei letztern in entgegengesetzter Richtung gelehrt werden. Der Verfasser hat sich hauptsächlich nach arabischen Vorbildern gerichtet, indeß finden sich auch Anklänge des römischen Zahlensystems, namentlich die Eintheilung der Zahlen in digiti, articuli und numeri compositi. Außerdem wurde ein Auszug aus der Arithmetik des Boetius von Johann. de Muris (Joh. von Meurs um 1300) und die Schriften Bradwardin's (Thomas von Bradwardin, Bischof von Canterbury, im ersten Drittheil

[1]) Ueber Heinrich von Langenstein siehe Aschbach a. a. O. S. 366 ff.

[2]) Der in Versen geschriebene scheint auf den Universitäten mehr gebraucht werden zu sein, als der andere; den letztern hat Halliwell herausgegeben: Johannis de Sacro-Bosco Anglici de arte numerandi tractatus. Cantabrig. 1838.

des 14. Jahrhunderts) zum Unterricht in der Mathematik gebraucht.

Diese Anfänge in dem Studium der Mathematik auf der Wiener Hochschule erhielten eine bestimmtere Bedeutung, als um die Mitte des 15. Jahrhunderts durch Johann von Gmunden ein lebhaftes Interesse für die Astronomie erweckt wurde[1]). Durch seine Planetentafeln, durch die von ihm berechneten Kalender und durch seine astronomischen Instrumente, die er so wie alle seine Bücher der Universität noch bei seinen Lebzeiten schenkte und so den Grund zu einer Bibliothek legte, schuf er den Keim zu einer deutschen astronomischen Schule, deren Ausläufer noch nach 200 Jahren bis zu den Zeiten Keppler's sich verfolgen lassen. Zum Behuf seiner astronomischen Vorlesungen und als Ergänzung zu dem Algorismus des Sacro Bosco, dessen Inhalt sich nur auf Rechnung mit ganzen Zahlen erstreckte, verfaßte Joh. von Gmunden eine Schrift über die Bruchrechnung (Tractatus de minutiis physicis), die als kanonisches Lehrbuch für die Vorlesungen auf der Universität lange Zeit diente. Minutiae physicae wurden diejenigen Brüche genannt, deren Nenner 60 ist; daher hieß auch die Rechnung mit denselben „Sexagesimalrechnung“. Wie bekannt, ist das Sexagesimalsystem seit den ältesten Zeiten in der Astronomie üblich; es wird daher auch von Ptolemäus im Almagest, worin das gesammte astronomische Wissen des Alterthums vereinigt ist, zugleich mit dem andern in der Astronomie nothwendigen Rechnungsapparate vorausgeschickt. Theon von Alexandrien hat es in seinem Commentar zum Almagest ausführlich erläutert und zugleich gezeigt, daß gewisse Rechnungen z. B. Quadratwurzelausziehung aus Zahlen, die keine Quadratzahlen sind, sich viel bequemer aus-

[1]) Joh. von Gmunden (geb. um 1380, gest. 1442 zu Wien) führte seinen Beinamen nach seinem Geburtsorte, einer kleinen Stadt am Traunsee in Oberösterreich. Nach Vollendung seiner Studien auf der Wiener Universität hielt er daselbst mathematische und astronomische Vorlesungen. Siehe Aschbach a. a. O. S. 455 ff.

führen lassen, wenn man sich der Sexagesimalbrüche bedient, als mit Hülfe der gewöhnlichen Brüche[1]). Gewissermaßen vertraten demnach die Sexagesimalbrüche die Stelle unserer Decimalbrüche[2]). — Das Sexagesimalsystem ist in der Astronomie nicht vollständig durchgeführt, da die Zeichen in 30 Grade, der Grad in 60 Minuten u. s. w. eingetheilt wird. Joh. von Gmunden erkannte, daß es für den Unterricht in den astronomischen Rechnungen vortheilhaft sei, auch für die Zeichen das Sexagesimalsystem einzuführen; er faßt deshalb 2 Zeichen zusammen und nennt ein solches signum physicum; er hat diese Einrichtung nach dem Vorgange der Alphonsinischen Tafeln auch in seinen Planetentafeln angenommen[3]). In dem oben erwähnten Tractat wird die Sexagesimalrechnung von ihm in folgenden 10 Species abgehandelt: de repraesentatione minuciarum phisicarum; de reductione integrorum ad minucias, et e converso, ac de reductione minuciarum dissimilium denominationum ad eandem denominationem et e converso; de additione; de subtractione; de mediatione; de duplatione; de multiplicatione; de divisione; de extractione radicis quarte; de extractione radicis cubice. Addition, Subtraction, Mediation werden wie bei Sacro Bosco von rechts nach links ausgeführt; von der duplatio wird bemerkt, daß wie in der Addition zu verfahren ist, weil sie nur eine additio zweier gleichen Zahlen ist. Bei der Multiplication und Division ist hervorzuheben, daß die Aus-

[1]) Maximus Planudes hat in seinem Rechenbuche das Verfahren Theon's reproducirt.

[2]) Minutie igitur phisice taliter representantur secundum quod pars alicuius per sui loci differentiam iudicantur (sic!) solus enim numerator cuiuslibet fractionis seorsum scribitur et locus pro denominatore tenetur. Exempli gratia si sunt .2. signa .24. gradus .36. minuta .45. secunda, tunc scribuntur sic .2. .24. .36. .45. primus enim locus est signorum, secundus graduum etc. Aus dem Tractat Joh.'s von Gmunden.

[3]) In tabulis vero alphancii (offenbar Druckfehler für Alphonsii) et in tabulis meis non ponuntur talia signa (d. i. signa communia) sed signa phisica, quorum quodlibet valet duo signa communia. Aus demselben Tractat.

dehnung der Rechnung geschieht auf quinta und sexta d. i. auf Theile, die in der Astronomie nicht vorkommen, die aber in der Anwendung der Sexagesimalrechnung auf beliebige Zahlen gebraucht werden. Beweise und Prüfung für die Richtigkeit der Rechnung fehlen. Bei der Quadrat- und Cubikwurzelausziehung zeigt sich eine weitere Annäherung an die Decimalbruchrechnung (die sich jedoch schon zum Theil bei Fibonacci findet): Ad hoc autem ut invenias radicem multum propinquam et praecisam alicuius numeri minuciarum paris denominationis, seu reductarum ad parem denominationem seu etiam integrorum, scribe istum numerum per suas differentias, cui praeponas cifras, quotquot volueris, in numero tamen pari, versus dextram, et quanto plures praeposueris, tanto praecisius habebis radicem, tunc extrahe radicem quadratam ex toto aggregato, et si sit aliquid residuum, pro nihilo computetur, deinde de radice quae tibi proveniet, remove tot figuras quot erunt ibi medietates cifrarum quas praeposuisti, et depone illas figuras a primis figuris scilicet versus dextram, et residuum quod remanet versus sinistram est radix, quam serva ad partem, et est integra, si numerus cuius radicem queris est integer. Si vero sit minucie, et radix erit minucie quae essent denominate a loco medio versus integra, ut dictum est prius, deinde figuras quas removisti, multiplica per .60. et de eo quod provenit, remove a parte principii tot figuras quae erant medietates cifrarum quas addidisti, ut prius, et residuum serva cum alio residuo prius servato, et erit minuta si numerus cuius radix querebatur est integer. Si vero erat minucie, tunc illud residuum erit minucia denominata a numero immediate sequenti denominationem radicis prius servate, ut si radix erat minuta, numerus proveniens erit secunda, et si erat secunda, numerus proveniens erit tertia, et sic deinceps. Deinde figuras quas ultimo removisti etiam multiplica per .60. et de numero qui proveniet, amove a parte principii tot figuras quot erant medietates cifrarum quas primo addidisti ut prius, et residuum serva cum aliis residuis, et erit numerus minuciarum sequencium istam ultimam quam servasti, et tunc iterum figuras quas ultimo amovisti multiplica per .60. ut prius, et depone medietatem cifrarum, et residuum erit minucia sequens alias servatas, et hoc fac tociens quociens volueris, ut habeas precise radicem in gradibus, minutis, secundis, tertiis et quartis, et sic quousque tibi sufficiat.

Der von Joh. von Gmunden ausgestreute Same fiel auf den fruchtbarsten Boden. Vielleicht noch in seinen letzten Lebensjahren kam Georg von Peuerbach nach Wien; er trat voll glühender Begeisterung für die Astronomie in seine Fußstapfen. Nicht minder entzündeten ihn die ersten Regungen des wiedererwachten classischen Alterthums[1]). Die Erkenntniß, daß zu den lauteren Quellen des Alterthums, die durch die Unklarheit vieler Jahrhunderte getrübt waren, zurückgegangen werden müsse, um eine gesunde Grundlage für die Wissenschaft zu gewinnen, vermochte Georg von Peuerbach alle seine Kraft, ich möchte sagen sein Leben an die Herausgabe des griechischen Textes vom Almagest des Ptolemäus zu setzen. Ein frühzeitiger Tod verhinderte die Vollendung seiner Entwürfe[2]). — Die Hauptthätig-

[1]) Georg von Peuerbach war unter den ersten, vielleicht der erste, der an der Universität Wien Vorlesungen über römische Classiker hielt. Aschbach a. a. O. S. 353.

[2]) Georg von Peuerbach (geb. 1423 zu Peuerbach ohnweit Linz, gest. 1461 zu Wien) machte nach Vollendung seiner Studien auf der Universität Wien, wahrscheinlich in den Jahren 1450 bis 1453 eine größere Reise durch Deutschland, Frankreich und Italien. An verschiedenen Universitäten nahm er einen längeren Aufenthalt; in Ferrara, wo damals der berühmte Astronom Johann Blanchinus von Bologna wohnte, hielt er astronomische Vorträge. Ueberall wurde der junge Gelehrte von den berühmten Männern der damaligen Zeit mit Auszeichnung aufgenommen. 1454 kehrte Georg von Peuerbach nach Wien zurück. Das Hauptwerk seines Lebens, die Bearbeitung des Ptolemäischen Almagests, der die Grundlage der gesammten damaligen Astronomie enthielt, nahm fortan seine ganze Thätigkeit in Anspruch. Da er des Griechischen unkundig war, so war es für ihn ein glücklicher Umstand, daß er die Bekanntschaft des gelehrten Cardinals Bessarion, der 1460 nach Wien kam,

keit Georgs von Peuerbach bewegt sich demnach auf einem Gebiete, dessen specielle Betrachtung hier ausgeschlossen bleibt; es kann nur das berücksichtigt werden, was er als Mathematiker geleistet hat. Zur Förderung seiner astronomischen Vorträge mußte sein Augenmerk auf eine gute Grundlage für den Unterricht im Rechnen gerichtet sein; das bisher gebrauchte Compendium, der Algorismus des Sacro Bosco, war veraltet. Er hatte auf seinen Reisen, die er, bevor er seine Vorlesungen an der Wiener Universität begann, wahrscheinlich in den Jahren 1450—1453 unternahm, die bessere Behandlung der Arithmetik nach den Compendien der Araber kennen gelernt; er verfaßte demnach einen Leitfaden für die ersten Elemente des Rechnens, der unter die kanonischen Lehrbücher für die Vorlesungen an der Wiener Universität aufgenommen wurde[1]). Da dieser Leitfaden wegen des großen Ruhmes des Verfassers auch auf andern Universitäten, wie Leipzig, Wittenberg, als Grundlage für die Vorlesungen benutzt und später durch Beispiele und Zusätze vielfach erweitert wurde, und da er vielleicht das älteste von einem

---

machte. Um seinen Lieblingsplan zu verwirklichen, wollte Georg von Peuerbach und sein Schüler Regiomontanus den Cardinal nach Italien begleiten, als der Tod ihn, nicht ganz 38 Jahre alt, dahinraffte. Vergl. Aschbach a. a. O S. 479 ff.

[1]) Grammateus sagt in seiner weiter unten zu besprechenden Schrift ausdrücklich, daß Peuerbach seinen Algorithmus für „die jungen studenten der hoen schuel zu Wien" gemacht habe. — Diese Schrift Georgs von Peuerbach wird unter verschiedenen Titeln angeführt: Introductorium in Arithmeticam, Algorithmus de integris, ganz allgemein: Opusculum Magistri Georgii Peurbachii Ueber die verschiedenen Ausgaben siehe Aschbach a. a. O. S. 486 f. — Außer dem Algorithmus Peuerbach's waren in der 2. Hälfte des 15. Jahrhunderts die folgenden Compendien als Grundlage für die Vorlesungen vorgeschrieben: Arithmetica communis ex divi Severini Boëtii Arithmetica per M. Joannem de Muris compendiose excerpta; Tractatus brevis proportionum abbreviatus ex libro de proportionibus D. Thomae Braguardini Anglici; Tractatus de Latitudinibus formarum secundum doctrinam magistri Nicolai Horem (Oresmii); Tractatus de Minutiis phisicis compositus Viennae Austriae per M. Joannem de Gmunden. Sie erschienen auf Veranstaltung Tannstetter's zusammengedruckt Wien 1515.

Deutschen verfaßte Rechenbuch ist, so verdient es eine ausführliche Beschreibung. In seiner ursprünglichen Gestalt enthält der Algorithmus Peuerbach's die folgenden arithmetischen Operationen: Numeratio, Additio, Subtractio, Mediatio, Duplatio, Multiplicatio, Divisio, Progressio, mit welcher letztern die Ausziehung der Quadratwurzel verbunden ist. Die sechs ersten Operationen werden ebenso wie gegenwärtig ausgeführt, die Division dagegen und die Quadratwurzelausziehung nach indischem Muster. An dem folgenden Beispiel mag das Verfahren erläutert werden; es soll 59078 durch 74 dividirt werden:

```
   62
  795
10216
59078|798
 7444|
   77
```

d. h. nach gegenwärtiger Art

```
74 : 59078|798
     49   |
     ---
     100
      28
     ---
      72
      63
     ---
       97
       36
      ---
       61
       56
      ---
        58
        32
       ---
        26
```

In Betreff der Progressio ist zu bemerken, daß die an die Spitze gestellte Definition sich nur auf die arithmetische Progression bezieht, die als die vornehmste Progression erklärt wird. Die Bestimmung der Summe irgend einer Anzahl Glieder derselben geschieht nach der jetzt üblichen Regel. Alsdann heißt es weiter: Dici consuevit tres varias esse progressiones secundum numerum trium medietatum, Arithmeticam, Geometricam et Armonicam. Es wird darauf der Charakter einer jeden angegeben, in Bezug auf die letzte bemerkt, daß sie nur aus drei Gliedern bestehe, deren Summe leicht durch Addition gefunden werden könne. Die Bestimmung der Summe einer geometrischen Progression geschieht nach einer Regel, die der für die arithmetische

Progression gegebenen ähnlich ist, die sich aber auf die gegenwärtig übliche Formel $\frac{ae^n - a}{e - 1}$ leicht zurückführen läßt. — Die Schrift enthält nur Regeln ohne Beweise und ohne Beispiele; die Praxis, namentlich das kaufmännische Rechnen, ist ganz ausgeschlossen. Als Prüfungsmittel für die Richtigkeit der Rechnungen wird die Neunerprobe durchgehends empfohlen.

Es ist ferner zu erwähnen, was Peuerbach in Betreff der Verbesserung der Grundlagen der Astronomie angebahnt und geschaffen hat. Obwohl er erkannte, daß auf das Hauptwerk, den Almagest des Ptolemäus, zurückgegangen werden müsse, so war er doch nicht minder durchdrungen, daß die Fortschritte, welche die Araber namentlich in dem rechnenden Theil gemacht hatten, für die Wissenschaft von der höchsten Wichtigkeit seien. Bekanntlich bediente sich Ptolemäus für trigonometrische Rechnungen der Sehnen, und er hatte sich eine Tafel entworfen, in welcher die Bogen um einen halben Grad zunahmen. Die Araber erhielten, noch ehe sie mit der Mathematik der Griechen vertraut wurden, durch indische Gelehrte astronomische Tafeln, die nach Viertelgraden fortschritten, und mit ihnen zugleich die wichtige Verbesserung, welche die indischen Astronomen in der Trigonometrie gemacht hatten: die Anwendung der Sinus. Ptolemäus hatte den Halbmesser = 60, der Araber Arzachel (um 1080) denselben = 150 gesetzt. Peuerbach beschloß eine neue Sinustafel zu berechnen, durch die alle bisherigen an Genauigkeit übertroffen werden sollten; er setzte den Halbmesser = 600000, und ließ die Grade von 10′ zu 10′ wachsen[1]). Als Einleitung schickte er die Anweisung zur Berechnung der Sinus, wie sie Arzachel gelehrt, voraus, zugleich mit den Lehrsätzen, die Ptolemäus im ersten Buch des Almagests über die Berechnung der Sehnen gegeben hat[2]).

[1]) Der Titel derselben ist: Nova tabula sinus de decem minutis in decem, per multas millenarias partes cum usu: quae plurimarum rerum in astronomia occasio fuit. Diese Tafel ist nicht gedruckt.

[2]) Diese Einleitung zu der Peuerbach'schen Tafel ist gedruckt in: Tractatus

Georg von Peuerbach wurde in der Blüthe seines Lebens, mitten aus seiner rastlosen Thätigkeit für die Wissenschaft durch einen jähen Tod dahingerafft. Sterbend empfahl er seinem großen Schüler Regiomontanus die Fortsetzung und Vollendung seiner wissenschaftlichen Entwürfe.

Regiomontanus, einer der größten Männer die Deutschland hervorgebracht, wurde den 6. Juni 1436 zu Königsberg in Franken geboren. Sein eigentlicher Name war Johannes Müller; der damaligen Sitte gemäß nannte er sich nach seinem Geburtsort Johannes Regiomontanus oder Johannes de Monte Regio [1]). Bereits in seinem zwölften Jahre bezog er die Universität Leipzig, wo er bis 1450 blieb. Eine entschiedene Neigung für die Mathematik und insbesondere für die Astronomie zog ihn nach Wien, der damaligen Hauptculturstätte für mathematische Studien, die Peuerbach's Name mit einem weithinstrahlenden Glanz verherrlichte. Bald bildete sich zwischen dem jugendlichen Meister und dem talentvollen Schüler ein seltenes Freundschaftsverhältniß, das in glühender Begeisterung für Förderung derselben Wissenschaft und in gemeinsamer Arbeit sich immer inniger gestaltete. Kaum hatte Regiomontan das vorschriftsmäßige Alter, das die Gesetze der Wiener Universität für den Antritt des Lehramts bestimmten, erreicht, so finden wir ihn neben seinem Meister als Docenten; er las im Jahre 1458 zuerst über Perspectiva communis, im Jahre 1460 über das erste Buch Euklid's. Der

---

Georgii Peurbachii super propositiones Ptolemaei de Sinubus et Chordis. Item Compositio Tabularum Sinuum per Joannem de Regiomonte. Adjectae sunt et Tabulae Sinuum duplices per eundem Regiomontanum. Omnia nunc primum in utilitatem Astronomiae studiosis impressa. Norimbergae apud Joh. Petreium anno Christi M. D. XLI. Herausgeber ist Johann Schöner.

[1]) Die Matrikel der rheinischen Nation (Universität Wien) giebt an: 1450 Johannes Molitoris de Kunigsperg, und fügt in der Randbemerkung bei: Alias Magister Joh. de Monte regio, excellentissimus Mathematicus suae tempestatis et novus instaurator Astronomiae, ob id Germaniae decus appellatus etc. Aschbach a. a. O. S. 538.

jähe Tod Peuerbach's, so furchtbar und erschütternd dies Ereigniß auch auf Regiomontan einwirkte, vermochte nicht die gemeinsam begonnenen Arbeiten zu unterbrechen; vielmehr fand sich Regiomontan durch das seinem sterbenden Lehrer und Freund gegebene Versprechen veranlaßt, alle seine Kraft an die Vollendung der unternommenen Aufgaben zu setzen[1]). Peuerbach starb mitten unter den Vorbereitungen zu einer Reise nach Italien, die er von Regiomontan begleitet, im Gefolge des Cardinals Bessarion antreten wollte; Hauptzweck derselben war, die griechische Sprache zu erlernen, um eine Ausgabe des Originals von Ptolemäus' Almagest zu veranstalten. Bessarion verließ Wien im Herbst 1461, und Regiomontan folgte ihm nach Rom[2]), wo er die Epitome in Ptolemaei Almagestum vollendete[3]) und seine Trigonometrie ausarbeitete. Außerdem setzte er zu Rom und zu Viterbo, wo er sich im Sommer und Herbst des folgenden Jahres aufhielt, seine astronomischen Beobachtungen fort. Um die Mitte des Jahres 1463 ging Bessarion als Gesandter nach Venedig; Regiomontan, der gewissermaßen in seinen Diensten stand[4]), war wiederum in seinem Gefolge. Hier verweilte er längere Zeit und arbeitete ungestört an seinen Werken[5]), da Bessarion eine Reise

---

[1]) Nicht ohne Rührung liest man die letzten Worte des sterbenden Peuerbach, die Regiomontan in der Vorrede zur Epitome in Almagestum berichtet: Verum paulo antequam e vita discederet, cum in manibus et gremio moribundum tenerem, Vale, inquit, mi Johannes, vale: et si quid apud te pii praeceptoris memoria poterit, opus Ptolemaei quod ego imperfectum relinquo absolve; hoc tibi ex testamento lego, ut etiam vita defunctus, partis tamen mei meliore superstite, Bessarionis nostri optimi ac dignissimi principis desiderio satisfaciam.

[2]) Regiomontan in der Eröffnungsrede zu seinen Vorlesungen über Alfragan in Padua: Duce itaque Patrono (Bessarione) communi Romam profectus.

[3]) Peuerbach hatte, als er starb, die 6 ersten Bücher ausgearbeitet, Regiomontan fügte die 7 übrigen hinzu.

[4]) Regiomontan schreibt an Blanchinus: Voluntas mea ex imperio. Domini mei Reverendissimi pendere debet, cui soli serviendum est, quo fit ut minus libito studiis adhaerere possim librosque quoslibet copiare.

[5]) Tabula foecunda, Widerlegung der Kreisquadratur des Nicolaus von Cusa

nach Griechenland unternahm. Während die Rückkehr desselben sich verzögerte, machte Regiomontan höchst wahrscheinlich von Venedig aus Ausflüge nach Ferrara, um dort Blanchinus, mit dem er in Correspondenz stand, persönlich kennen zu lernen, nach Padua, wo er wie sein unvergeßlicher Lehrer und Freund Peuerbach während des Winters 1463—1464 Vorträge über Astronomie hielt, nach Rom im Winter 1464—1465. Es wird angenommen, daß Regiomontan bis zum Jahre 1468 in Italien blieb. Er kehrte mit einem reichen Schatz griechischer Codices, die er theils erworben theils mit eigener Hand abgeschrieben hatte, nach Deutschland zurück und wandte sich zunächst nach Wien, ohne jedoch als Docent an der Universität aufzutreten. Wie konnte er sich auch entschließen, nach ein- für allemal festgestellten Normen und nach längst veralteten Compendien Vorträge zu halten? Regiomontan zog es vor in die Dienste des Königs von Ungarn, Matthias Corvinus, zu treten, der ein großer Verehrer der Astronomie war und in Ofen eine kostbare Bibliothek namentlich von griechischen Manuscripten anlegte. Indeß die Zerstreuungen, in die er durch das Hofleben hineingezogen wurde, und Kriegsunruhen veranlaßten ihn im Frühjahr 1471 Ungarn zu verlassen und seinen Wohnsitz nach Nürnberg zu verlegen. Eam (Nurenbergam), schreibt er dem Mathematiker Christian Röder in Erfurt unter dem 4. Juli 1471, mihi delegi domum perpetuam tum propter commoditatem instrumentorum et maxime astronomicorum quibus tota sideralis innititur disciplina, tum propter universalem conversationem facilius habendam cum studiosis viris ubicunque vitam degentibus, quod locus ille perinde quasi centrum Europae propter excursum mercatorum habeatur. In Nürnberg begann nun Regiomontan eine großartige wissenschaftliche Thätigkeit zu entwickeln. Durch die Geldmittel des ihm befreundeten reichen Patriciers Bernhard Walther unterstützt, baute er eine Sternwarte und versah sie mit den besten unter seiner Leitung angefertigten Instrumenten; er legte ferner zur

Herausgabe mathematischer Schriften eine eigene Druckerei an. Die ersten Drucke die daraus hervorgingen, sind astronomischen Inhalts. Aber nur wenige Jahre sollte Regiomontan in dieser glücklichen Lage verbleiben; bereits im Jahre 1475 erging an ihn von Papst Sixtus IV die Aufforderung nach Rom zu kommen, um an der Verbesserung des Kalenders mitzuwirken. Nicht ohne Zaudern verließ er Ende Juli 1475 sein geliebtes Nürnberg, wohin er nicht wieder zurückkehren sollte. Zu Anfang des Herbstes traf Regiomontan in Rom ein. Er starb daselbst den 6. Juli 1476, wie einige berichten, an Gift, das ihm die Söhne Georgs von Trapezunt beibrachten, um ihren Vater wegen der von Regiomontan gegen denselben erhobenen Angriffe zu rächen, nach einer andern, wie es scheint richtigeren Annahme, an einem pestartig grassirenden Sommerfieber.

Regiomontan's wissenschaftlicher Nachlaß kam in den Besitz seines Freundes und Mitarbeiters Bernhard Walther, der solange er lebte († 1504) ihn sorgfältig bewahrte; weniger geschah dies von seinen Erben, die den kostbaren Schatz nicht zu würdigen verstanden, so daß vieles zu Grunde ging. Einzelnes wurde von dem Magistrat der Stadt Nürnberg und von dem reichen Patricier Bilibaldus Pirckheimer erworben und von den beiden Schöner und Joh. Werner herausgegeben.

Regiomontan veröffentlichte während seines Aufenthaltes in Nürnberg ein Verzeichniß der Werke, die er bereits herausgegeben und die noch aus seiner Officin hervorgehen sollten[1]. Es besteht aus zwei Abtheilungen; die erste enthält die größten Mathematiker des Alterthums, die zweite die Arbeiten der neuern und seine eigenen: in der That ein riesiges Unternehmen, das die Kräfte eines Einzelnen weit zu übersteigen scheint. Aber es

[1]) In Schwarz, De origine typographie Pars 3. pag. 54 findet sich das Verzeichniß Regiomontan's nach dem Original abgedruckt. Im Wesentlichen stimmt das von Doppelmayr gegebene damit überein (Doppelmayr, Historische Nachricht von den Nürnbergischen Mathematicis etc. Nürnberg 1730. S. 12 ff.)

charakterisirt den erhabenen Geist des Mannes, der die ganze Wissenschaft umfaßte.

Es sind zunächst die Arbeiten Regiomontan's zu erwähnen, die sich an die Peuerbach's anschließen. Da die vorhandenen Sinustafeln noch nicht hinreichende Genauigkeit besaßen und für den Gebrauch nicht bequem genug waren, so berechnete Regiomontan zwei neue Sinustafeln von Minute zu Minute, die eine für den Halbmesser = 6 000 000, die andere für den Halbmesser = 10 000 000 [1]). Zur erstern hat er eine Einleitung vorausgeschickt, in welcher er den Gang der Rechnung und den Gebrauch der Tafel erläutert. Der Gang der Berechnung ist der folgende: Nachdem Regiomontan den Satz vorausgeschickt, daß wenn man den Sinus eines Bogens, der kleiner als 90°, kennt, auch der Sinus seines Complements bekannt ist, findet er zuerst, ebenso wie Peuerbach, die Sinus von 30°, 60°, 45°, 15°, 75°, und zwar nimmt er hierbei, um eine größere Genauigkeit zu erzielen, den Radius = 600 000 000 an. Alsdann findet er mit Hülfe des Satzes, daß der Sinus eines Bogens der kleiner als 90°, die mittlere Proportionale zwischen dem Sinus versus des doppelten Bogens und dem Halbmesser ist (d. h. $\sin^2 \frac{1}{2} x = \frac{1 - \cos x}{2}$), die Sinus zu den Bogen 7° 30′, 3° 45′, 22° 30′, 11° 15′, 37° 30′, 18° 45′, 41° 15′, 33° 45′, 26° 15′, und die Sinus der Complementbogen. Ferner bestimmt er durch die Seiten des regulären Zehnecks und Fünfecks die Sinus der Bogen von 36°, 18°, 9°, 4° 30′, 2° 15′, 27°, 13° 30′ u. s. w. im Ganzen von 48 Bogen nebst den Sinus der Complemente. Weiter findet Regiomontan mit Hülfe der Seite des regulären Fünfzehnecks den Sinus von 12° und hierdurch die Sinus aller Bogen von 45′ zu 45′. Um den Sinus von 1° zu erhalten, der zwischen die Sinus von 45′ und 1° 30′ fällt, berechnet Regiomontan mit Hülfe geometrischer Betrachtungen zwei Gränzen,

[1]) Beide sind gedruckt in der S. 12 genannten Schrift.

zwischen denen er liegt. Diese Gränzen fallen zusammen für den Sinus von 30'. So findet er den Sinus von 15'. Diese umständlichen Rechnungen, setzt er hinzu, seien aber nicht einmal nöthig; man könne durch Dreitheilung des Bogens von 45' auf den Sinus von 15' kommen, da hier die Sinus wie die Bogen abnehmen. Zuletzt bemerkt Regiomontan noch, daß wenn man sich auf Minuten beschränkt, die beiden letzten Ziffern in den Sinus weggelassen werden könnten, und es sei ausreichend, den Radius = 60000 zu nehmen. Ueber die zweite Tafel für den Radius = 10000000 ist nichts beigebracht. Mit dieser letztern, die einen Fortschritt zur Decimalrechnung bezeugt, steht vielleicht eine dritte Tafel, die wir Regiomontan verdanken, die Tangententafel, Tabula foecunda genannt, in Zusammenhang; sie giebt die Tangenten aller Grade für den Radius = 100000[1]). Bekanntlich hatte schon der arabische Astronom Abulwefa im 10. Jahrhundert die Tangenten in die Trigonometrie eingeführt; hatte Regiomontan davon Kenntniß, oder hat er diese Neuerung selbstständig gemacht?

Wir kommen zu einem andern Werke Regiomontan's, in welchem er ebenfalls eine Idee Peuerbach's verwirklichte. Peuerbach hatte erkannt, daß zum Verständniß der Lehren der Astronomie die Abfassung einer Trigonometrie nöthig sei; sein früher Tod ließ den Gedanken unausgeführt. Regiomontan ging, nachdem er den Auszug aus dem Almagest vollendet, ans Werk; seine Schrift: De triangulis omnimodis libri quinque, wurde lange nach seinem Tode von Joh. Schöner im Jahre 1533 herausgegeben[2]). Wie letzterer in der Vorrede bemerkt, ist nur das erste Buch zum Druck vollständig ausgearbeitet, die übrigen

---

[1]) Diese Tangententafel ist enthalten in: Johannis de Monte regio, mathematici clarissimi, tabulae directionum profectionumque totam rationem primi motus continentes etc. Viteberg. 1606. pag. 15.

[2]) Doctissimi viri et mathematicarum discipl. eximii Professoris, Joannis de Regiomonte, de triangulis omnimodis libri quinque .... Accesserunt huc in calce pleraque D. Nicolai Cusani de quadratura cir-

Bücher lassen die letzte Hand des Verfassers vermissen. Der Herausgeber hat das Manuscript unverändert abdrucken lassen. Das erste Buch beginnt mit Definitionen und allgemeinen Grundsätzen (communes animi conceptiones); nächstdem werden als einleitende Sätze die Bedingungen vorausgeschickt, unter welchen Größen gegeben sind, z. B. wenn eine Linie gegeben ist, so ist auch ihr Quadrat gegeben, und umgekehrt; ist das Verhältniß zweier Größen gegeben und eine derselben, so ist auch die andere bekannt; wenn von vier proportionalen Größen beliebige drei gegeben sind, so ist auch die vierte gegeben u. s. w. Mit Satz 20 beginnt die Trigonometrie, zunächst die Betrachtung des rechtwinkligen Dreiecks. Die einzelnen Stücke des Dreiecks werden nur mit Hülfe des Sinus bestimmt, die übrigen Functionen kommen nicht zur Anwendung. Jeder Satz wird zuerst geometrisch behandelt, daran schließt sich ein numerisches Beispiel (operatio oder opus). Alsdann folgen das gleichseitige, gleichschenklige und das beliebige Dreieck. Zunächst wird die Aufgabe, aus den drei gegebenen Seiten die Winkel zu finden, betrachtet. Regiomontan behandelt sie äußerst umständlich. Nachdem er die Winkel untersucht, ob sie rechte, spitze oder stumpfe sind, bestimmt er auf mehrfache Art die beiden Theile, in welche die Basis durch die Senkrechte getheilt wird (nach den Sätzen vom stumpfwinkligen und spitzwinkligen Dreieck, $a^2 = b^2 + c^2 + 2bm$ u. s. w.), darauf wird die Höhe gefunden, und nun erst die Winkel. Hieran reihen sich die übrigen Aufgaben: aus zwei Seiten und dem eingeschlossenen Winkel die andern Stücke des Dreiecks zu finden, ferner aus zwei Seiten und dem der einen Seite gegenüber liegenden stumpfen Winkel (liegt der einen Seite ein spitzer Winkel gegenüber, so ist die Bestimmung des Dreiecks nicht ausreichend; ist dazu noch die Lage der Senkrechten bekannt, so ist das Dreieck bestimmt), aus einer Seite und den

---

culi, deque recti ac curvi commensuratione, itemque Jo. de monte regio eadem de re ἐλεγκτικα, hactenus a nemine publicata. Norimberg. 1533. — Pirckheimer hatte das Manuscript von den Erben Walther's gekauft.

beiden anliegenden Winkeln, aus einer Seite, einem anliegenden und dem gegenüberliegenden Winkel. Man sieht, daß diese Fundamentalaufgaben in strenger Aufeinanderfolge abgehandelt werden. Das zweite Buch beginnt mit dem Satz, daß die Seiten eines geradlinigen Dreiecks sich wie die Sinus der gegenüberliegenden Winkel verhalten. Daran reihen sich viele Aufgaben über das ebene Dreieck, die Regiomontan fast sämmtlich so zu sagen analysirend behandelt; nur bei zweien, die er geometrisch nicht lösen kann, macht er von der Algebra oder wie er sich ausdrückt: per artem rei et census, Gebrauch[1]). In dem dritten Buche folgt die sphärische Trigonometrie, die wie es scheint auf Grundlage der Sphaerica des Menelaus bearbeitet ist[2]). Den Anfang machen Sätze über die Kugel und Kugelkreise; hieran schließt sich die Betrachtung des sphärischen Dreiecks im Allgemeinen. In dem vierten Buche werden das rechtwinklige und das beliebige sphärische Dreieck behandelt; es finden sich darin die Hauptlehrsätze der sphärischen Trigonometrie. Das fünfte Buch enthält Lehrsätze und Aufgaben, die das sphärische Dreieck betreffen. In den beiden letzten Büchern gebraucht Regiomontan eine eigenthümliche Bezeichnung der Grade und Minuten, die auch in seinen Briefen wiederkehrt; er bezeichnet $\overline{25}.40 = 25^{\circ}40'$. — Im Allgemeinen ist als charakteristisch für das eminente Talent Regiomontan's hervorzuheben, daß die Behandlung der Trigonometrie, wie sie in dem besprochenen Werke vorliegt, in ihren Grundzügen bis auf die Gegenwart unverändert beibehalten worden ist.

---

1) Die eine dieser beiden Aufgaben ist: Wenn die Senkrechte, die Basis und das Verhältniß der Seiten gegeben sind, eine jede der Seiten zu finden, und die andere: Wenn der Unterschied zweier Seiten, der Unterschied der Abschnitte, in welche die Basis durch die Höhe getheilt wird, und die Höhe gegeben sind, die Seiten des Dreiecks zu finden.

2) Die Sphaerica des Menelaus finden sich in dem oben erwähnten Verzeichniß unter den Werken, die Regiomontan herausgeben wollte. Auch geht aus seinen Briefen hervor, daß er eine eingehende Kenntniß von dem Inhalt desselben besaß.

Aus dem Nachlaß Regiomontan's sind noch zwei kleinere Schriften herausgegeben worden, deren hier kurz zu gedenken ist: Oratio introductoria in omnes scientias Mathematicas, Patavii habita, cum Alfraganum publice praelegeret, und: In Elementa Euclidis Praefatio [1]). In jener entrollt Regiomontan ein anziehendes Bild über sämmtliche mathematische Wissenschaften, über den Begriff und den Ursprung derselben, den er der Tradition gemäß nach Aegypten verlegt, und über den Zusammenhang, in dem sie unter einander stehen. Er erwähnt zugleich bei jeder Disciplin die Hauptschriftsteller des Alterthums und der neuern Zeit und charakterisirt ihre Leistungen. Man erstaunt über den gewaltigen Geist, dem das ganze Gebiet der Wissenschaft unterthan ist, der von dem Stande jeder Disciplin Kenntniß hat und jeden Autor mit gesundem Urtheil würdigt [2]). — Die zweite oben genannte kleine Schrift, die nur drei Quartseiten umfaßt, sollte wie es scheint eine Einleitung sein zu einer neuen verbesserten Ausgabe der lateinischen Uebersetzungen Euklid's, die Adhelard von Bath und Campanus im 12. und 13. Jahrhundert veranstaltet hatten. Die erstere bezeichnet Regiomontan in seiner zu Padua gehaltenen Rede als eleganter et brevissime facta; er besaß davon eine Abschrift, die noch in der Nürnberger Bibliothek vorhanden ist (Doppelmayr a. a. O. S. 13) [3]).

[1]) Beide sind enthalten in: Continentur in hoc libro. Rudimenta astronomica Alfragani. Item Albategnius astronomus peritissimus de motu stellarum, ex observationibus tum propriis, tum Ptolemaei, omnia cum demonstrationibus Geometricis et Additionibus Joannis de Regiomonte. Item Oratio introductoria in omnes scientias Mathematicas Joannis de Regiomonte, Patavii habita, cum Alfraganum publice praelegeret. Ejusdem utilissima introductio in elementa Euclidis. Item Epistola Philippi Melanthonis nuncupatoria, ad Senatum Norimbergensem. Omnia jam recens prelis publicata. Norimbergae anno MDXXXVII. 4.

[2]) So erwähnt Regiomontan in Betreff Euklid's, daß er nicht der selbstständige Verfasser der Elemente ist, sondern daß er die Schriften seiner Vorgänger in ein Ganzes verschmolzen hat (Talia scripta plurima ad manus tandem Euclidis Megarensis pervenere, quibus et ipse non pauca pro acumine ingenii sui addidit).

[3]) Joh. Schöner hat aus dem Nachlaß Regiomontan's noch eine Schrift:

Bereits ist oben erwähnt, daß Regiomontan mit den Lehren der Algebra bekannt war. Es ist nicht wahrscheinlich, daß er sie erst in Italien kennen gelernt; vielmehr ist anzunehmen, daß er schon während seines Wiener Aufenthaltes damit Bekanntschaft gemacht, denn er schreibt in seinem zweiten Briefe (im Winter 1463—1464) an Blanchinus [1]): quare per alium tertium respondebo modum, quo demum scietis artem rei et census (vocant arabice algebram) mihi esse familiarem. Nicht minder geht dies aus seinem Werk: De triangulis omnimodis hervor; die Behandlung der bereits erwähnten beiden Aufgaben zeugt von großer Gewandtheit, die in so kurzer Zeit nicht leicht erworben wird. Wie auf den andern Gebieten der Mathematik, versuchte er auch hier die Wissenschaft zu erweitern, und er hat erkannt, worauf es hierbei ankommt: er schreibt (Nürnberg 4. Juli 1471) an Christian Röder in Erfurt: Hoc autem scire velim, habeasne in bibliotheca tua, libris raris ut audio

---

Algorithmus demonstratus, herausgegeben. Da das Manuscript von Regiomontan's Hand geschrieben war, so stand es bisher nicht fest, ob er der Verfasser desselben, oder ob er es nur copirt habe. Aus einer Stelle seiner zu Padua gehaltenen Rede indeß läßt sich mit größter Wahrscheinlichkeit schließen, daß das Letztere anzunehmen ist. Indem er daselbst von den Schriften über Arithmetik und Algebra spricht, sagt er: Habetur demum apud nostros Quadripartitum numerorum, opus insigne admodum, item Algorithmus demonstratus et Arithmetica Bohecii introductio ex Graeco Nicomacho sumpta. Wäre die Schrift von ihm verfaßt, so würde er sie sicherlich nicht in dieser Reihenfolge aufgeführt haben. Hierzu kommt, daß der Inhalt, namentlich die Darstellung der Rechnungsoperationen, nicht mit dem übereinstimmt, wie diese sich sonst in Regiomontan's Schriften finden. Jedenfalls ist aber die Schrift ein interessanter Versuch, die Lehren der Arithmetik, die damals rein praktisch vorgetragen wurden, allgemein darzustellen und zu begründen. Auf Grundlage der alten Algorithmi (Eintheilung der Zahlen in digiti, articuli, compositi, ferner in limites) werden die Grundoperationen in ganzen und gebrochenen Zahlen (minutiae vulgares et physicae) ohne irgend welche Beispiele betrachtet und bewiesen. In einem Anhang ist etwas über Proportionen hinzugefügt.

[1]) Die Briefe Regiomontan's sind gedruckt im ersten Bande von Murr Memorabilia Bibliothecarum publicarum Norimbergensium et universitatis Altdorfinae, Norimberg. 1786.

refertissima, quicquam de equipollentiis solidorum, unde ars illa subtilissima de re et censu ampliari possit. Sunt enim qui se jactent ampliorem habere artem algebraicam, quam in sex capitulis vulgatissimis traditur. Sed ipsi profecto ignorant, hanc artem ad cubos, census censuum atque ulteriores potentias extendi non posse, nisi prius geometria solidorum equipollentium edatur; quemadmodum enim tria capitula composita superficierum equipollentiis innituntur, ita novum artis additamentum ex commutatione solidorum hauriatur necesse est. Haec ideo commemini ut labor meus ad id negotium assumptus in parte levetur, facile enim erit inventis addere quidpiam, et si haec geometria apud te non est, hoc saltem munus exhibere poteris, ut inventarium bibliothecae illius ad me quantocius mittas, quae plurimis abundat mathematicis codicibus, cuique ut accepi tu praefectus es.

Regiomontan ist einer der außerordentlichsten Menschen, die je gelebt haben. Sein umfassendes Wissen, das sich über das gesammte Gebiet der mathematischen Wissenschaften erstreckte, seine glühende Begeisterung für die Verbreitung und Erweiterung derselben sichern ihm einen Ehrenplatz unter den größten Männern Deutschlands. Ueberall setzt er sich mit den Gelehrten seines Fachs in Verbindung durch Briefwechsel, den er durch zahlreiche Aufgaben zu unterhalten und zu beleben sucht. Ja er setzt Preise aus, um zur Lösung derselben anzureizen[1]). Obwohl ihm nur wenige Jahre des kräftigsten Wirkens beschieden waren, so übte er doch vermöge seiner eminenten Begabung nicht nur auf seine Zeitgenossen den mächtigsten Einfluß, sondern er bestimmte auch mehrere Menschenalter hindurch die Richtung wissenschaftlicher Bestrebungen. Von ihm datirt Nürnbergs glänzendste Epoche in Wissenschaft und Kunst. Alle Berichte[2]) aus der

[1]) In dem Briefe an Ch. Röder bietet er dem, der sechs von seinen Aufgaben lösen würde, für jede zwei ungarische Goldstücke.

[2]) Regiomontanus in inclyta civitate (Norimberga) habitus fuit veluti

unmittelbar folgenden Zeit stimmen darin überein, daß seine Begeisterung für die Astronomie und für die Mathematik überhaupt eine lebendige Nacheiferung hervorrief. Er gab den kräftigen Anstoß, daß die mathematischen Studien in Deutschland ein Jahrhundert hindurch zu einer Blüthe kamen, wie in keinem andern Lande[1]).

Zwei Männer, beide aus Nürnberg, sind zunächst hervorzuheben: Johann Werner und Albrecht Dürer der Jüngere.

Johann Werner (geb. 1468, gest. 1528) war Geistlicher in seiner Vaterstadt Nürnberg. In seinen Mußestunden beschäftigte er sich mit astronomischen Beobachtungen und mit dem Studium der Mathematik; besonders scheint er den in Regiomontan's Nachlaß vorhandenen Codex Archimed's studirt zu haben. Von seinen mathematischen Schriften, von denen ein Theil Manuscript geblieben ist, sind gedruckt: Libellus super viginti duobus elementis conicis. Commentarius seu paraphrastica enarratio in undecim modos conficiendi ejus Problematis quod Cubi dupli-

---

Parens, a quo bonae artes ita propagari coeperunt, ut ex eo usque tempore nusquam magis floruerint. Gassendi in vita Regiomont. p. 368. — Noriberga, dum Regiomontano fruebatur, Mathematici inde et studii et operis gloriam tantam adepta, ut Tarentum Archyta, Syracusae Archimede, Bizantium Proclo, Alexandria Ctesibio non justius quam Noriberga Regiomontano gloriari possit. Petri Rami Schol. mathem. lib. 2. p. 65.

[1]) Als Zeitgenosse Peuerbach's und Regiomontan's dürfte hier noch der Cardinal Nicolaus von Cusa (geb. 1401 zu Cues bei Trier, gest. 1464 als Bischof von Brixen) zu erwähnen sein. Er hat mehrere Schriften mathematischen Inhalts herausgegeben, in welchen er wiederholt die Quadratur des Kreises behandelt. Belesenheit in den Schriften Euklid's und Archimed's ist ihm nicht abzusprechen; aber er bedient sich nicht selten an Stelle der strengen mathematischen Methode philosophischer Räsonnements, wodurch er zu Fehlschlüssen geführt wird. Cusa's Versuche in Betreff der Quadratur des Kreises hat Regiomontan in mehreren Aufsätzen kritisirt und durch genaue Rechnung untersucht; sie sind aus seinem Nachlaß zugleich mit der Schrift De triangulis omnimodis lib. V. von Schöner 1533 herausgegeben. — Ueber Cusa vergl. Schanz, Der Cardinal Nicolaus von Cusa als Mathematiker, Programm des Königl. Gymnasiums zu Rottweil 1872.

catio dicitur. Commentatio in Dionysiodori problema quo data sphaera a plano sub data secatur ratione. Alius modus idem problema conficiendi ab eodem Joanne Vernero novissime compertus demonstratusque[1]). Die erste Schrift, die eine Einleitung zu den beiden folgenden bildet (praemisi conica elementa, ut his discussa densae obscuritatis nebula longe evidentiore patescerent (cubi duplicationes) intelligentia, sagt Werner in dem Vorwort) enthält in 22 Sätzen die hauptsächlichsten Eigenschaften der Parabel und Hyperbel nebst deren Constructionen in der Ebene, als derjenigen Kegelschnitte, die in dem Folgenden zur Anwendung kommen. Werner läßt die Curven am gleichseitigen Kegel entstehen, den er durch Drehung eines rechtwinkligen Dreiecks um eine seiner Katheten beschreibt, oder auch dadurch, daß er in der Ebene einen Kreis und außerhalb derselben einen Punkt annimmt, durch welchen bis zur Peripherie eine unbegränzte Gerade geht, die auf der Peripherie herumgeführt wird. Er betrachtet die Curven unmittelbar an der Kegeloberfläche und entwickelt die Theoreme durch rein geometrische Betrachtungen aus dem Kegel, ein Verfahren, das ihm eigenthümlich ist und bei den Geometern des Alterthums nicht vorkommt. Die zweite der oben genannten Schriften enthält eine Bearbeitung der 11 aus dem Alterthum überlieferten Lösungen des berühmten Problems über die Verdoppelung des Würfels[2]). Werner hat zwölf Anhänge hinzugefügt, in welchen

[1]) Sie finden sich sämmtlich in dem Werke: In hoc opere haec continentur. Libellus Joannis Verneri Nurembergen. super viginti duobus elementis conicis. Ejusdem Commentarius seu paraphrastica enarratio in undecim modos conficiendi ejus Problematis quod Cubi duplicatio dicitur. Ejusdem Commentatio in Dionysiodori problema, quo data sphaera a plano sub data secatur ratione. Alius modus idem problema conficiendi ab eodem Joanne Vernero novissime compertus demonstratusque. Ejusdem Joannis de motu octavae Sphaerae Tractatus duo. Ejusdem summaria enarratio Theoricae motus octavae Sphaerae. Am Ende: Impressum Nurembergae per Fried. Peypus. Anno MDXXII.

[2]) Sie finden sich zusammen in dem Commentar des Eutocius zum zweiten Buch von Archimed's Schrift über Kugel und Cylinder; es sind die

er eine Anzahl stereometrischer Aufgaben behandelt, z. B. einen Cubus zu construiren, der einem gegebenen Parallelepipedum gleich ist, ein Parallelepipedum in einen Cylinder von gleicher Höhe zu verwandeln, einen Cylinder in einen Cubus zu verwandeln. In dem 11. Anhang zeigt Werner, daß die Sonnenstrahlen an der Erde als parallel zu betrachten sind, im 12., daß ein parabolischer Spiegel die Sonnenstrahlen nach einem Punkt der Axe wirft, der um den vierten Theil des Parameters vom Spiegel entfernt ist. Die zuletzt genannte Schrift enthält ebenfalls eine Aufgabe, über die Eutocius in seinem Commentar zum fünften Theorem des zweiten Buchs von Archimed's Schrift über Kugel und Cylinder handelt: eine Kugel durch eine Ebene nach einem gegebenen Verhältniß zu theilen. Den Auflösungen von Dionysiodorus und Diocles, von denen die erste auf dem Durchschnitt einer Parabel und einer Hyperbel, die andere auf dem Durchschnitt einer Hyperbel und einer Ellipse beruht, hat Werner eine eigene hinzugefügt, die vermittelst des Durchschnitts einer Parabel und einer Hyperbel geschieht.

Albrecht Dürer, der berühmte Maler (geb. 1471, gest. 1528), hat sich durch keine namhafte Entdeckung auf dem Gebiete der mathematischen Wissenschaften berühmt gemacht, aber er verdient einen Platz in der Geschichte der Mathematik Deutschlands: er hat die erste darstellende Geometrie in deutscher Sprache geschrieben. Ernstes Nachdenken, unverdrossener Fleiß in seiner Kunst und vielleicht das Beispiel von Luca Pacioli[1]) hatten ihn darauf geführt, daß für Künstler und Handwerker eine mathematische Grundlage zur Ausübung ihrer Kunst unumgänglich nöthig sei. Drei Jahre vor seinem Tode erschien: Underweysung der messung mit dem zirckel vñ richtscheyt | in Linien ebenen

Lösungen von Plato, Hero, Philo von Byzanz, Apollonius von Perge, Diocles, Pappus, Sporus, Menechmus, Archytas nach den Angaben des Eudemus, Eratosthenes, Nicomedes.

[1]) So ist dieser Name zu schreiben, nicht Paccioli. Sieh. Libri Hist. des scienc. mathémat en Italie, Tom. III. p. 133.

vnnd gantzen corporen | durch Albrecht Dürer zusammengezogē | vnd zu nutz allē kunstliebhabenden mit zu gehörigen figuren | in truck gebracht[1]). Das erste Buch beginnt mit der Construction von Linien, Ebenen und Körpern; von den krummen Linien werden der Kreis, die Kegelschnitte (deren Construction Dürer aus dem geraden Kegel herleitet), die Spirale, die Schraubenlinie, die Eilinie, die Muschellinie erwähnt. Auch werden die Instrumente zur Construction solcher Linien angegeben. Das zweite Buch handelt von den „ebenen Feldern[2])". Dürer giebt darin namentlich die Constructionen von regulären Polygonen im Kreise; manche davon sind aber nicht genau, z. B. die des regulären Siebenecks, dessen Seite gleich der halbirten Seite des eingeschriebenen gleichseitigen Dreiecks sein soll; ebenso eine Construction des regulären Fünfecks mit derselben Zirkelöffnung[3]); ferner die des Elfecks, Dreizehnecks. Auch ist die Theilung eines Bogens in drei gleiche Theile nur angenähert genau, wie Dürer selbst bemerkt. Alsdann folgen ebene Figuren, die sich durch Zusammensetzung von Dreiecken, Rauten, Fünfecken bilden lassen. Zuletzt kommt Dürer auf die Verwandlung der Figuren, unter anderm auch auf die Quadratur des Kreises, „aber soliches ist noch nit von den gelerten demonstrirt", „mechanice" setzt er hinzu. Im dritten Buch werden die Körper betrachtet: Säulen, Thürme (hierbei die Aufgabe: die Höhe eines Thurmes zu

---

[1]) Das Werk wurde zu Nürnberg ins Lateinische übersetzt und erschien zu Paris 1532: Institutionum geometricarum libri quatuor, in quibus lineas, superficies et solida corpora ita tractavit, ut non matheseos solum studiosis, sed et pictoribus, fabris aerariis ac lignariis, lapicidis, statuariis, et universis demum qui circino, gnomone, libella, aut alioqui certa mensura opera sua examinant, sint summe utiles et necessarii. Ein zweiter Abdruck des Originals, vermehrt mit einer Anweisung in der Perspective (die wie es nach der Angabe Doppelmayr's scheint, nicht von Dürer herrührt) kam 1538 zu Nürnberg heraus.

[2]) So übersetzt Dürer ebene Figuren; er vermeidet wenn irgend möglich jedes fremde Wort.

[3]) Das Nähere darüber siehe bei Chasles Aperçu historique sur l'origine et le développement des méthodes en géométrie pag. 530.

messen); ferner Construction von Sonnenuhren, und ebenfalls zu Nutzen der Handwerker regelrechte Zeichnung von Buchstaben, worin Dürer dem Beispiel des Pacioli folgt. Das vierte Buch bespricht zunächst die fünf regulären Körper, die Netze derselben, das Netz der Kugel (d. i. die Darstellung der Kugeloberfläche durch sphärische Zweiecke), ferner acht Körper, um die sich eine Kugel beschreiben läßt, obwohl sie nicht von lauter congruenten gleichseitigen Figuren begränzt sind. Alsdann folgt die Verdoppelung des Cubus mittelst der Aufgabe, zu zwei Linien zwei mittlere Proportionalen zu finden, jedoch nur durch eine mechanische Construction. Zuletzt zwei Anweisungen zu perspectivischen Constructionen. Hiermit schließt die erste von Dürer selbst besorgte Ausgabe. In dem Schlußwort kündigt er an, daß er das Werk beim Wiederdruck mit Zusätzen vermehren will.

Dürer's Schriften kennzeichnen die andere Richtung, die bereits seit den Zeiten Regiomontan's die mathematischen Wissenschaften in Nürnberg genommen hatten: ihre praktische Verwendung zur Förderung der Künste und zum Gebrauch im Leben. In richtiger Erkenntniß und weiser Voraussicht sorgten dort die Behörden dafür, daß von öffentlich angestellten Lehrern Vorträge über die mathematischen Disciplinen in deutscher Sprache für Handwerker und für alle, die keine gelehrte Bildung besaßen, gehalten wurden. Nach allen Seiten hin erscholl dadurch der Ruf Nürnbergs als ein Mittelpunkt mathematischer Bildung. Die Rechenschulen Nürnbergs waren weit berühmt; der bis in die fernsten Gegenden dringende Unternehmungsgeist der Kaufleute und der lebhafteste Handel, der von Nürnberg ausging, verbreiteten die dort üblichen Rechnungsmethoden über ganz Deutschland und weit darüber hinaus. Nur einen Gewährsmann will ich anführen. Der Verfasser[1]) eines zu Leipzig 1509

---

[1]) Er nennt sich in der Widmung **Balthasar Licht Greuenthalensis, Artium Baccalarius.** Der Titel des Rechenbuchs ist: **Algorithmus linea|lis cū pulchris cōditiōib⁹ Regu|le de tri: septē fractionū: regl'is. so|cialib⁹.**

erschienenen Rechenbuches sagt in der Widmung seiner Schrift: Alii vero Nurnbergensium Arithmeticorum imitationem improbant vehementius. Quis est tam injustus aestimator, qui non possit eos non laudare, qui omne olim tempus atque omne ingenium ad haec studia augenda sumserunt? Hi sunt qui arithmeticam locupletarunt. Hi sunt quorum nisi industria accederet, Arithmetica in tenebris jaceret. Quae cum ita sint, quid est quod de ejus imitatione dubitent, qua praesertim Nurenbergenses doctos numerandi artifices, eorum ad erudiendum commissos juvenes, nostris hac pulcherrima arte multo habiliores longeque promptiores reddere constat. Hos aemulos mihi censores nolui, quoniam utile discere negligunt. Sed tibi, magister celeberrime[1]), tuis sub alis optime defendendum artem hanc apud mercatores in consuetudine quottidiana usitatam offere volui, quam crebris meorum condiscipulorum adhortationibus compulsus publico usui contuli. — Diese Stelle ist insofern noch lehrreich, als sie zeigt, daß auf den Universitäten zu Anfang des 16. Jahrhunderts der Kampf zwischen dem Althergebrachten und den Forderungen der Zeit fortdauerte und immer lebhafter wurde. Jenes behauptete durch die einmal vorgeschriebenen Compendien, nach welchen die Vorlesungen gehalten werden mußten, den Platz; das Neue konnte nur außerhalb der Lehrcurse getrieben werden. Der Verfasser des genannten Rechenbuches meint, daß sogar eine gewisse Praxis des kaufmännischen Rechnens auf den Universitäten Berücksichtigung verdiene, da sie in den Rechenschulen Nürnbergs gelehrt werde[2]).

---

et semper exēplis idoneis | Recte sicut in scolis Nurnbergen. arithme | ticorū docetur In florētissimo studio Lip | tzensi nup editus Non minus litteris eru | ditis ꝑ mercatoribus utilis et maxime inci | pientibus.

[1]) Udalricus Kalb, Augustissimae academiae Liptzensis Ingenuarum artium et philosophiae Magister, Mathematicae artis professor.

[2]) Die Frage über den Ursprung des Algorithmus linealis oder zu Deutsch, des Rechnens auf den Linien mit Rechenpfennigen, ist zur Zeit noch eine offene. Auf der einen Seite wird behauptet, daß das dazu gebrauchte

Es dürfte hier der passendste Ort sein, aus der großen Zahl der Rechenbücher, die um den Anfang des 16. Jahrhunderts in Deutschland erschienen, die hervorragendsten zusammenzustellen.

Das erste deutsche Rechenbuch, soweit zur Zeit ermittelt ist, erschien zu Bamberg 1473 [1]). Nächstdem folgt das Rechenbuch

---

Rechenbrett mit horizontalen Linien der Abacus der Alten sei. Verfasser hält dagegen an der Annahme fest, daß der Abacus der Alten ein Rechenbrett mit verticalen Linien war und daß das Rechnen mit horizontalen Linien die graphische Darstellung der chinesisch-mongolischen Rechenmaschine ist, die während des 15. Jahrhunderts durch den Handel in Deutschland in Gebrauch kam.

(Zusatz aus dem Jahre 1877.) Eine Unterstützung dieser meiner Ansicht finde ich in einem alten Rechenbuch, in dessen Besitz ich im Jahre 1876 kam. Der Titel desselben ist: **Algorismus linealis | cum pulchris conditiōibus duarū | regula℞ De tri una de integris: | altera vero de fractis: regl'is ꝯ | socialibus: et semper exem | plis ydoneis adiunctis. | In florētissimo studio | Cracouiensi editus | nō minus litteris | eruditis ꝙ merca | toribus utilis. | et maxime | incipientibus.** Schluß: **Impressum Cracouie: opera et impensis | prouidi viri domini Joannis Haller | civis Cracouieñ. Anno Cristi. | 17. supra millesimum | quingētesimū.** Das Vorwort auf der Rückseite des Titels ist überschrieben: **Joannes de Lanczut Magister Lectori S. D.**, und ist datirt: **Data Cracouie VI. Kalendas. martias. M. D. XV.** Der Anfang lautet (nach gegenwärtiger Schreibweise): **Ad evitandum multiplicem mercatorum errorem (et) alterius Arithmeticae difficultatem inventa est alia hujuscemodi artis exercitatio, quae altera tanto est praeclarior quanto facilior et ad cujusque ingenium accommodatior, quae linealis projectilium appellata est calculatio. Cujus regulis atque documentis in quovis contractu emptionis atque venditionis artificiose de qualibet quaestione proposita condere contingit promptissime. Unde fit ut ejus possessio non mediocriter jucunda atque optabilis sit omnibus qui artis hujus noverunt praeceptionem, cum paucissimi sint, quibus non occurrat aliqua de acceptis expositive ratio reddenda aut ab aliis exigenda: nec hoc solum in mercatorum tractationibus implicitis atque obscuris, verum etiam in domesticis negotiis atque familiaribus usu venit frequentissime: hanc ergo subtilem projectilium calculationem dilucidare atque in speciebus suis et regulis explanare praesentis est operis etc.** Es wird hier die **linealis calculatio** d. h. die Rechnung auf den Linien, oder mit andern Worten die Rechnung auf den mit horizontalen Linien versehenen Rechentisch, mit den **projectilibus** d. i. mit den auf horizontalen Drähten verschiebbaren Kugeln der chinesisch-mongolischen Rechenmaschine in Verbindung gebracht.

[1]) Ich kenne es nicht aus eigener Anschauung. Eine Beschreibung davon

von Johannes Widman von Eger, das in seiner ersten Ausgabe als Titel hat: Behēde und hubsche Rechnung auff allen kauffmanschafft: und dessen Schluß lautet: Gedruckt in der Furstlichen Statt Leipczik durch Conradn̄ Kacheloffen Im 1489 Jare. Der Verfasser lehrte, nachdem er auf der Universität Leipzig seine Studien gemacht, daselbst mit vielem Beifall die Mathematik in den letzten Decennien des 15. Jahrhunderts [1]). Er verfaßte sein Rechenbuch nach arabischen Vorbildern, und es standen ihm entweder directe indische und arabische Quellen zu Gebote oder er benutzte handschriftlich vorhandene Compendien, die aus diesen Quellen abgeleitet waren. Man hat aus dem Titel geschlossen, daß Widman bei Abfassung seines Rechenbuches einen rein praktischen Zweck verfolgte, indeß gerade dieser Titel läßt schließen, daß er von arabischen Compendien Kenntniß hatte, die ähnliche Titel führen zum Zeichen, daß sie im indischen Zahlensystem abgefaßt sind und nicht die national-arabische Zahlbezeichnung gebrauchen. Nur einmal deutet er selbst auf eine

---

findet sich in „Weller's Nachricht von alten mathematischen, besonders zur Meßkunst gehörigen Büchern, die in deutscher Sprache geschrieben sind“ (Brem- und Verdische Bibliothek, 2. Band, Hamburg 1756). Anfang: Das Register. Hiernach folget das Register dieses Rechenpuchleins nach seynen Capiteln vnd was in eynem jezlichen begriffen. Hierumb den fleissigl merkern das mit gantzen Fleys ersucht mit seinen Caconen (? Canonen) vnd Exempeln nachvolgende vnd ob yndert eyn ciffel ader mer verkert were. wil ich entschuldigt sein ader zu vil ader ze wenig wer 2c. — Schluß: Im Jare Christi 1473 kl. 17 des Meyen. Rechnung in mancherley Weiß in Babenberg durch Heinrich Petzensteiner begriffen: vollendet: — In Duodez noch einmal so breit als gewöhnlich. 77 Blätter. Enthält Anweisung zum Rechnen, auch Gesellschafts-, Stich-, Gold- und Silberrechnung; wahrscheinlich außer den Regeln nur Beispiele.

[1]) Siehe Drobisch, De Joan. Widmanni Egerani compendio arithmeticae mercatorum. Lips. 1840 p. 17. — Baier (De mathematum in academias et scholas Germaniae superioris introductione etc. Altdorf 1704) gibt aus Maderus Centuria. Script. Insig. qui in Acad. Lips. etc. floruerunt Folgendes: Joh. Widemann, natione Noricus, patria Egrensis, disciplina Lipzensis, vir in Mathematicis abunde eruditus. Qui capessis in Philosophia insigniis, cum multa admodum in mathematica, et potissime in speciebus in studio Lipzensi, non sine auditorum summo applausu, aliquot annis volvisset, tandum alio concesserit etc.

orientalische Quelle hin, indem er bei der Multiplication zwei Einmaleinstafeln vorausschickt, von denen die erste in Form eines rechtwinkligen Dreiecks, wobei er bemerkt: „dz erst ist ein tafel gformirt vf den triãgel gezogen vß hebreischer zungen oder judscher"; sonst erwähnt er als Schriftsteller, aus denen er geschöpft, Joh. de Sacrobusto, Euklid nebst dessen Commentator Campanus, Boetius, Jordanus und als Geometer Julius Frontinus.

Widman's Rechenbuch besteht aus drei Theilen; der erste handelt „võ kunst vñ art der zal an yr selbst" d. h. von der Rechnung mit absoluten Zahlen, der zweite „võ der ordnũg der zal" d. h. von Verhältnissen und Proportionen und den Aufgaben, die sich mit Hülfe derselben lösen lassen, der dritte „(als vil hicher dienet) von der art des messen, die da geometria genannt ist". Diese Dreitheilung wird in den Unterabtheilungen durch das ganze Werk durchgeführt, so daß sogar immer je drei Beispiele angeführt werden. Der erste Theil beginnt mit den Grundoperationen, die so auf einander folgen: Numeracio, Additio, Subtrahiren, Dupliren, Mediren, Multipliciren, Dividiren, Progrediren, Radicem extrahiren. Als bemerkenswerth sind die Methoden hervorzuheben, die entweder theilweise oder vollkommen indischen Ursprungs sind: daß wenn in der Subtraction die Zahl im Subtrahendus größer ist als die entsprechende im Minuendus, von der nächst vorhergehenden im Subtrahendus eine Einheit geliehen, davon die Zahl im Subtrahendus subtrahirt und die Differenz zu der Zahl im Minuendus addirt wird; ferner ist die eine von den drei Multiplicationsmethoden, ebenso die Division mehrzifferiger Zahlen genau wie in der indischen Arithmetik. Auch bei der Quadratwurzelausziehung finden sich Anklänge an die indische Methode[1]). Die Regeln werden ohne Beweis gegeben; die Richtigkeit der Beispiele wird durch eine dreifache Probe, darunter die Neunerprobe und die mittelst der Zahl 7, dargethan. In derselben Reihenfolge werden die Opera-

[1]) Ueber die Rechnungsweisen der Inder siehe mein Programm: Etudes historiques sur l'arithmétique de position. Berlin 1856.

tionen der Bruchrechnung abgehandelt, woran sich zur Uebung in der Bruchrechnung die Tolletrechnung d. h. Multiplication und Division benannter Zahlen mittelst Zerfällen, und eine Reihe von Aufgaben in gebrochenen Zahlen schließen, die mit Hülfe von später folgenden Regeln gelöst werden. Hierauf folgt ein Capitel über Proportionen d. h. Verhältnisse der Zahlen, nach Campanus zu Euklid, Boetius, Julius Frontinus und dem Rechenbuch des Jordanus. Dies Capitel bildet den Uebergang zu dem „aller fürnemlichest teil des andern teils“, zu den Aufgaben der Regula detri (Widman nennt sie „die guldin regel“). Es werden dazu eine große Zahl verschiedener Regeln beigebracht, die aus der Behandlung der Beispiele abstrahirt sind, z. B. regula inventionis (gewöhnliche Regula detri), reg. fusti (Bruttorechnung), reg. detri conversa, reg. transversa, reg. ligar (Mischungsrechnung), reg. positionis, reg. aequalitatis, reg. legis (Mischungsrechnung), reg. augmenti, reg. augmenti + decrementi, reg. plurima, reg. sententiarum (unbestimmte Aufgaben, die mehrere Lösungen zulassen), reg. suppositionis, reg. residui, reg. excessus, reg. collectionis, reg. quadrata, reg. cubica (Inhaltsrechnung), reg. reciprocationis, reg. lucri, reg. pagamenti (Münzrechnung mit Hülfe der Kettenregel), reg. alligationis (Mischungsrechnung), von Stich (Waarentausch), ein Gesellschaft (Gesellschaftsrechnung), Theilung, zuletzt reg. falsi („ein regel durch welche man aller regel frag (hyndan gesetzt regulam cosse) machen mag“). Der größte Theil dieser Regeln ist sehr specieller Natur, andere sind, wie schon aus der Benennung hervorgeht, allgemeiner. Es zeigt sich hierin offenbar das Bestreben, die Regeln, die bereits für einzelne Fälle in den algebraischen Schriften der Araber gegeben werden, zu vermehren, um gewissermaßen für jedes einzelne Vorkommniß eine Behandlung zu haben. Etwas dem ähnliches wird später in den ersten deutschen algebraischen Schriften zur Sprache kommen.

Widman hat nach dem Vorgange der Araber seinem Rechenbuch einen dritten Theil hinzugefügt, der die ersten Elemente der

Geometrie enthält[1]). Er scheint aber hier viel weniger selbstständig zu sein, als in den beiden ersten Theilen: seinen Quellen, Euklid, Boetius und Gerbert, folgt er, ohne die Richtigkeit der Behauptung näher zu prüfen. Gleichwie Euklid und seine Nachfolger, beginnt Widman mit Definitionen, die freilich mathematische Schärfe vermissen lassen: „punctus ist ein klein Ding das nit zu theilen ist — Augulus ist ein Winkel der da gemacht ist vō zweien lini — Nun soltu auch merken daz mancherlei superficies sein. Etliche ist gescheibt vñ ist ein figur oder superficies mit einer lini umgebē welche lini so sy zu sammē kūt circūferentia genāt ist, vñ der selbē figur mittel ein pūct ist, vō welchē al lini uß gestreckt biß an dy circūferētz gleich sein" (das Wort Radius kommt nicht vor). Bei der Beschreibung der Vierecke gebraucht Widman arabische Wörter: er nennt den Rhombus Helmuaym, das Rhomboid Silis helmuaym (aus similis helmuaym corrumpirt), das Paralleltrapez Helmuaripha; die Benennungen waren damals im Gebrauch, bis sie durch die griechischen Wörter verdrängt wurden. — Die Länge der Peripherie wird gefunden, indem man den Durchmesser mit $3\frac{1}{7}$ multiplicirt. Für den Inhalt des Kreises giebt Widman eine vierfache Bestimmung an: „multiplir diametrum circuli in sich selb' vnd vō dem product subtrahir $\frac{11}{14}$ vñ waz da bleibt dz ist area superficialis circuli vñ ist recht[2]). Oder thu' ym also: multiplicir die circumferentz in sich selb vnd so du das product teilst in

---

[1]) In dem dritten vnd dieses büechlins letztē teil der erstē teilūg wil ich dir ein wenig sagen, vñ dich (als viel hie her dient) kürtzlich vnd'weisen die art des messens Geometria genāt, vnd zū erstē was geometria an ir selb ist, vnd war vff sie gegrünt ist, vnd wie vrsprünglich all figur mit ir vnd'scheid vß gefüert werden vñ grüntlich durch ir lini beschribē. Zū andern was ein ietliche figur in rechter maß inhalten sey. Zum drittē vñ diß büchleins einer bschliesung wil ich dir sagē vō mācher kürtzweiligē vnd ser nutzbarliche rechenschafft. — Dies ist der Anfang des dritten Theils nach der Ausgabe von 1500.

[2]) Diese Bestimmung, die sich in Lilawati des Bhascara (S. 91 der Uebersetzung von Taylor) und bei Mohammed ben Musa findet, ist hier sehr mangelhaft ausgedrückt: Widman will sagen: $\frac{11}{14} d^2$.

$12\frac{4}{7}$, so kūt es gleich als obē. Oder machs also: multiplicir dz halb teyl der circūferenz in den halben diametrum vnd kūt auch recht. Auch magstu's also suchen: multiplicir dyametrū circuli durch circumferentiā vnd wañ du darnach das product teylst durch 4, so kumt es auch recht." — Hierauf folgt für das rechtwinklige Dreieck die Bestimmung der Seiten durch den pythagoräischen Lehrsatz, den Widman jedoch nicht nennt; ferner die Bestimmung der Höhe des gleichseitigen Dreiecks und umgekehrt, der Seite des gleichseitigen Dreiecks aus der Höhe. Dagegen wird der Flächeninhalt des gleichseitigen Dreiecks nach der unrichtigen Formel $\frac{a^2 + a}{2}$ gefunden, welche in den Schriften der römischen Feldmesser und bei Boetius vorkommt, und ebenso aus dem Flächeninhalt die Seite. Der Radius des um ein gleichseitiges Dreieck beschriebenen Kreises wird richtig bestimmt. Weiter kommt das Dreieck, dessen Seiten die Zahlen 13, 14, 15 darstellen, zur Betrachtung; es werden die Abschnitte der Grundlinie durch das Höhenperpendikel, die Höhe und der Flächeninhalt als Functionen der drei Seiten angegeben; ferner die Regel, den Radius des um dieses Dreieck beschriebenen Kreises zu finden[1]). Hierauf folgen drei Aufgaben über das gleichseitige Dreieck: aus dem Durchmesser die Seite des in den Kreis eingeschriebenen gleichseitigen Dreiecks, aus der Seite des gleichseitigen Dreiecks die Peripherie des umschriebenen und des eingeschriebenen Kreises zu bestimmen. Alsdann behandelt Widman die Aufgaben: die Peripherie des in ein rechtwinkliges Dreieck eingeschriebenen Kreises aus den drei Seiten zu finden; in einen Halbkreis dessen Durchmesser gegeben, das größte gleichseitige Dreieck und das größtmögliche Quadrat einzuschreiben, die

---

[1]) Aus dem Beispiel ergiebt sich die Formel

$$r = \sqrt{(\tfrac{1}{2} b)^2 + \left(\frac{h^2 + (\tfrac{1}{2} b - x)^2 - (\tfrac{1}{2} b)^2}{2h}\right)^2}$$

wo h die Höhe, b die Basis und x den kleineren Abschnitt der Basis bezeichnet.

letztere auch mit Hülfe der Algebra. Zuletzt kommen die Aufgaben: aus der Seite des eingeschriebenen Quadrats die Peripherie des Kreises, und aus dem Durchmesser den Inhalt des umschriebenen Quadrats zu finden[1]). In dem nun folgenden zweiten Theil der Geometrie, in welchem Widman „wil dich lernen messen das ertrych, das ist was ein yetlich felt oder ertrich nach gestalt seiner figur ynhalten ist", führt er Julius Frontinus „vnd ander mer dy schryben in dieser küst" als seine Quellen an. Als höchst auffallend ist hervorzuheben, daß Widman in diesem Theil die falschen Regeln der römischen Feldmesser zur Bestimmung des Inhalts der einfachsten ebenen Figuren angiebt; er setzt z. B. den Flächeninhalt des gleichseitigen Dreiecks $= \frac{1}{2} a^2$, wenn a die Seite des Dreiecks bezeichnet; er bestimmt den Flächeninhalt des Paralleltrapezes aus der halben Summe der parallelen Seiten in die anliegende schiefe Seite; er nimmt an, daß der Inhalt eines aus zwei gleichseitigen Dreiecken zusammengesetzten Rhombus dem Quadrat einer Seite gleich ist; er leitet den Inhalt der regulären Polygone aus den Formeln für die Polygonalzahlen her u. s. w. Neben diesen falschen Bestimmungen finden sich aber auch manche richtige. Das Ganze schließt mit einer Sammlung von Beispielen, die sich sämmtlich auf vorkommende praktische Fälle beziehen, z. B. wie viele Steine von bestimmter Größe zum Bau einer Mauer gehören, oder zu einem Pfeiler von einem gewissen Umfang; ferner über die Anlegung eines Brunnens, über die Aufstellung eines Zeltes u. s. w.

Trotz dieser Ausstellungen und obwohl Widman besonders in dem geometrischen Theile nur als ein Compilator, der mit dem

---

[1]) Höchstwahrscheinlich hat Widman die größte Anzahl dieser Aufgaben irgendwoher entlehnt. Er giebt sie nicht ohne Rechenfehler; auch ist die Behandlung etwas verwirrt. Die Vermuthung ist nicht ohne Grund, daß diese und ähnliche Aufgaben von den deutschen Mathematikern im 15. Jahrhundert gelöst worden waren. Die Briefe Regiomontan's beweisen, daß es damals Sitte war, solche Aufgaben zur Lösung vorzulegen. Aus Ad. Riese's Algebra geht hervor, daß es herumziehende Mathematiker gab, die Aufgaben lösten und sich dafür bezahlen ließen.

Gegenstand nicht ausreichend vertraut ist, erscheint, muß doch sein Rechenbuch als eine beachtenswerthe Erscheinung in der mathematischen Literatur betrachtet werden. Es überragt hinsichtlich des Inhalts und Umfangs die große Anzahl Compendien, die um den Anfang des 16. Jahrhunderts in Deutschland verfaßt wurden. Zwei spätere Ausgaben, die eine zu Pforzheim 1500 durch Thoman Anßhelm, die andere zu Augsburg 1526 durch Haynrich Stayner, beweisen seine große Verbreitung [1]). Als ein besonderer Vorzug von Widman's Rechenbuch muß noch hervorgehoben werden, daß in demselben zum ersten Mal die Zeichen + und — vorkommen; die Art und Weise der Einführung scheint darauf hinzudeuten, daß diese Zeichen im kaufmännischen Verkehr üblich waren.

Grammateus' [2]) Rechenbuch, das 1518 erschien, versetzt uns nach Wien, dem alten Brennpunkt mathematischer Bildung in Deutschland. Es war daselbst durch die Fürsorge Kaiser Maximilians I, der fünf neue Lehrstühle, darunter zwei für Mathematik, an der Universität gründete, ein neues, reges Interesse für mathematische Studien erweckt worden. Zwar wurden noch die öffentlichen Vorträge an der Universität nach den einmal festgesetzten alten Compendien gehalten, aber daneben, in Privatvorlesungen, wurden die Disciplinen gelehrt, die die Verhältnisse

[1]) Hrn. Dr. Jochens an der königl. Bibliothek in Berlin verdanke ich die Mittheilung, daß außer den oben angeführten Ausgaben von Widman's Rechenbuch es deren noch giebt aus den Jahren 1508 und 1519. (Zusatz aus dem Jahre 1877.)

[2]) Henricus Grammateus (Schreyber) von Erfurt, dessen Name in der mathematischen Literatur gegenwärtig fast verschollen ist und von dessen Schriften in den Bücherverzeichnissen sehr selten ein Titel erwähnt wird, gehörte zu den bessern Mathematikern der Wiener Schule im Anfang des 16. Jahrhunderts. Er kam um das Jahr 1512 nach Wien und bildete sich unter Andreas Stiborius (Stöberl) und Georg Tanstetter von Rayn (Collimitius). Um 1520 ging er nach Erfurt zurück; ein Rechenbuch für Anfänger: Algorithmus in integris et fractis, aus dem Jahre 1523, durch ein Gedicht von Eobanus Hessus eingeleitet, ist aus Erfurt datirt. Daselbst wandte er sich, wie Ad. Riese in seiner handschriftlich vorhandenen Algebra berichtet, der Astronomie zu.

des Lebens gebieterisch verlangten. Hier wurden die alten Bahnen verlassen, der Kampf gegen das Althergebrachte entschied sich siegreich zu Gunsten des Neuen, und es entstanden Lehrbücher in neuer Form[1]). Ein erster Versuch, ein solches Compendium zu schaffen, wurde von Grammateus gemacht[2]). Der Titel giebt den Inhalt desselben vollständig an. Die Schrift zerfällt in zwei Theile, von denen nur der erste, der Rechnung enthält, hierher gehört; in dem andern werden größtentheils Fragen aus der praktischen Geometrie abgehandelt. Grammateus beginnt mit den Grundoperationen in folgender Ordnung: Numeratio, Additio, Multiplicatio, Subtractio, Divisio; er erklärt, daß Duplatio und Mediatio nichts anderes als Multiplication und Division durch 2 ist. Als Grund, warum er die Multiplication auf die Addition folgen läßt, giebt er an, daß „in dieser operation werden funden alle aigenschafft der addition". Die Multiplication mehrzifferiger Zahlen wird wie gegenwärtig gelehrt, die Division nach indischer Weise. Beweise finden sich nirgends; die Richtigkeit der Resultate wird durch die Neunerprobe dargethan. In derselben Reihenfolge behandelt alsdann Grammateus die Species „auff den linien". Hieran schließt sich

---

[1]) In der Widmung an Joh. Tschertte sagt Grammateus: „Als aber ich ain zeyt jn der kunst arithmetica vnd geometria etlich schöne vnd behende regeln jn villerlay sachen dienstlich zusammen gezogen, dieselben euch zu übersehen furgetragen, ermonet jr mich solche den unwissenden vnd sondern liebhabern der kunst an den tag zubringen" ꝛc.

[2]) Der vollständige Titel desselben lautet: Ayn new künstlich Buech | welches gar gewiß vnd behend | lernet nach der gemainen regel Detre, welschen | practic, regeln falsi vnd etlichen regeln Cosse man | cherlay schöne vnd zuwissen notürfftig rechnung | auff kauffmanschafft. Auch nach den propor | tion der kunst des gesanngs jm diatonischen ge | schlecht auß zutaylē monochordū, orgelpfeyffē | vnd ander instrument auß der erfindung Pytha | gore. Weytter ist hierjnnen begriffen buechhalt | en durch das zornal, Kaps, vnd schuldbuech | Visier zu machen durch den Quadrat vnnd triangel mit vil andern lustigen stücken der Geo | metrey. Gemacht auff der löblichen hoen schul | zu Wienn in Osterreich durch Henricū Gram | mateum, oder schreyber von Erffurdt der siebē | freyen künsten Maister. — Die Widmung ist datirt von Wien 1518.

die Regula detre in ganzen Zahlen[1]), und die Bruchrechnung. Aehnlich wie Widman giebt Grammateus eine Anzahl specieller Regeln, darunter auch eine „Schneiderregel". Man sieht hier deutlich, daß diese Regeln nur für bestimmte Beispiele Geltung haben. Den Beschluß macht die Regula falsi („welch dann erfunden ist von wegen mancherlay nutzbarkeit nach den regeln Cosse die aller kunstreichste"); sie bildet den Uebergang zu dem nun folgenden algebraischen Theil, von dem später ausführlich die Rede sein wird. — Inhalt sowohl als die ganze Behandlung zeigen im Vergleich zu Widman's Rechenbuch eine gewisse Richtung auf das rein Praktische; indeß ist nicht zu verkennen, daß Grammateus den Stoff zu gliedern bestrebt ist.

Unter den Schülern, die Grammateus während seines Wiener Aufenthalts bildete, ist Christoff Rudolff von Jauer jedenfalls der bedeutendste[2]). Er ist der Verfasser des ersten Lehrbuchs der Algebra in Deutschland. Die drei ersten Capitel desselben, in welchen er die Species in ganzen und gebrochenen Zahlen und die Regel de tri kurz behandelt, hat er in seinem Rechenbuch, das ein Jahr darauf 1526 erschien, weiter ausgeführt[3]). Es besteht aus zwei Theilen; „der erst wirt genent

---

[1]) Als bemerkenswerth ist hervorzuheben, daß hier Anfänge von allgemeiner Zahlbezeichnung sich finden, z. B. „Wie sich hadt a zum b also hat sich c zum d".

[2]) Die einzige Notiz, die ich über seine Lebensverhältnisse habe auffinden können, findet sich am Schluß seiner Algebra. „Ich hab, heißt es daselbst, von meister Heinrichen, so grammateus genennt, der Coß anfengklichen bericht empfangen. Sag im darūb danck. Was ich weyters, über entpfangnen bericht, durch embsigen vleiß zū gemeynē nutz, geschaffen, wil ich im (als meinem preceptor) zu judiciren heimgesetzt haben. Brauch sich ein anderer als ich than habe, so wirt die sach gemeert." — Ch. Rudolff gehörte wahrscheinlich nicht zu den Docenten an der Universität, denn er nennt sich in der an den Fürstbischof Sebastian von Brixen gerichteten Widmung seiner Algebra „liephaber der freien künsten". In den beiden andern mir bekannten später erschienenen Schriften läßt er diesen Zusatz weg.

[3]) Die erste Ausgabe desselben ist mir nicht zu Gesicht gekommen. Der Titel der zweiten lautet: Künstliche rech|nung mit der ziffer vnd mit | den zalpfenningē, sampt | der Welschen Practica, | vnd allerley forteyl auff die

das grundbüchlein, lernt die Species in gantzen vnd in brochnen zalen. Der ander wirt gesprochen dz Regelbüchlein. Zeigt an die guldē regel de Tri, wie dieselbig vorteilig zu brauchen, mit nachvolgung vil schöner exempel, durch besondere titel ordenlich von einander gesundert, aus welchē ein yeder nit allein all notturfftige kauffmans rechnung, sondern auch was zu schickung des tegels vnd zu Müntz gehörig, leichtlich erlernen mag". Rudolff beginnt mit den Species in folgender Ordnung: Numerirn, Addirn, Subtrahirn, Multiplicirn, Dividirn. Bei dem Nummeriren erwähnt er einmal das Wort „million"[1]) („das tausentmal tausent oder million"), ohne es jedoch bei dem Aussprechen einer 11 zifferigen Zahl zur Anwendung zu bringen. In der Multiplication giebt Rudolff zunächst die damals üblichen Regeln über die Multiplication einzifferiger Zahlen mit Hülfe ihrer Differenzen von 10 zur Herstellung des Einmaleins; die Multiplication mehrzifferiger Zahlen geschicht wie gegenwärtig. Die Division wird nach indischer Weise ausgeführt. In Betreff der Division durch 10, 100, 1000 u. s. w. giebt Rudolff die Regel, so viel Ziffern als der Divisor Nullen enthält, im Dividendus „mit einer virgel" abzuschneiden, also die erste Bezeichnung der Decimalbrüche. Ferner bemerkt er, daß das stete Fortrücken des Divisors nach indischer Weise überflüssig, und daß die Weise der „Frantzosen vñ etlich ander Nation" zu loben sei, indem sie zwischen zwei Linien unter dem Dividendus den Quotienten und unter der zweiten Linie nur einmal den Divisor setzen. Die Richtigkeit der Rechnung wird bei jeder Species durch die Neunerprobe dargethan; am Schlusse bemerkt jedoch Rudolff, daß auch

Regel de Tri. | Item vergleichung manch|erley Land vñ Stet, gewicht,| Ellnmas, Müntz ꝛc. Alles durch Chri,stoffen Rudolff zu Wien | verfertiget. 1540. Am Ende: Getruckt zu Nürmberg bey Johañ Petreo, Anno M.D.XL.

[1]) Es fragt sich, ob dies Wort auch in der ersten Ausgabe hier steht. Ein früheres Vorkommen desselben in einer arithmetischen Schrift ist bisher noch nicht nachgewiesen. Vergl. Baltzer, Historische Bemerkungen (Berichte über die Verhandl. der k. Sächsischen Gesellsch. der Wissenschaften zu Leipzig. Math.-Phys. Klasse. 1865).

durch jede andere Zahl die Probe geschehen kann; indeß „Die gewissest prob so man gehaben mag, ist, wañ ein species die ander probirt", Addition durch Subtraction, Subtraction durch Addition u. s. w. Es folgen die Species in benannten Zahlen und die Bruchrechnung, die besonders eingehend behandelt wird. Alsdann kommt Rechnung „auf den linien". Ueber dieselbe spricht Rudolff am Schlusse des ersten Theils sich so aus: „Das die vier species, Addirn, Subtrahirn, Multiplicirn vñ Dividirn auff den linien durch vil ringere vbung als auff der ziffer, gelernet werdē, mag ein yeder aus obenangezeigter vnterweisung bey jene selbst ermessen. Derhalbē dise art d'pfennig fürtrefflich were, wo sie an ir selbst volkomen frembden außwendigē zusprung der ziffer (wie zum theil verstandē) nit begerte. Warlich was Fürsten vnd Herrn Rentkamer, vrbarbücher, regisster, außgab, empfang, vnd ander gemeine haußrechnung belangt, dahin ist sie am bequemisten, zu subtilen rechnungen zum dickermal seumlich. Dañ wiewol alle rechnung durch die vier species, als durch einen werckzeug gemachet werden, so mus man doch alles des jhenig so von brüchen geschriben, sampt den so künstlich bey der Regel de Tri zusagen, auch bey den linien, gleichen vnd volligklichen verstand haben." — Der zweite Theil wird von Rudolff „Regelbüchlein" genannt, „darumb dz es in sich beschleußt die aller nützlichst Regel, dardurch unzeliche rechnung in kauffen vñ verkauffen außgericht werdē." Er schickt einige Sätze über Verhältnisse[1]) und Proportionen voraus, daß ein Verhältniß unverändert bleibt, wenn es mit derselben Zahl multiplicirt oder dividirt wird, daß in jeder Proportion die Producte der äußern und mittleren Glieder gleich sind u. s. w. Nachdem er dies an vielen Beispielen erläutert, geht er zur „Practica oder Wellisch Rechnung"; er sagt: „Dieweil nun die Wellisch rechnung nichts anders ist, dañ ein geschwinder außzug in die Regel de Tri gegründet, wirt sie auch derhalben practica gesprochē." „In diser

---

[1]) Auch Rudolff nennt Verhältniß „proportion oder schickligkeit".

Rechnung, setzt er hinzu, ligt vil an dem, das du ein zal ordenlich zerstrewest" d. h. daß die Zahlen in ihre Theiler zerlegt werden, und erläutert dies an vielen vollständig ausgerechneten Beispielen. Darauf folgt „Das exempelbüchlein", welches eine große Anzahl Beispiele mit Angabe der Resultate enthält; bei schwierigern Exempeln giebt Rudolff einige Anweisung zur Ausrechnung. Unter andern findet sich hier der gegenwärtig übliche Ansatz der Kettenregel, ferner „Exempel der verkerten Regel de Tri, Exempel der regel von fünffen (Regula quinque), Gesellschafften vnd teylung, Stich (Tausch von Waaren), Exempel võ Bergwerck Silber vñ Goldtrechnung, Exempel von pagament vñ schickung des tegels, Müntzschlag, von einer auffgenommenen zal (Zahlen errathen)". Zuletzt giebt Rudolff eine Anzahl Beispiele unter besondern Aufschriften, die sonst mit Hülfe der Algebra aufgelöst werden, ferner solche mittelst der Progressionen, worüber er hier das Nöthige beibringt, und durch Ausziehung der Quadratwurzel, die er hier ebenfalls lehrt. Tafeln über Vergleichung von „Maß, Gewicht und Müntz", die damals in den verschiedenen Ländern Deutschlands so verschieden waren, beschließen das Ganze.

Christoff Rudolff hat als gründlich gebildeter Mathematiker, der auf der Höhe seiner Wissenschaft stand, in seinem Rechenbuch ein Compendium geschaffen, das sich zwar den Ansprüchen des Lebens accommodirte, zugleich aber auch eine Vorbereitung und Einführung in die höhere Wissenschaft sein sollte. Daher verwandte er besondern Fleiß auf die methodische Behandlung des Gegenstandes, die wissenschaftlichen Grundlagen für die Rechnungsregeln zu schaffen und als gewandter Rechner überall auf die Rechnungsvortheile aufmerksam zu machen. Er verließ die bisherige Weise, lediglich solche Beispiele zu wählen, die den Vorkommnissen des Lebens entsprachen; er gab auch solche „zu erhebung des verstandts". Die Einrichtung der Rechenbücher ist wesentlich dieselbe geblieben, wie Rudolff das seinige angelegt hat[1]).

[1]) Lediglich für die Praxis hat noch Ch. Rudolff im Jahre 1529 eine

Noch ist Apian's[1]) Rechenbuch zu erwähnen, das nach der Absicht des Verfassers allen Ansprüchen, von Seiten der Methode sowohl als des Inhalts, genügen sollte. Es besteht aus drei Büchern; das erste giebt die „Species oder anfenge, dadurch alle Rechnung gemacht wirdt, nach dem auch, was zu gemeyner kauffmanschaft gehört, im gantzen vñ gebrochen kürtzlich begriffen"; das zweite Buch handelt „von Mancherley schönen vnnd nutzbarlichē Regeln, welich von wegen dero allein so der Coß oder Algebre nicht gegründet sein, gesetzt werden"; das dritte Buch „lernet alle Kauffmans Rechnung, durch die Practick vnd Tolleten, auch den auffschlag vñ abschlag per cēto, nach Welscher, Florentiner, vnd Teutscher art, behend überschlagen mit vil vnerhörter behēdigkeit, vormals in Teutscher vnnd Welscher sprach nie getruckt". Die Species läßt Apian so aufeinander folgen: Numeratio, Additio, Subtractio, Multiplicatio, Divisio, Progressio. Die Erfindung unserer Zahlzeichen schreibt er den „Hebreern vnd Chaldeern" zu. Die geraden

---

Beispielsammlung herausgegeben unter dem Titel: Exempel Büchlin | Rechnung belangend. dar | bey, ein nutzliche Instruction, wöllischer gestaldt die vergleychnus, der Elnmaß | durch den Zirckel, der Pfund durch abwe | gen, der Thrayd, Weyn, vnd Olmaß ꝛc. | Durch abfechtenn der Müntz, durch | ganghafften yren werdt, gegen ein | ander zu erlernen vñ ergründē sey. | Zu Wien in Osterreych, durch | Christoffen Rudolff, seynē | schülern zu sonderer übūg | auch allen handthie | rungen personen | zu nutz vnd gu | tem verfertigt. | M. D. XXX. Am Ende: Getruckt in der löblichen Reychstat Augspurg, durch Heynrichen Stayner, Volendet am 31 May im jar M. D. XXX. — Andere Schriften Ch. Rudolff's als die drei: die beiden Rechenbücher und die Coß, sind mir nicht bekannt.

[1]) Petrus Apianus (sein eigentlicher Name Benewitz, geb. 1495 zu Leisnig, gest. 21. April 1552 als Professor der Astronomie zu Ingolstadt) ist als astronomischer Schriftsteller bekannt. Von seinem Rechenbuch, das zuerst 1527 erschien, kenne ich den zweiten Abdruck durch Christ. Egenolff, Frankfurt am Main 1537, mit dem Titel: Ein newe und wolge | gründte vnderweisung aller | Kauffmans Rechnung in dreien Bü | chern, mit schönen Regeln vnd fragstücken be | griffen. Sunderlich was fortel vnnd behendig | keit in der Welschen Practica vnnd Tolle | ten gebraucht würt, desgleichen vor | mals weder in Teutscher noch in | Welischer Sprach nie getruckt. | Durch Petrum Apianum von Leyßnick der | Astronomei zu Ingolstatt Ordinarium.

Zahlen werden „gleich“, die ungeraden „ungleich“ genannt; auch giebt er die Erklärung von digitus, articulus und compositus. Vor der Addition und Subtraction der Zahlen setzt Apian die entsprechenden Operationen auf den Linien „dieweil die Summirung der Register durch die rechenpfeñing auff der lini brauchsamer ist dañ durch die federn oder kreide“; auch empfiehlt er zur Unterstützung der Addition den Ausdruck der Zahlen mit Hülfe der Finger der linken Hand und giebt die Abbildungen dazu. Die Richtigkeit der Rechnung wird durch die Probe mit 11, 9, 8, 7, 6, auch durch die entgegengesetzte Operation dargethan. In der „Progressio“, die Apian die sechste Species nennt, unterscheidet er die „natürlich“ und die „vnderschnitten“ Progression; unter jener versteht er nur die natürliche Zahlenreihe, unter dieser alle andern arithmetischen und geometrischen Progressionen; die Exponenten in den letztern nennt er „signaturn“ und schreibt sie nach dem Vorgange von Grammateus darüber, z. B. $\overset{0}{1}\ \overset{1}{2}\ \overset{2}{4}\ \overset{3}{8}\ \overset{4}{16}\ \overset{5}{32}$ . . . Nächstdem kommen die Species mit benannten Zahlen und die Regula de tri, die er mit Hülfe der Lehrsätze aus dem fünften und siebenten Buch Euklid's behandelt (eine Proportion schreibt er so: 4 — 12 — 9 — 0, 0 bezeichnet die Unbekannte). Hierauf folgt der „Algorithmus in gemeynen Brüchen“. — Zum zweiten Buch schickt Apian die Bemerkung voraus, daß er für die, welche „die große, Edle, sinreiche kunst der Regel Algebre, so gewonlich die Coß genennbt wirt“, nicht kennen, die nachfolgenden Regeln „Regel Falsi, quadrata, Alligationis &c.“ mittheilen wolle, wodurch sie „den Cossistenn zum theyl gleich werden“. Zunächst giebt er die Regeln über die Ausziehung der Quadrat- und Cubikwurzel; er setzt nach dem Vorgange der Araber und wie auch Grammateus gethan, zur Eintheilung der Zahl, aus welcher die Wurzel gezogen werden soll, Punkte über die letzte, drittletzte u. s. w. Ziffer. Alsdann folgen Regeln und Beispiele über „Geselschafft, Regula Virginum die etlich nennen Cecis, die zwifach Regel de Tri (zusammengesetzte Regel de Tri), Regula Conversa (umgekehrte Regel de

Tri), Regula Alligationis, Müntzschlag, Regel vom Stich, vom wechsel, Regel von gewinn vnd verlust, Regula Fusci (Bruttorechnung), Regula Falsi, diese Regel wirt von etlichen augmenti vnd decrementi, auch zu zeiten Regula Positionum genandt, Factor Rechnung, Regula quadrata". — Das dritte Buch enthält die Practik, d. h. „geschwindigkeyt, so einer auß täglicher übung überkompt". Voraus schickt Apian die Lehre von der „Proportio" d. h. Verhältniß. Bei der Multiplication erwähnt er zuerst drei „bei den Wahlen" damals übliche Multiplicationsmethoden, dann die indische und die arabische in Form eines Netzes[1]); in der Division, die sonst immer nach indischer Weise ausgeführt wurde, giebt er zunächst das gegenwärtige Verfahren (zuerst?), darauf lehrt er die Division durch Zerlegung des Divisors in seine Factoren. An einer großen Menge von Beispielen, die demnächst folgen, werden gelegentlich sonstige Rechnungsvortheile erläutert. — Apian beschließt sein Rechenbuch, indem er mit Rücksicht auf ein „Centiloquium", das er zu schreiben gedenkt (das aber nicht erschienen ist), die Regeln über die Ausziehung der Wurzeln zusammenstellt. Er geht dabei aus von Euklid 9, 8: Wenn in einer geometrischen Progression (Apian sagt „ein stete Proportion"), die mit 1 beginnt, die dritte Zahl eine Quadratzahl ist, so ist wiederum die dritte von derselben eine Quadratzahl, die vierte Zahl eine Cubikzahl u. s. w.; daher die Eintheilung einer Zahl, aus der die Quadratwurzel gezogen werden soll, durch Punkte von links nach rechts auf der ersten, dritten . . . . Ziffer. Die Ausziehung der Quadrat-, Cubik-, vierten u. s. w. Wurzel wird an Beispielen erläutert.

Obwohl Apian hauptsächlich auf die Praxis sein Augenmerk richtet und besonders die möglich vortheilhafteste und schnellste Ausrechnung zu erzielen sucht, so versäumt er doch nicht die Theorie vorauszuschicken und so ein sicheres Fundament zu legen. Von Beweisen ist auch bei ihm nicht die Rede;

---

[1]) Siehe mein Programm: Etudes historiques etc. pag. 14.

die Richtigkeit der Resultate wird durch mehrfache Proben dargethan. Größte Vollständigkeit ist sein Hauptzweck; wesentlich Neues oder ein Fortschritt, abgesehen von den am Schluß gegebenen Wurzelausziehungen, ist nicht zu finden.

Im Anschluß an diese wichtigsten Rechenbücher um den Anfang des 16. Jahrhunderts mag hier noch der Arbeiten Adam Riese's[1]) gedacht werden. Sie bekunden zwar keinen wissenschaftlichen Fortschritt und verdienen deshalb keinen Platz in der Geschichte der Wissenschaft, sie erlangten aber wegen ihrer glücklich getroffenen Brauchbarkeit lange Zeit eine große Beachtung und ihr Verfasser lebt bis heutigen Tags im Munde des Volks. Riese hat zwei Rechenbücher herausgegeben: ein kleineres, das zuerst 1522 (vielleicht schon 1518) erschien, und ein größeres, das früher geschrieben, aber erst 1550 gedruckt wurde; sie unterscheiden sich nur durch Unwesentliches von einander. Wir wollen hier den Inhalt des kleineren als des am weitesten verbreiteten kurz betrachten[2]). Es ist für Anfänger geschrieben („ein gemein leicht Büchlin zusammengelesen, für junge anhebende Schüler") und enthält diesem Zweck gemäß zuerst die Species: Numerirn, Addirn, Subtrahirn, Duplirn, Medirn, Multiplicirn, Dividirn auf den Linien. Alsdann folgen dieselben Species in derselben Ordnung „mit Federn oder Kreiden in Ziffern"; es tritt hier noch die „Progressio" hinzu. Riese giebt das indische Divisions-

---

[1]) Ueber Ad. Riese sind in neuester Zeit von B. Berlet zwei Programme Annaberg 1855 und 1860 erschienen. Nach denselben wird Folgendes berichtet: Adam Ries oder Rieß (so schreibt er sich selbst) wurde 1492 zu Staffelstein bei Lichtenfels in Franken geboren. Als Bergbeamter in Annaberg hatte er zugleich eine Privatschule, in welcher er seine Rechenkunst lehrte. Er starb daselbst 1559. Außer seinen beiden Rechenbüchern schrieb er noch eine „Coß", die Manuscript geblieben ist; von ihr wird später die Rede sein.

[2]) Der Titel desselben wird sehr verschieden, bald kürzer bald länger, angegeben. Bei Scheibel (Einleitung zur mathematischen Bücherkenntnis, 12. Stück S. 542) finde ich als die älteste ihm bekannte Ausgabe: Rechnung auff der Lynchen vnd Federn, Auff allerley Handthirung, gemacht durch Adam Rysen. Zum andern mal vbersehen, vnd gemehrt. Anno M. D. XXVII. Am Ende steht: Gedruckt durch Gabriel Kantz, ohne Anzeige des Druckorts.

verfahren; die Multiplication erfolgt wie gegenwärtig. Die Ausziehung der Quadrat- und Cubikwurzel übergeht er hier; er will diese Rechnung später bringen. Es folgt die Regula de tri und die Bruchrechnung; zuletzt die Regula Falsi oder Position, und Regula cecis oder virginum. In der Ausgabe von 1525 hat Riese noch als Anhang eine deutlichere Behandlung der Regeldetriexempel und der Beispiele nach der Regula Falsi hinzugefügt. —

Wir kommen zur Geschichte der Algebra. Um die Leistungen der ersten deutschen Algebristen zu würdigen, ist es nöthig einen Blick auf das zu werfen, was die Araber überliefert haben, deren Arbeiten Jahrhunderte hindurch mustergültig blieben. Es ist bekannt, daß die von Mohammed ben Musa (im 9. Jahrhundert) aufgestellten sechs Formen der Gleichungen des ersten und zweiten Grades

$$ax^2 = bx,\quad ax^2 = n,\quad bx = n,\quad ax^2 + bx = n,\quad ax^2 + n = bx,\quad bx + n = ax^2$$

nicht nur von den arabischen Mathematikern, sondern auch von den ersten christlichen Algebristen, von Fibonacci (zu Anfang des 13. Jahrhunderts) bis auf Pacioli (1494) gewissermaßen als ein feststehender Canon betrachtet und daher auch keine weiteren Formen behandelt wurden. Eine Ausnahme macht, soweit die Quellen bisher zugänglich sind, Omar Alkhayyami (im 11. Jahrhundert), der in seiner Algebra auch Gleichungen des dritten Grades durch geometrische Construction löst[1]). Diese Schrift zeichnet sich vor andern algebraischen Tractaten der Araber dadurch aus, daß sie eine systematische Behandlung der Gleichungen der drei ersten Grade enthält und die Anweisung zu den Beweisen der Auflösungen sowohl arithmetisch als geometrisch giebt. In Betreff der arithmetischen Beweise, die des Folgenden wegen hier besonders zu berücksichtigen sind, geht Omar Alkhayyami von den Sätzen im 9. Buch der Elemente Euklid's aus,

---

[1]) L'Algèbre d'Omar Alkhayyâmî, publiée etc. par F. Woepcke. Paris 1851.

namentlich daß die Einheit zur Wurzel, wie die Wurzel zum Quadrat, wie das Quadrat zum Cubus u. s. w. sich verhält, daß also alle diese Grade in stetiger Proportion stehen (oder eine geometrische Progression bilden). Dadurch wurde es möglich, die in den Gleichungen enthaltenen Unbekannten auf Zahlen zurückzuführen und so die Richtigkeit der Resultate zu prüfen, während zugleich ein Streiflicht fällt, welches zu der Annahme berechtigt, daß der Ursprung der Gleichungen in der Proportion zu suchen ist[1]).

Es ist bereits erwähnt, daß Regiomontan mit der Behandlung algebraischer Gleichungen und mit der Anwendung der Algebra zur Lösung geometrischer Aufgaben vertraut war; er kennt aber nur die oben aufgeführten sechs Formen von Gleichungen, welche die Algebra des Mohammed ben Musa enthält. Aus seinem Schreiben an Christian Röder in Erfurt (datirt Nürnberg 4. Juli 1471) geht hervor, daß die Kenntniß der Algebra um die Mitte des 15. Jahrhunderts in Deutschland verbreitet war, und daß die Lösung von algebraischen Gleichungen, die über den zweiten Grad hinausgehen, angestrebt wurde. Indeß findet sich keine Spur, daß man diese Disciplin in öffentlichen Vorträgen an Universitäten behandelte; die einmal festgesetzten Curse hinderten eine solche Neuerung. Dagegen wurde sie in manchen Klosterschulen, z. B. in der der Benedictiner zu St. Emmeram, gelehrt; vielleicht beschäftigten sich auch nur einzelne Mönche damit[2]). Im Allgemeinen blieb bis zu Anfang des 16. Jahrhunderts die Algebra eine Art geheime Wissenschaft; herumziehende Mönche u. s. w. lösten einzelne Aufgaben gegen

---

[1]) Eine weitere Stütze dieser Annahme liegt darin, daß die Araber die algebraischen Probleme des ersten Grades auch mittelst der regula falsi behandeln, die ebenfalls auf eine Proportion sich gründet.

[2]) In der Handschrift der Münchener Hofbibliothek n. 14908, die aus der Benedictiner-Abtei St. Emmeram stammt, habe ich den Anfang eines Auszugs aus der Algebra des Mohammed ben Musa in deutscher Sprache, im Jahre 1461 abgefaßt, gefunden. (Sieh. Monatsberichte der Königl. Akademie der Wissenschaften zu Berlin 1870 S. 142.)

Bezahlung[1]). Sie mochten im Besitz geschriebener Compendien sein, die möglichst geheim gehalten wurden. Dessenungeachtet darf man annehmen, daß die Eingeweihten dem, was die Araber überliefert hatten, nicht sclavisch folgten, sie versuchten vielmehr die Behandlung der Gleichungen nach Art, wie es in den übrigen Wissenschaften Gebrauch war, durch Distinctionen und durch Aufstellung von andern speciellen Fällen weiter zu bilden. Jeden-

---

[1]) In seiner handschriftlich vorhandenen Coß bemerkt Ad. Riese bei einem Exempel: „Von diesem exempel hat Hans Conrad (ein Freund Riese's, Probirer d. h. Münzwardein zu Eisleben) gebenn eynem schwartzen munich prediger ordens, welcher aquinas genant wartt 1 fl., von dem auch andreas alexander der erfarnste Mathematicus (er war Professor der Mathematik an der Universität zu Leipzig) gelernett." Siehe Berlet Programm 1860. S. 30. — Der von Riese hier erwähnte Mönch Aquinas (auch Aquinus genannt) scheint ein nicht unberühmter Mathematiker seiner Zeit gewesen zu sein. Regiomontan in seinem Briefe an Ch. Röder gedenkt seiner (multa equidem de tua excellentia cum ex aliis plerisque omnibus Erfordia venientibus tum ex fratre Aquino volupe intellexi). Ebenso führt ihn Andreas Stiborius in der Vorrede zu seiner Ausgabe von Peuerbach's Tafeln unter den bedeutendsten Mathematikern Deutschlands zu Ende des 15. Jahrhunderts auf (claruerunt Nuernbergae Barbatus Bernardus, cum monacho praedicatore Aquino Daco, praeceptore meo, viro omnifariam docto). In dem Codex 224 der Münchener Staatsbibliothek habe ich einen Brief von Joannes Zainuldus an Aquinus frater in novo foro apud ducem Bavariae, datirt Mailand MCCCCLXXXIX, gefunden, dessen Anfang: Joannes Zainuldus gallus Aquinati suo salutem. Aus demselben geht hervor, daß beide schon seit längerer Zeit in Correspondenz standen; sie legten sich gegenseitig Aufgaben vor. Die in dem Briefe vorkommenden Aufgaben sind sämmtlich geometrisch; von Algebra ist nicht die Rede. — In Scriptores ordinis Praedicatorum recensiti von Quetif und Echard, Lutet. Paris. MDCCXIX. Tom. I. p. 870, wird über den Mönch Aquinus Folgendes beigebracht: F. Aquinus Suevus Germanus e Suevia ortus, unde illi agnomen, cum divinarum literarum studio musas etiam coluit amoeniores, ingenio praestans, Latinam orationem pure et ornate loquens, philosophia in primis excellens artiumque mathematicarum peritia. Florebat anno MCCCCXCIV, Othoni Bavariae duci apud quem agebat acceptissimus, regnante tum Maximiliano. Sic de eo Trithemius aequalis, qui addit tum plura edidisse his titulis: De numerorum et sonorum proportionibus, opus commendatissimum; Epistolae quaedam, et alia. Altamura addit: Sermones de tempore et de sanctis, penes quem fides.

falls beweist das Letztere, daß von der Mitte des 15. Jahrhunderts ab die Algebra in Deutschland sehr fleißig tractirt wurde, worüber noch bestimmtere Aufklärung durch Erforschung der in den Bibliotheken vorhandenen Manuscripte zu erwarten ist. Ein solches Manuscript mit der Aufschrift: Regulę Cosę vel Algobrę, besitzt die Wiener Bibliothek; es wurde durch Stöberl (Stiborius) nach Wien gebracht und kam aus seinem Nachlaß in die frühere Universitätsbibliothek[1]). Dasselbe ist insofern von besonderer Wichtigkeit, als es wenigstens zum Theil die Grundlage für die ersten in Deutschland gedruckten Schriften über Algebra gebildet hat. Da außerdem dieses Manuscript wegen der darin enthaltenen in deutscher Sprache abgefaßten Beispiele sicherlich in Deutschland geschrieben ist, so wird hier füglich auf den Inhalt desselben näher einzugehen sein. Es beginnt mit einer übersichtlichen Zusammenstellung der Regeln über die algebraische Addition, Subtraction und Multiplication. Von der letztern geht es weiter zu den Potenzen und deren Entstehung und Bezeichnung bis zur sechsten. Darauf folgen die Regeln über die Addition, Subtraction, Multiplication, Division von algebraischen Summen; jede von diesen Operationen wird durch mehrere Beispiele erläutert, deren Resultate durch eine „Probatio" als richtig dargethan werden. Die Behandlung der Division algebraischer Summen ist sehr mangelhaft und undeutlich; es wird hierbei auf die später folgenden Gleichungen verwiesen. Nächstdem kommt Bruchrechnung und Regula de tri. Hieran schließen sich die Regeln über die Auflösung der Gleichungen, zunächst werden acht Regeln aufgestellt, die sich auf die folgenden Formen von Gleichungen beziehen: $3x = 6$, $3x^2 = 12$,

---

[1]) Das Manuscript besteht aus 33 Blättern in Fol. und findet sich zugleich mit mehreren andern Manuscripten aus dem Nachlaß Stöberl's in einem Bande n. 5277. Da unter den darin aufgeführten algebraischen Aufgaben eine ziemliche Anzahl in deutscher Sprache beigebracht wird, so dürfte die Abfassung desselben um die Mitte des 15. Jahrhunderts zu setzen sein.

$2x^3 = 16$, $2x^4 = 32$, $3x^2 + 42 = 20$, $4x^2 + 8 = 12x$, $4x + 12 = 5x^2$, $2x^4 + 5x^2 = 52$. Nachdem für eine jede dieser acht Regeln eine Anzahl Beispiele, die Mehrzahl lateinisch, andere in deutscher Sprache, mit ihren Lösungen beigebracht sind, folgen noch eine neunte und zehnte Regel, welche die Gleichungen (mit Weglassung der Coefficienten) $x^2 = \sqrt{x}$, $x^3 = \sqrt{x^2}$ behandeln. Das vorletzte Blatt des Manuscripts enthält unter der Aufschrift: Regule Cosse, ein Tableau, in welchem 24 Formen von Gleichungen zusammengestellt sind, darunter kommen die zehn bereits erwähnten vor, die übrigen sind specielle Fälle derselben. — Wichtiger als dieses ist jedoch die Darstellung, in welcher das Manuscript abgefaßt ist. Die Regeln, die sonst in Worten angegeben werden, sind hier auf kurze, übersichtliche Weise möglichst durch Zeichen ausgedrückt. Von wesentlichem Einfluß ist hierbei der Gebrauch der Zeichen $+$ und $-$, die, wie bereits oben bemerkt, zuerst in Deutschland auftreten; außerdem ist aber noch hervorzuheben, daß von den deutschen Algebristen zuerst auch ein Zeichen für die Wurzelausziehung eingeführt wird: es ist ein Punkt, der der Zahl, aus welcher die Wurzel ausgezogen werden soll, vorgesetzt wird, und aus diesem ist das jetzt gebräuchliche Wurzelzeichen hervorgegangen[1]). Es sind dies die ersten Anfänge der Zeichensprache, durch welche die Mathematik einen bemerkenswerthen Vorzug vor allen andern Wissenschaften voraus hat, und von deren passender Wahl der Fortschritt der Theorie wesentlich abhängt. Die deutschen Algebristen um den Anfang des 16. Jahrhunderts haben dazu den Grund gelegt, und zwar nicht durch Zufall, sondern in richtiger Erkenntniß der Wichtigkeit der Sache.

---

[1]) Es heißt in dem Manuscript: Per punctum intellige radicem. — Weiteres über das in Rede stehende Manuscript und besonders über die Entstehung des Wurzelzeichens enthält der Aufsatz: Zur Geschichte der Algebra in Deutschland. Zweiter Theil, in: Monatsbericht der Königl. Akademie der Wissenschaften in Berlin für das Jahr 1870. S. 143 ff.

Die ersten algebraischen Schriften, welche in Deutschland durch den Druck veröffentlicht wurden, verdanken ihren Ursprung dem Aufschwung, den die mathematischen Studien zu Anfang des 16. Jahrhunderts an der Universität Wien nahmen. Zugleich mit Conrad Celtes war im Jahre 1497 der Mathematiker Andreas Stöberl (Stiborius) aus Ingolstadt nach Wien gekommen. Durch den erstern wurde Kaiser Maximilian I vermocht, ein neues Collegium poëticum an der Universität zu gründen und dasselbe mit vier Lehrern, zwei Humanisten und zwei Mathematikern, auszustatten. Als die ersten mathematischen Docenten wurden berufen: Stefan Rösel (Rosinus) aus Krakau und Joh. Stabius aus Ingolstadt[1]). Stöberl's Schüler war Georg Tanstetter, und dieser bildete Hen. Grammateus (Schreyber) aus Erfurt. Während seiner Wirksamkeit als Lehrer an der Universität Wien verfaßte dieser das schon oben erwähnte Rechenbuch, in welchem zuerst ein Abriß der Algebra enthalten ist[2]). Nachdem er die regula falsi als die „nach den regeln Cosse die aller kunstreichste" kurz vorausgeschickt und über ihre Anwendung auf das Folgende verwiesen, beginnt er den algebraischen Theil also: „Hebet an ain newe vnnd besunder art der rechnung gezogen auß den regeln Cosse gleichformig in der übung allain das die namen der quantitet sein vorandert." Als solche Quantitäten nennt er radix, census, cubus, census de cen. rc., und definirt was unter numerus linealis, superficialis, corporalis zu verstehen ist. Nächstdem bemerkt Grammateus, daß „wann werden gesatzt vil zal nach einander in rechter proportion ainer yetzlichen zu der nechsten" z. B. 1. 2. 4. 8. 16. 32. 64. 128. rc.

[1]) Kink (Geschichte der Kaiserlichen Universität zu Wien. Wien 1854) berichtet, daß Georg Tanstetter für das Fach der Mathematik und Astronomie dem Rosinus beigegeben wurde.

[2]) Wie es in dem oben vollständig mitgetheilten Titel heißt, will Grammateus nur „etliche regeln Cosse" behandeln. Hiermit stimmt eine Stelle in der Widmung überein, daß nämlich Grammateus, falls sein Buch Beifall fände, „die übrigen regeln Cosse" in den Druck geben würde.

jede Zahl an ungerader Stelle eine Quadratzahl, und jede vierte Zahl ein Cubus ist. Für solche proportionirte Zahlen führt er eine besondere Bezeichnung ein:

$$\overset{N}{1}.\ \overset{1a}{2}.\ \overset{2a}{4}.\ \overset{3a}{8}.\ \overset{4a}{16}.\ \overset{5a}{32}.\ \overset{6a}{64}.\ \overset{7a}{128}.\ \overset{8a}{256}\ \text{ꝛc.}$$

und nennt 1 Numerus, 2 die erste Quantität (prima), 4 die andere Quantität (secunda), 8 die dritte Quantität (tertia) u. s. w. Grammateus benutzt zunächst eine solche Reihe, um einige Sätze aus der Lehre von den Potenzen zu zeigen. Alsdann folgen die Addition, Multiplication, Subtraction und Division algebraischer Summen in ganzen und gebrochenen Zahlen, nebst der Regel de tri. Hieran schließt sich die Ausziehung der Quadrat- und Cubikwurzel aus vollständigen und unvollständigen Quadrat- und Cubikzahlen, wobei er die Eintheilung der Zahlen ebenso macht, wie die indischen und arabischen Mathematiker: er setzt über die letzte, drittletzte u. s. w. Ziffer Punkte. Darauf kommt Grammateus auf die Reihen der proportionirten Zahlen zurück; er zeigt, wie durch Vergleichung (Gleichsetzung) zweier oder dreier Zahlen die folgenden sieben Formen von Gleichungen entstehen:

$$2x = 4,\ 3x^2 = 27,\ 2x^3 = 128,\ 2x^2 + x = 55,\ 2x^2 + 18 = 15x,$$
$$12x + 24 = 2\tfrac{10}{49}x^2,\ 5x^4 = 20480.$$

Um die erste Form zu erhalten, vergleicht er in der Reihe $\overset{N}{1}.\ \overset{1a}{2}.\ \overset{2a}{4}.\ \overset{3a}{8}.\ \overset{4a}{16}\ \ldots.$ zwei auf einander folgende Glieder; die zweite Form leitet er aus der Reihe $\overset{N}{1}.\ \overset{1a}{3}.\ \overset{2a}{9}.\ \overset{3a}{27}\ \ldots.$ her, indem er zwei Glieder vergleicht, zwischen denen ein Glied fehlt; die dritte Form ergiebt sich ihm aus der Reihe $\overset{N}{1}.\ \overset{1a}{4}.\ \overset{2a}{16}.\ \overset{3a}{64}\ \ldots.$ dadurch, daß er zwei Glieder vergleicht, zwischen welchen zwei Glieder fehlen u. s. w. Es erhellt hieraus, in Uebereinstimmung mit der bereits oben ausgesprochenen Bemerkung, wie die Proportionalität der Zahlen auf die Aufstellung der Gleichungen geführt hat. — Als Beispiel mag hier die Behandlung der sechsten Form $12x + 24 = 2\frac{10}{49}x^2$ eine Stelle finden. Sie lautet wörtlich: „Wann in einer proportionirten Zahl nach einander drei Quantitäten werden gesetzt, also daß die ersten zwei zusammen geaddirt sich vergleichen mit der dritten, so soll die erste getheilt werden durch die dritte, und der Quotient sei a. Also soll auch getheilt werden der andere Namen durch den dritten und der Quotient b soll auch geschrieben werden. Darnach multiplicire das Halbtheil b in sich und zu dem Quadrat addire a, suche aus der Summe radicem quadratam, und dieselbige addire zum halben Theil b, so kommt der n einer pri. (prima). Setze die Zahl nach einander in der Proportion septupla als

$$\overset{N}{1}.\ \overset{pri.}{7}.\ \overset{2a}{49}.\ \overset{3a}{343}.\ \overset{4a}{2401}.\ \overset{5a}{16807}.$$

Nun vergleiche ich 12 pri. + 24 N mit $2\frac{10}{49}$ sec. Thue also: theile 24 N durch $2\frac{10}{49}$ sec., so kommen $10\frac{8}{9}$ a[1]). Theile auch 12 pri. durch $2\frac{10}{49}$ sec., so entspringen $5\frac{4}{9}$ b[2]). Multiplicire das Halbtheil b in sich, so wird $\frac{2401}{324}$, zu dem addire a als $10\frac{8}{9}$, so werden gefunden $\frac{5929}{324}$, aus welchem ist radix quadrata $\frac{77}{18}$, das addire zum halben Theil b als $\frac{49}{18}$, werden 7 die Zahl 1 pri.[3]). — Proba. Sprich 12 mal 7 ist 84 N. Dazu addire 24 N, werden 108 N. Also sollen $2\frac{10}{49}$ sec. gemultiplicirt durch 49 auch machen 108 N."

Nachdem Grammateus gezeigt, wie die aufgestellten sieben Formen der Gleichungen zu behandeln sind, giebt er für jeden Fall eine Reihe Beispiele, für den ersten Fall die zahlreichsten, und zwar wird ein jedes von diesen zuerst durch die regula

---

1) D. h. $10\frac{8}{9} = a$.

2) $5\frac{4}{9} = b$.

3) Die negative Wurzel wird nicht berücksichtigt; ebenso verfuhren die Araber.

falsi und alsdann durch die „Coß“ gelöst[1]). Die Beispiele zu den übrigen sechs Fällen werden bloß durch die „Coß“ behandelt.

Dieser Abriß der Algebra beweist, daß die ersten deutschen Algebristen die besten arabischen Quellen benutzten, denn Grammateus begnügt sich nicht mit der Angabe der Regeln, wie es damals allgemein üblich war, er sucht sie durch Zurückführung auf die continuirliche Proportion zu begründen. Auch muß als ein besonderer Fortschritt hervorgehoben werden, daß Grammateus die mathematische Zeichensprache, wenigstens was die Zeichen + und — anlangt, in viel ausgedehnterem Maße gebraucht als es bisher geschehen war; ebenso sind die Anfänge einer allgemeinen Zahlbezeichnung, die bereits früher angeführt sind und auch in dem obigen Beispiel hervortreten, bemerkenswerth.

Das erste Lehrbuch der Algebra verdanken wir Christoff Rudolff von Jauer, den Grammateus während seines Wiener Aufenthaltes bildete. Der Titel desselben lautet vollständig: Behend vnnd hübsch | Rechnung durch die kunst | reichen regeln Algebre, so ge | meincklich die Coß genennt werden. Dar | innen alles so treülich an tag gegeben, das | auch allein auß vleißigem lesen on allen mündtlichē unterricht mag begriffen wer | den. Hindangesetzt die meinūg aller dere, | so bißher vil ungegründten regeln an | gehangen. Einem jeden liebhaber | dieser kunst lustig vnd ergetzlich. | Zusamen bracht durch | Christoffen Rudolff vom Jawer — und am Schluß heißt es: Argentorati Vuolfius Cephaleus Joanni Jung, studio et in | dustria Christophori Rudolf Silesii, excudebat. Manus | extrema operi data, mense Januario. Anno supra sesquimillesimum vicesimoquinto. In seiner Widmung an den Fürstbischof von Brixen

---

[1]) Dasselbe geschieht in dem arabischen Rechenbuch des Beha-Eddin (Essenz der Rechenkunst, arabisch und deutsch herausgegeben von Nesselmann, Berlin 1843); nur ist hier die Reihenfolge der Behandlung umgekehrt, zuerst durch die Algebra, sodann durch die regula falsi.

erwähnt der Verfasser, daß „die altē meister unser vorfahrn sunderlich in der kunst der Rechnung vil schöner reglen beschriben, welche zum teil (als ich gedenk) mer durch neidische hinterhaltung dann von wegen das sie schwer zu verstan vn̄ müsam zu verfüren, bey unsern zeitē so gentzlich geschwigen, das auch die namen solcher regln bey wenigē erkent werden“; er hat sich entschlossen, sie nicht mehr „in finsternuß zu ligen lassen“. Zwar sieht er vorher, daß er sich dadurch Feinde zuziehen werde; aber er stellt sich und sein Buch unter den Schutz dieses hohen Herrn „als einem der mathematic wohl erfarn“. Schließlich verspricht Rudolff das was er jetzt deutsch geschrieben, in Kürze auch in Latein herausgeben zu wollen „durch ursprincklichē grundt bewert vnnd demonstrirt“. In der darauf folgenden Vorrede bemerkt Rudolff, daß die Algebra „in Arabischer zungen: Gebra et almuchabola, von den Indianern Alboreth, von walhē de la cose geheissen würt“. Die Schrift zerfällt in zwei Theile; der erste enthält „acht algorithmos mitt etlichen andern vorleüfften, so zur erlernung der Coß nottürfftig sein. Der ander zeigt an die reglē der Coß“. Von den drei ersten Capiteln des ersten Theils, welche die Species in ganzen und gebrochenen Zahlen und die Regula de tri enthalten, ist bereits oben die Rede gewesen. In dem vierten Capitel handelt Rudolff von der Ausziehung der Quadrat- und Cubikwurzel. Mit dem fünften Capitel beginnt die Algebra „von dem algorithmo der Coß so zu latein genennt würt, de additis et diminutis integrorum, dz ist, von zugesetzten vnd abgezogenen zalen. würt der zusatz vermerckt bei dem zeichen +, bedeüt plus. der abzug bei dem zeichen — bedeüt minus“. Wie die Araber und wie Grammateus geht auch Rudolff von einer geometrischen Progression aus, die mit 1 anfängt (er citirt Euklid 9, 8 und 9) und bemerkt, daß jede dritte Zahl ein Quadrat, jede vierte Zahl ein Cubus ist. Von diesem Ausgangspunkte hat man die Coß erfunden, und hat die Zahlen „nach natürlicher ordnung“ benannt dragma, radix, zensus, cubus, zenss de zens u. s. w. und „je eine von kürtz wegen mit einem character, genommen von anfang des worts oder namens, also verzeichnet φ, $\varkappa$, $\mathfrak{z}$, ce, $\mathfrak{z}\mathfrak{z}$ u. s. w.". Rudolff giebt eine Tafel solcher Progressionen in ganzen und gebrochenen Zahlen, und darauf folgen die Regeln für die Addition und Subtraction, ebenso wie sie das oben besprochene Manuscript enthält. Beweise fehlen[1]); die Richtigkeit wird durch eine „Proba" dargethan, in welcher für radix eine bestimmte ganze Zahl 2, 3.... oder ein Bruch angenommen und dadurch die Gleichheit gezeigt wird. Bei der Multiplication giebt Rudolff außer der Tafel der Potenzen, die er nach Art des Einmaleins anordnet, eine neue Bezeichnung, aus der offenbar unsere gegenwärtige Potenzbezeichnung hervorgegangen ist; er schreibt die Potenzreihe so: $\overset{0}{\varphi}\ \overset{1}{\varkappa}\ \overset{2}{\mathfrak{z}}\ \overset{3}{ce}\ \overset{4}{\mathfrak{z}\mathfrak{z}}$ ...., und bemerkt, daß man das Product zweier Potenzen findet, wenn die Summe der Zahlen, die über den zu multiplicirenden Potenzen stehen, gebildet wird. Entsprechend wird bei der Division der Quotient durch Subtraction der darüberstehenden Zahlen gefunden. Die Division algebraischer Summen ist Rudolff unbekannt: er hilft sich durch Vergleichung, z. B. wenn $9\mathfrak{z} + 6\varphi$ durch $3\mathfrak{z} - 6\varphi$ zu theilen ist, so schreibt er den Quotienten $\frac{9\mathfrak{z} + 6\varphi}{3\mathfrak{z} - 6\varphi}$ „so ist die teilūg volpracht. Nun sprich ich das der quocient gleich sei 7φ, muß der radix 2 bedeuten; sunst wer die Vergleichung vnmüglich". Es folgt die Regula de tri in ganzen Zahlen, und darauf im 6. Capitel die algebraischen Grundoperationen nebst der Regula de tri in Brüchen. Wichtiger als das Bisherige sind

---

[1]) Hierauf wird das Gerücht zu beziehen sein, das Michael Stifel zu Ohren kam und von ihm in der Vorrede zu seiner Ausgabe von Rudolff's Coß erwähnt wird: „Was aber diser Christoff Rudolff bey etlichen für danck hab, will ich mich nicht jrren lassen. Ich höret auff ein zeit jm grewlich vnd vnchristlich fluchen, das er die Coß hatte geschriben, vnd das beste (wie der flucher sagt) hette verschwigen, nemlich die Demonstrationes seyner Regeln. Vñ hette seine Exempla (wie er saget) auß der Librey zu Wien gestolen."

die Capitel 7 bis 12, in welchen Rudolff die Rechnung mit Irrationalgrößen darstellt. Dadurch daß er hier zuerst ein besonderes Zeichen für die Wurzel einführt[1]), gewinnt diese Partie einen entschiedenen Vorzug über alle bisherigen Leistungen in dieser Doctrin. Er unterscheidet zunächst dreierlei Zahlen: rationale („wolgeschickte zalen, hat je eine in sunderheit radicem"), communicanten („mittermessig zalen, haben nit radicem, sunder wañ sie in der proporcion am kleinsten gemacht sein, werdē sie racional" z. B. 8 und 18 durch 2), und irrationale („gantz ungeschickte zalen, haben nit radicem, werden auch nit racional wann sie in der proporcion am kleinstē gemacht sein"). In der Addition und Subtraction solcher Zahlen folgt er Euklid 2, 4 und 7; Multiplication und Division geschieht wie gegenwärtig unter dem Wurzelzeichen. Im Gegensatz zu den rationalen Zahlen nennt Rudolff die mit dem Wurzelzeichen behafteten denominirte Zahlen[2]). Im achten und neunten Capitel ist von Cubik- und Biquadratwurzeln die Rede; im zehnten und elften Capitel wird von dem Algorithmus de binomiis (Ausdrücke wie $5+\sqrt{7}$ oder $\sqrt{8}+\sqrt{6}$) und de residuis (z. B. $\sqrt{8}-\sqrt{6}$) und von der Wurzelausziehung aus solchen Ausdrücken gehandelt. Im zwölften Capitel werden die Verhältnisse der Zahlen besprochen.

Der zweite Theil der Schrift Rudolff's enthält die eigentliche Coß, d. h. die Lehre von den Gleichungen des ersten und zweiten Grades. Er betrachtet acht Formen von Gleichungen:

$$3x=6,\ 2x^2=8,\ 2x^3=16,\ 2x^4=32,\ 3x^2+4x=20,$$
$$4x^2+8=12x,\ 4x+12=5x^2,\ 2x^4+5x^2=52,$$

und verwirft die daraus hergeleiteten sechszehn weitern Formen als überflüssig. Besonders aber ist hervorzuheben, daß auch diese Partie durch die von ihm durchgehends gebrauchte Zeichensprache

[1]) Rudolff's Worte lauten: „Zu mercken dz radix quadrata in diesem algorithmo von kürtz wegen vermerckt würt mitt solchem character √ als √ 4."

[2]) „Jede zal so mit einfachem √, zwifachem √√, oder dreifachem √√√ punct vermerckt ist, würt in disem puch genennt ein denominirte zal."

eine ganz neue Gestalt erhält, denn früher, sagte er selbst, habe man alles durch Worte ausgedrückt, „nit durch character“ [1]). Den sehr zahlreichen Beispielen zur ersten Regel schickt Rudolff die Bemerkung voraus, daß durch sie alle Aufgaben der Regel de tri und die mit Hülfe der **regula falsi** behandelt werden, zu lösen sind. Die ersten 46 Beispiele sind allgemeiner Art, alsdann folgen solche, die sich auf Fragen des Lebens, auf die Kaufmannspraxis u. s. w. beziehen; bei den letztern behält er die in den früheren Rechenbüchern üblichen Ueberschriften: von Mischung, von Wechsel, von Testamenten u. s. w. bei. In der Auflösung der quadratischen Gleichungen berücksichtigt Rudolff ebenso wie die Araber nur die positiven Wurzeln; solche Gleichungen, die imaginäre Wurzeln haben, betrachtet er überhaupt nicht. Daher giebt er als Lösung nur eine Wurzel an; nur für die Formen wie $x^2 + 44 = 15x$, wo beide Wurzeln positiv sind, hat er zwei Wurzeln [2]). — Hiermit aber, d. h. mit der Lösung der Gleichungen des ersten und zweiten Grades, bemerkt Rudolff zum Schluß, ist die Algebra nicht abgeschlossen, denn „dise kunst ist vnentlich vnnd nit zu ergründen — dañ gleicherweiß als man vnentlich, in gleicher proportion, durch zalen aufſsteigen mag, also sein auch die vergleichung vñ respect der quantiteten vnzelich. Warlich je mer d' reglē gemacht würden, je mer ir immer vñ immer zu machen werē“. Er fügt weiter hinzu, daß

[1]) „Das bezeugen alte bücher nit vor wenig jaren von der coß geschriben, in welchen die quantiteten, als dragma, res, substantia ꝛc. nit durch character, sunder durch gantz geschribne wort dargegeben sein, vnd sunderlich in practicirung eines yeden exempels die frag gesetzt, ein ding, mit solchen worten, **ponatur una res.**“

[2]) Rudolff hat am Schluß seines oben besprochenen Rechenbuchs diesen Fall nachträglich zur Sprache gebracht und die Bemerkung zu der sechsten Regel seiner Coß verbessert. Er sagt daselbst: „Vnd die zwispaltig rede bey der sechstē regel der Coß durch mich vorhin außgangen (wil ich) hiemit auffgehebt haben, mit erleuterung das ein yedes exempel, so in die selbig Regel gefallen, von wegen zweyerley demonstration, auch hat zwen werdt oder bedeutnus des erst gesetzten radix, thun ye vnd ye beide genug der vergleichung, selten beyde der frag.“

das was in diesem Buch von Vergleichung zweier Größen und von Vergleichung dreier Größen gesagt ist, sich nur bezieht auf solche, die in natürlicher Ordnung auf einander folgen oder auf zwei, zwischen welchen ein, zwei oder drei Größen ausgelassen sind; werden nun aber drei Größen in nicht natürlicher Ordnung, oder fünf und mehr Größen mit einander verglichen „so sich vnzelich begeben mag", so wird die Wurzel nach den beigebrachten Regeln nicht gefunden. Als Beispiele hierzu giebt er zwei Aufgaben, die auf cubische Gleichungen von der Form $x^3 = 10x^2 - 63$ und $\frac{1}{5}x^3 = \frac{1}{2}x^2 + 605$ führen. Rudolff fügt auch die Wurzeln hinzu, ohne sich jedoch über den Weg der Lösung auszusprechen; sicherlich hat er sie auf andere Weise ermittelt, denn die Formel für die Lösung der cubischen Gleichungen wurde erst durch Cardan's bekanntes Werk, die Ars magna, das im Jahr 1545 zu Nürnberg erschien, bekannt. Es ist von Interesse zu sehen, daß bereits 20 Jahre früher die Aufmerksamkeit der deutschen Algebristen auf die Erweiterung der Wissenschaft nach dieser Seite hin gerichtet war. Zugleich ist es ein nicht geringes Zeugniß von dem wissenschaftlichen Standpunkt Ch. Rudolff's, der, wie er selbst sagt, von Henricus Grammateus in den Anfängen der Coß unterrichtet, das Weitere durch eigenen Fleiß sich erworben hatte; er wünscht, daß nun auch andere so wie er sich mühen möchten, „so wirt die sach gemeert". Als nächstes Ziel, das zu erstreben sei, setzt er die Behandlung der cubischen Gleichungen, denn sein Buch schließt symbolisch darauf hindeutend mit einem Cubus, dessen Kante durch $3 + \sqrt{2}$ ausgedrückt wird, wodurch die Cubikwurzelausziehung aus einem solchen Binom angedeutet werden soll.

Christoff Rudolff hatte in Wien keinen Nachfolger, der wie er es wünschte, die Algebra weiter fortgebildet hätte; in den Schlußworten seiner Coß, die ebenfalls an seinen Gönner, den Fürstbischof von Brixen, gerichtet sind, klagt er über den Verfall der Disciplinen, „so sich bey unseren zeytenn angefangen hatt. Alle sach ist gemeiner red nach am höchstenn, die kunst der rechnung will ich außnemen. Wir sein bisheer allein den hepfen, den vngegründten hirnbrechenden regeln angehangen, der wolgegründten, gewissen vnd demonstrirten kunst gar klein acht gehebt. Dweyl es nun gen tal geet, hat mich für gut angesehen, damit dise kunst nit gar in vergessen keme, sie durch müglichen vleiß zu eröffnen"[1]).

Indeß noch bei Lebzeiten Ch. Rudolff's existirte bereits in Schwaben ein Mann, der den Arbeiten der deutschen Algebristen gewissermaßen die abschließende Form geben sollte. Michael Stifel[2]) beschäftigte sich als Augustinermönch in seiner Vater-

[1]) Es wird hier der geeignete Ort sein, der Algebra Adam Riese's, die im Jahr 1524, ein Jahr vor dem Erscheinen der Algebra Rudolff's, vollendet wurde, kurz zu gedenken. Sie ist Manuscript geblieben, und erst in neuerer Zeit ihrem Inhalt nach bekannt geworden (Berlet, die Coß von Adam Riese. Annaberg 1860). Von den Arbeiten des Hen. Grammateus und Rudolff's unterscheidet sie sich wesentlich dadurch, daß darin die Lehre von den Gleichungen so behandelt ist, wie sie zu Anfang des 16. Jahrhunderts von den gewöhnlichen Rechenmeistern tractirt wurde. Ad. Riese macht keinen Anspruch auf selbstständige Auffassung, er ist lediglich Compilator und hat als ächter Rechenmeister seine ganze Aufmerksamkeit auf eine sorgfältige Ausrechnung der Beispiele gerichtet. Als seine Quellen nennt er die Rechenbücher des Stadtschreibers (Jacob Köbel) zu Oppenheim, das Buch von Joh. Widman von Eger, das Exemplar aus welchem derselbe „die fragstück vnd anderß genumen", ferner die Schrift von Grammateus, und ein „altes verworffenes buch", wie es scheint ein Manuscript nach Vorträgen des Professors der Mathematik zu Leipzig, Andreas Alexander. Auch kannte Riese eine arabische Schrift über Algebra in einer lateinischen Uebersetzung. Nach derselben behandelt er die folgenden acht Formen von Gleichungen: $6x = 24$, $5x^2 = 80$, $7x^3 = 189$, $5x^4 = 405$, $12x + 3x^2 = 135$, $3x^2 + 21 = 24x$, $27 + 24x = 3x^2$, $24 + 21x^2 = 3x^4$, und bemerkt, daß aus diesen acht 24 Formen abgeleitet worden wären, welche er ebenfalls aufzählt.

[2]) Michael Stifel (in seinen ersten deutschen Schriften schreibt er sich: Michael Styfel) wurde in der Reichsstadt Eßlingen 1487 geboren. Er trat in den Orden der Augustiner, der in seiner Vaterstadt ein Kloster hatte. Durch die Schriften Luther's wurde er für die neue Lehre gewonnen, und da er selbst als Schriftsteller in Dichtung und Prosa dafür wirkte und dadurch in eine Fehde mit dem bekannten Thomas Murner gerieth, so sah er sich genöthigt im Sommer des Jahres 1522 aus dem Kloster zu fliehen. Nach einem kurzen Aufenthalt auf dem Schlosse eines Edelmanns in der Wetterau begab sich Stifel nach Wittenberg zu Luther, dem er sich bereits durch eine

stadt Eßlingen, durch Luther's Schriften zum Lesen in der Bibel angeregt, mit der Deutung der Zahlen in der Offenbarung und

---

Zuschrift empfohlen hatte. Nachdem er 1523 wenige Monate die Stelle eines Hofpredigers des Grafen Albert von Mansfeld bekleidet, erhielt er 1525 bei einem Edelmann zu Tollet in Oberösterreich eine feste Stellung. Auch hier blieb Stifel in ununterbrochener Verbindung mit Luther und andern Befreundeten in Wittenberg; besonders ersieht man aus den Briefen Luther's, daß Stifel die vertraute Freundschaft des großen Reformators gewonnen hatte. Durch die Verfolgungen, welche sich gegen die evangelische Lehre in Oesterreich erhoben, sah sich Stifel genöthigt 1528 das Land zu verlassen und nach Wittenberg zurückzukehren. Noch in demselben Jahre erhielt er die Pfarrstelle zu Lochau (bei Annaburg in der Nähe von Torgau). Hier war es, wo Stifel trotz allen Abmahnungen Luther's den Eintritt des jüngsten Tages auf den Tag Lucä d. i. 18. October 1533 prophezeite. In Folge dieser Schwärmerei und des dadurch entstandenen Scandals (Luther schreibt: Er Michel hat ein kleines Anfechtlein bekommen) verlor er seine Stelle, erhielt aber, besonders durch die Bemühungen Melanthon's, schon Ende 1534 oder zu Anfang des nächsten Jahres die Pfarrstelle zu Holzdorf in der Nähe von Wittenberg. Hier fühlte sich Stifel äußerst glücklich; in der nahen Universitätsstadt, in welcher sich damals noch das ganze wissenschaftliche Leben Deutschlands concentrirte, erhielt er Kunde von den Fortschritten der Wissenschaft, und seine dortigen Freunde, Luther, Melanthon, Jonas, Milich sah er öfters bei sich in seinem Hause. Der Schmalkaldische Krieg (1547) zerstreute seine Gemeinde und verscheuchte ihn aus seinem Amte. Stifel ging nach Preußen, wo er als Pfarrer zu Haberstrohm (Stifel schreibt: Haberstro) ohnweit Königsberg einige Jahre wirkte. Wiederholte Aufforderungen seiner früheren Gemeindemitglieder, gewiß aber die weite Entfernung von seinen Wittenberger Freunden vermochten ihn zur Rückkehr nach Sachsen. Wir finden ihn 1557 als Pfarrer zu Brück in der Nähe von Wittenberg. Ob er durch die damaligen theologischen Streitigkeiten oder wegen seines hohen Alters veranlaßt wurde nach wenigen Jahren sein Amt niederzulegen, ist unbekannt; im Jahre 1559 ist sein Name in der academischen Matrikel der Universität Jena eingeschrieben: Michael Stieffel, Senex, Artium Magister, et Minister verbi divini. Es bleibt indeß ungewiß, ob er an der Universität öffentliche Vorträge gehalten hat, er hat sich vielleicht nur zur Ertheilung von Privatunterricht, wie früher in Wittenberg und Holzdorf, den Docenten der Universität angeschlossen. Stifel starb zu Jena 19. April 1567, 80 Jahre alt.

Dies ist das äußere Leben eines der genialsten deutschen Männer der Reformationszeit (vergl. Strobel, Neue Beyträge zur Litteratur besonders des sechszehnten Jahrhunderts, Nürnberg und Altdorf 1790, Bd. I. Stück 1. S. 1—90). Wir haben es so genau dargestellt als die zugänglichen Quellen gestatteten, da gerade über Michael Stifel so viel Ungenaues und Falsches be-

im Buche Daniel. Dies wurde, wie es scheint, die Veranlassung, daß er sich mathematischen Studien zuwandte. Nachdem Stifel in persönliche Berührung mit Luther gekommen und durch dessen kräftiges Wort von den erwähnten Träumereien abgebracht worden war, studirte er die Coß Ch. Rudolff's, die er ohne weitere Beihülfe verstand. Als Pfarrer in Holzdorf in der Nähe von Wittenberg faßte Stifel auf Anrathen seiner Wittenberger Freunde den Plan, ein Werk zu schreiben, das die gesammte Arithmetik und Algebra, soweit sie zur Zeit bekannt war, enthielte[1]). So entstand die Arithmetica integra, das eine seiner Hauptwerke; das zweite ist seine letzte Schrift: Die Coß Christoff Rudolff's.

Die Arithmetica integra, deren vollständiger Titel: Arithmetica integra. Authore Michaele Stifelio. Cum praefatione Philippi Melanchthonis. Norimbergae apud Johan. Petreium. Anno Christ. M.D.XLIV, besteht aus drei Büchern. In dem ersten wird von den rationalen Zahlen gehandelt. Stifel beginnt mit den Grundoperationen in ganzen und gebrochenen Zahlen.

---

richtet wird. Eine reiche Phantasie verbunden mit einer eminenten Intuition charakterisirt seine Schriften, und er ist troß seiner Schwärmerei für mystische Zahlenspielereien, von der er sich bis in sein reiferes Alter nicht befreien konnte, zu den ersten Mathematikern seiner Zeit zu rechnen. Die Reihenfolge seiner mathematischen Schriften ist: Arithmetica integra, 1544; Deutsche Arithmetica, Inhaltend die Haußrechnung, Deutsche Coß, Kirchrechnung, Nürnberg Joh. Petreius 1545; Rechenbuch von der Welschen vnd Deutschen Practick, ebendaselbst 1546 (die beiden letzten sind populär abgefaßt); Ein sehr wunderbarliche Wort-Rechnung, sambt einer mercklichen Erklärung etlicher Zahlen Danielis, und der Offenbahrung Sanct Johannis, Anno 1553; Die Coß Christoff Rudolff's, im Druck vollendet 1554.

[1]) Quanquam autem plurimi de Arithmetica libelli extent, et quotidie plures novi gignuntur, ego tamen adhuc nullum vidi qui integram artem traderet. Complexus itaque sum non tantum Algorithmos vulgares, proportionum varietates, progressionum discrimina ac intervalla, et reliquas rationalium numerorum passiones, verum etiam integram tractationem omnium regularum Cossae, quas Algebrae vocant, et reliquos omnes Algorithmos irrationalium numerorum. Aus der Vorrede zur Arithmetica integra.

Er geht im zweiten Capitel über zu dem Wesen und den Arten der unbenannten Zahlen (numeri abstracti; benannte Zahlen heißen numeri contracti). Zuerst wird über die Theilbarkeit der Zahlen gehandelt; dann folgt die Eintheilung der Zahlen in gerade und ungerade; er nennt vollkommene Zahlen (numeri perfecti) solche, die gleich der Summe ihrer Theiler sind z. B. $6 = 1 + 2 + 3$; auch giebt er die Regel, nach welcher die Reihenfolge derselben 6, 28, 496, 8128, 130816 .... gefunden wird. Die zusammengesetzten Zahlen (numeri compositi) theilt Stifel in Quadrat- und Nichtquadratzahlen ein, die letztern in Diametralzahlen und solche, die es nicht sind. Unter Diametralzahlen versteht er solche wie 12, die nämlich von der Beschaffenheit sind, daß die Summe der Quadrate der Theiler (3 und 4) derselben, also $9 + 16$ einer Quadratzahl gleich ist, deren Wurzel 5 der Diameter heißt. Offenbar ist die Benennung von dem über der letztern als Durchmesser construirten rechtwinkligen Dreieck hergenommen; es entstehen demnach für einen Durchmesser auch mehrere Diametralzahlen. Als Anhang zum zweiten Capitel giebt Stifel die Numeratio circularis; er behandelt darin die Aufgabe: Wenn ein Quadrat in irgend welche Anzahl Quadratzellen eingetheilt ist, wie müssen die am Anfange befindlichen Zellen auf dieselbe Art durchgezählt werden, daß wenn jedesmal am Ende einer Zählung die letzte Zelle mit einer Marke versehen wird, zuletzt sämmtliche Zellen bis auf eine mit Marken besetzt sind. Er bringt damit die Reihen der geraden und ungeraden Zahlen in Verbindung. Den Inhalt des dritten Capitels bilden die arithmetischen Progressionen. Stifel giebt die Regel, die Summe einer gewissen Anzahl Glieder zu finden, und bemerkt, daß ebenso die Reihen der Polygonalzahlen summirt werden. Er erwähnt auch Progressionen mit wechselnden Differenzen (progressiones intercisae) z. B. 15, 18, 24, 27, 33, 36 .... Speciell betrachtet er die Reihen der natürlichen, der geraden und ungeraden Zahlen und leitet aus der letztern die Potenzreihen her. Darauf folgen die Reihen der Polygonal- und Pyramidalzahlen. Den Schluß macht die Anwendung der Reihe der natürlichen Zahlen zur Bildung der später sogenannten Zauberquadrate. Das vierte Capitel behandelt die geometrischen Progressionen, die aus continuirlichen gleichen Verhältnissen bestehend von Stifel aufgefaßt werden. Er bemerkt, um ihre Wichtigkeit zu charakterisiren, daß die ganze Algebra lediglich eine Rechnung mittelst geometrischer Progressionen ist. Wird in den Progressionen, die mit 1 anfangen, das zweite Glied die Wurzel genannt, insofern aus demselben alle folgenden Glieder entstehen, so läßt sich die natürliche Zahlenreihe mit der geometrischen Progression verbinden, wie $\overset{0}{1}.\ \overset{1}{2}.\ \overset{2}{4}.\ \overset{3}{8}.\ \overset{4}{16}.\ \overset{5}{32}\ \ldots$; ein jedes Glied der erstern giebt die Entstehung eines jeden Gliedes der geometrischen Progression aus der Wurzel an. Daß Stifel erkannt hat, daß die Glieder der natürlichen Zahlenreihe, wie wir gegenwärtig sagen, die Exponenten der entsprechenden Glieder der geometrischen Progression ausdrücken, scheint daraus hervorzugehen, daß er unmittelbar darauf die numeri solidi d. h. die Potenzen des dritten, vierten u. s. w. Grades erörtert. Aus den mit 1 beginnenden Progressionen leitet Stifel die Sätze her: $(a + b)^2 = a^2 + 2ab + b^2$, $(a - b)^2 = a^2 - 2ab + b^2$, $(a + b)^3 = a^3 + 3a^2b + 3ab^2 + b^3$ u. s. w., deren Richtigkeit er mittelst geometrischer Construction darthut. Hierauf folgt die Vergleichung der arithmetischen und geometrischen Progression: der Addition und Subtraction bei der arithmetischen Progression entspricht die Multiplication und Division bei der geometrischen Progression. Eine Anwendung hiervon macht Stifel auf die directe und umgekehrte Regel de tri. Er macht ferner darauf aufmerksam, daß auch die Rechnung mit Verhältnissen aus den Progressionen hergeleitet werden kann, denn in der Verbindung $\overset{0}{1}.\ \overset{1}{2}.\ \overset{2}{4}.\ \overset{3}{8}.\ \overset{4}{16}.\ \overset{5}{32}\ \ldots$ zeigt z. B. die Zahl 5 an, daß nicht allein 32 das fünfte Verhältniß bilde, sondern auch daß 32:1 das fünffache Verhältniß von 2:1 ($\frac{2}{1} \cdot \frac{2}{1} \cdot \frac{2}{1} \cdot \frac{2}{1} \cdot \frac{2}{1}$) ausdrücke[1]). — Von der Wurzel-

[1]) Man hat hieraus Stifel die Erfindung der Logarithmen vindiciren

auszziehung handelt das fünfte Capitel. Stifel geht hier wiederum von der Verbindung $\overset{0.}{1.}\ \overset{1.}{2.}\ \overset{2.}{4.}\ \overset{3.}{8.}\ \overset{4.}{16.}\ \overset{5.}{32}\ \overset{\dots}{\dots}$ aus und bemerkt, daß die Glieder der arithmetischen Progression nicht nur, wie wir gegenwärtig es nennen, die Exponenten der darunter stehenden Potenzen der Zahl 2 ausdrücken, sondern auch den Grad der Wurzel angeben. Was nun speciell die Operation der Wurzelauszziehung betrifft, so verfährt er auf die bis dahin übliche Weise, daß er die gegebene Zahl durch darüber gesetzte

wollen. — Es wird zu diesem Ende noch eine andere Stelle aus der Arithmetica integra angeführt, in welcher sich Stiefel nach seiner Gewohnheit in Vergleichungen bewegt und aus der deshalb ebenso wenig geschlossen werden kann; es heißt daselbst lib. III. cap. V. fol. 249: Sic Cossa solet, pro immensa copia sua, iis uti quae sunt, et iis quae finguntur esse. Nam sicut supra unitatem ponuntur numeri integri, et infra unitatem finguntur minutiae unitatis, et sicut supra unum ponuntur integra, et infra unum ponuntur minuta seu fracta: sic supra o ponitur unitas cum numeris, et infra o fingitur unitas cum numeris. Id quod pulchre repraesentari videtur in progressione numerorum naturali, dum servit progressioni. Sed ostendenda est ista speculatio per exemplum:

— 3	— 2	— 1	0	1	2	3	4	5	6
$\frac{1}{8}$	$\frac{1}{4}$	$\frac{1}{2}$	1	2	4	8	16	32	64

Posset hic fere novus liber integer scribi de mirabilibus numerorum, sed oportet ut me hic subducam, et clausis oculis abeam. Repetam vero unum ex superioribus, ne frustra dicar fuisse in campo isto. Sed sententia inversa repetam quod mihi repetendum videtur. Qualiacunque facit progressio Geometrica multiplicando et dividendo, talia facit progressio Arithmetica addendo et subtrahendo.

Exemplum. Sicut $\frac{1}{8}$ multiplicata in 64 facit 8, sic — 3 additum ad 6 facit 3. Est autem — 3 exponens ipsius $\frac{1}{8}$, sicut 6 est exponens numeri 64, et 3 est exponens numeri 8. Item sicut $\frac{1}{8}$ dividens 64 facit 512, sic — 3 subtractum de 6 facit 9. Est autem 9 exponens numeri hujus 512. Item sicut 64 dividens $\frac{1}{8}$ facit $\frac{1}{512}$, sic 6 subtracta de — 3 relinquit — 9. Est autem — 9 exponens fractionis hujus $\frac{1}{512}$. Et sic patet pulcherrimum judicium de minutiis unitatis abstractae, et de iis quae Euclides, Boëtius et alii senserunt de indivisibilitate unitatis. De qua re etiam primo libro disputavi, videlicet minutias unitatis habendas esse pro numeris fictis.

Punkte von rechts nach links eintheilt; alsdann zeigt er an Beispielen, wie die Wurzel des zweiten, dritten, fünften und siebenten Grades mit Hülfe der Coefficienten der Potenzen eines zweitheiligen Ausdrucks gefunden wird. Von diesen Coefficienten giebt Stifel die folgende Tafel[1]):

1							
2							
3	3						
4	6						
5	10	10					
6	15	20					
7	21	35	35				
8	28	56	70				
9	36	84	126	126			
10	45	120	210	252			
11	55	165	330	462	462		
12	66	220	495	792	924		
13	78	286	715	1287	1716	1716	
14	91	364	1001	2002	3003	3432	
15	105	455	1365	3003	5005	6435	6435
16	120	560	1820	4368	8008	11440	12870
17	136	680	2380	6188	12376	19448	24310

Er erläutert die Bildung der Zahlen nach dem Gesetz $n_r + n_{r-1} = (n+1)_{r+1}$; auch bemerkt er, daß wenn die erste Zahl eine gerade ist, die Anzahl der Coefficienten ungerade

[1]) Man hat aus dieser Tafel die erste Kenntniß des binomischen Lehrsatzes auf Stifel zurückführen wollen. Indeß der Zusammenhang zeigt, daß diese Tafel lediglich zum Behuf der Wurzelausziehung entworfen ist, und es wird nirgends erwähnt, daß die darin enthaltenen Zahlen in irgend welcher Beziehung zu einer andern Theorie stehen. Hiermit stimmt denn auch überein, was Stifel selbst über die Entstehung dieser Tafel im Anhang zum vierten Capitel des ersten Theils seiner Ausgabe von Ch. Rudolff's Coß beibringt. Es heißt daselbst (fol. 56. 57) wörtlich: So aber einer wissen wolt aus was grund dise zalen kommen weren, die man braucht (nach meynem angeben) bey den cubic: würtzeln, 300 vnd 30, Vnd bey den würtzeln der sursoliden

ist, und wenn die erste Zahl ungerade, jene Anzahl gerade ist; ferner daß die Zahlen sich in umgekehrter Ordnung wiederholen. — In dem sechsten Capitel handelt Stifel von den Verhält-

50000. 10000. 1000. 50. Itē bey den würtzeln der bsursoliden 7000000. 2100000. 350000. 35000. 2100. 70. Den laß ich wissen, wie ich vielerley weg versucht hab, solliche operation zu finden (die weyl mir nie etwas da von zu lesen hat mögen zu kommen, oder ich da von het mögen etwas von einem andern lernen) bis ich etwas vermercket hab aus der Geometrischen progreß, genennet vndecupla, die also einher geht 1. 11. 121. 1331. 14641. 161051. 1771561. 19487171. Das ich nu den Leser mit vnnötiger sach nicht zu lang auff halt, will ich jm den weg gezeygt haben. Er mag aber selbs bedencken, wie aus disem cubo 1331. dise zal kommen 300 vnd 30. Item auß disem sursolido 161051. kommen dise zalen 50000. 10000. 1000. 50. Item aus disem bsursolido 19487171. kōmē dise zalē 7000000. 2100000. 350000. 35000. 2100. 70. vñ das ich der sach ein wenig helffe, wil ichs setzen vnder einander wie sie vnder einander gehören.

1331 steht also 1000
300
30
1

Das oberst geht hin, nach der tafel, So geht das vnderst hin aus multiplicirung 1 in sich cubice. Bleyben die miteln 300 vnd 30.

Dis sursolidum 161051 steht also
100000
50000
10000
1000
50
1

Vnd dis bsursolidum steht also zur ströwet. 19487171
10000000
7000000
2100000
350000
35000
2100
70
1

Nu wissen wir aus der operation, wie das aller öberst hingeht (allenthalben) durch die tafel, vnd das vnderst durch multiplicirung in selbs, nach gelegenheit der würtzeln, vñ also bleybt das vbrig in dem mittel, zum brauch, den wir gesehen habē.

nissen (proportiones) und Proportionen (proportionalitates), im siebenten von der harmonischen Proportion und von ähnlichen andern Proportionen, im achten über die Rechnung mit sechzigtheiligen Brüchen (minutiae physicae), im neunten über Progressionen, nach welchen die Töne in der Musik fortschreiten. Das zehnte Capitel enthält die Rechnung mit benannten Zahlen und die Praxis italica[1]). Auf Anregung des Verlegers Petrejus fügt Stifel in einem Anhang zum ersten Theil die regula falsi hinzu — er gedenkt dabei der Erweiterung (inventum valde egregium nennt er sie), die dieselbe durch Gemma Frisius erhalten, welcher sie auf Aufgaben des zweiten Grades ausdehnte — nebst einigen Beispielen aus der Mischungsrechnung. Zuletzt führt er in diesem Anhang noch einen Satz von Hieronimus Cardanus an, daß nämlich die Anzahl sämmtlicher Producte aus n Zahlen $= 1 + 2 + 2^2 + 2^3 + \cdots + 2^{n-1} - n$

Wie sich aber nu dise zalen in der progression vndecupla je lenger je mehr in einander wickeln vnd flechten, das sie nicht leichtlich weder vō mir noch einem andern mögen ohn weitere hülff zur ströwet werden nach notturfft diser sachen, hab ich derhalben nicht ruw haben wollen, bis ich vō Gottes gnaden (von dem alles ist) hab ersehen, aus der progreß der dreyeckichten zalen, ein Tafel anzurichten, die vns alles eygentlich vnd gantz vnderschidenlich erklerct, welche man findet in meyner Latinischen außgegangner Arithmetica, auch in meyner Deutschen Coß nach aller notturfft erkleret, das hie nicht not ist weyter da von wort zu machen.

Es ist aber eigentlich ein wunderbarliche natur diser gemeldeten tafel, das sie vnder sich so leichtlich fortgeht, so man sie machet, vñ für sich gegen der rechten, jren brauch so vnaußsprechlicher weise von sich gibt. Aber also pflegen die progressiones in sich zu haben sachen, deren man sich nicht gnug verwundern kan, Vnd ich halt das kein progressio sey, die nicht etwas wunderbarlichs hab an jr, ohn das wir menschen sollichs alles nicht erfaren können.

[1]) Stifel giebt hierzu folgende Erläuterung: Praxis illa quam ab Italis ad nos devolutā esse arbitramur, est ingeniosa quaedam invētio quarti termini regulae De Tri, ex tribus terminis, mediante distractione varia eorundem terminorum, distractarumque particularum proportionatione, atque denominationū vulgariū translatione. Versatur itaque praxis haec potissimum in his tribus, videlicet in distractione terminorum regulae de Tri, in distractorū proportionatione, et in denominationum vulgarium trāslatione.

ist, und macht davon eine Anwendung auf die Anzahl der Theiler, die das Product von n verschiedenen Primzahlen hat.

Das zweite Buch der Arithmetica integra handelt von den Irrationalzahlen. In dem ersten Capitel, worin von dem Wesen derselben die Rede ist, bemerkt Stifel, daß mit Recht darüber gestritten werde, ob die Irrationalzahlen eigentliche oder nur fingirte Zahlen sind. Stifel entscheidet sich für das erstere, obwohl gewichtige Gründe, die er umständlich erörtert, dagegen sprechen. Im Uebrigen folgt er Euklid, der im zehnten Buche der Elemente eine vollständige Behandlung der Irrationalzahlen des zweiten und vierten Grades gegeben, so daß dieses zweite Buch der Arithmetica integra als ein Commentar desselben zu betrachten ist[1]). Stifel beschränkt sich jedoch nicht darauf, er erwähnt auch die Irrationalzahlen anderer Grade und zeigt ihren Nutzen in der Arithmetik und Geometrie; so giebt er im siebenten Capitel die Anwendung der Irrationalzahlen dritten Grades in dem Problem über die Vervielfachung eines Cubus. In den beiden letzten Capiteln des zweiten Buches behandelt er nach Ptolemaeus (Almagest Buch 1. Cap. 9 nach der Ausgabe Regiomontan's) die Aufgabe, aus dem gegebenen Durchmesser eines Kreises die Größe der Seite der eingeschriebenen regulären Polygone, des Zehnecks, Sechsecks, Fünfecks u. s. w. zu finden, und nach dem 13. und 14. Buch der Elemente Euklid's die Größe der Kanten der fünf regulären Körper durch den Durchmesser der umschriebenen Kugel auszudrücken. In einem Anhang zum zweiten Buche bespricht Stifel die Quadratur des Kreises, den er als ein Polygon von unendlich vielen Seiten auffaßt; er erklärt sie für unmöglich, dagegen hält er die Quadratur

---

[1]) Stifel verstand das Griechische nicht; mit Hülfe des Mag. Dionysius Roneus aus Eßlingen, des Mag. Joh. Heinr. Meyer aus Bern, und des Herrn Adolph von Glaubourgk aus Frankfurt, die des Griechischen kundig waren, machte er sich den Sinn des Urtextes deutlich. Er bediente sich sonst der Uebersetzung von Campanus, die Zambertus verbessert hatte. Ueber die letztere vergl. Kästner's Geschichte der Mathematik. 1. Band S. 306 ff.

eines materiellen Kreises (circulus physicus) für ausführbar, so daß sie der sinnlichen Wahrnehmung genügt. Weiteres darüber will er in seiner Geometrie, die aber nicht erschienen ist, mittheilen.

Das dritte Buch der Arithmetica integra enthält in dreizehn Capiteln die Algebra. In der Widmung an Jacob Milichius in Wittenberg erwähnt Stifel als seine Quellen die Coß Christoff Rudolff's und das Rechenbuch Adam Riese's. In dem ersten Capitel, das de regula Algebrae et de partibus ejus earumque declaratione handelt, verwirft Stifel alle die besondern Regeln, die in den bisherigen Rechenbüchern aufgestellt werden (er nennt sie vexationes populi); er giebt eine einzige Regel, dieselbe wie sie gegenwärtig zur Behandlung einer Gleichung aufgestellt wird. Nachdem sie an einem Beispiel ausführlich erläutert ist, folgt im zweiten Capitel der Beweis derselben durch geometrische Construction zufolge der Grundanschauung Stifel's, daß die cossischen Größen ($x, x^2, x^3 \ldots$) nach einer geometrischen Progression fortschreiten und daß demnach die algebraische Rechnung eine Rechnung mit Linien, Flächen und Körpern ist[1]). Das dritte Capitel enthält den Algorithmus der algebraischen Größen; es kommt hier der Ausdruck exponere und exponens vor[2]). Im vierten Capitel handelt Stifel über die Wurzelausziehung aus algebraischen Ausdrücken; er zeigt darin, daß die acht Regeln Ch. Rudolff's auf seine einzige Regel zurückgeführt

[1]) Animadvertendum est, ut Algebra sit calculatio per lineas et superficies atque corpora progredientium sub proportionalitate Geometrica continua.

[2]) Quemadmodum series numerorum naturalis exponit singulas progressiones geometricas, ita etiam cossicam progressionem exponit:

0	1	2	3	4	5	6	7	
1	1𝔵	1𝔷	1ce	1𝔷𝔷	1β	1𝔷ce	1bβ	...

Quemadmodum autem hic vides, quemlibet terminum progressionis cossicae suum habere exponentem in suo ordine (ut 1𝔵 habet 1, 1𝔷 habet 2 etc.) sic quilibet numerus cossicus servat exponentem suae denominationis implicite, qui ei serviat et utilis sit, potissimum in multiplicatione et divisione.

werden können. In Betreff der quadratischen Gleichungen ist zu bemerken, daß auch Stifel die negativen Wurzeln unberücksichtigt läßt; als besondere Fälle betrachtet er die Gleichungen (z. B. $x^2 = 18x - 72$), die zwei positive Wurzeln haben, und erklärt ausdrücklich, daß abgesehen davon eine Gleichung nicht mehr als eine Wurzel haben könne[1]). Zuletzt erwähnt er noch die Gleichungen höherer Grade, die nach Art der quadratischen zu behandeln sind. Das fünfte Capitel enthält die Rechnung mit algebraischen Irrationalausdrücken und mit negativen Zahlen (numeri absurdi von ihm genannt, weil sie kleiner als 0 sind; sie heißen auch fingirte Zahlen). In dem sechsten Capitel ist von den zweiten Wurzeln (radices secundae) die Rede; darunter versteht Stifel alle andern Unbekannten außer der zuerst angenommenen; er bezeichnet sie höchst unbequem mit 1 A, 1 B, 1 C u. s. w. Mit dem siebenten Capitel beginnen die Aufgaben, zunächst die des ersten Grades; Stifel entlehnt sie aus der Coß Ch. Rudolff's, aus Cardan's Arithmetica und von Adam Riese. Im neunten Capitel und in den nächsten folgen die des zweiten Grades, zunächst reine quadratische Gleichungen, alsdann gemischte, und solche, die auf irrationale Lösungen führen, die letztern sind sämmtlich geometrisch. Das zwölfte Capitel enthält Aufgaben mit mehreren Unbekannten. Im dreizehnten Capitel finden sich Aufgaben aus der Arithmetica Cardan's entlehnt, die auf höhere Gleichungen führen; sie werden durch Wurzelausziehung auf niedere Grade gebracht; Stifel schließt deshalb mit der Bemerkung, daß wer die Kunst verstände, die Wurzel jedes Grades auszuziehen, alle algebraischen Aufgaben, die irgendwie gebildet werden könnten, zu lösen vermöchte. In dem Anhange zum dritten Buche, womit die Arithmetica integra schließt, empfiehlt Stifel das Studium der Arithmetik Cardan's

---

[1]) Sunt autem aequationes quaedam quibus natura rerum hujusmodi dedit habere duplicem radicem, videlicet majorem et minorem. — Aliis vero casibus impossibile est unam aequationem continere plures radices quam unam.

angelegentlichst, jedoch räth er die von Cardan gebrauchten Zeichen in die seinigen umzusetzen; obwohl jene, fügt er hinzu, die ältern sind, so sind doch unsere bequemer.

Zehn Jahre nach der Arithmetica integra erschien das zweite Werk Stifel's, das hier in Betracht zu ziehen ist: Die Coß Christoffs Rudolffs Mit schönen Exempeln der Coß Durch Michael Stifel Gebessert vnd sehr gemehrt. Zu Königsperg in Preußen Gedrückt, durch Alexandrum Lutomyslensen im jar 1553. Die Schrift Ch. Rudolff's war so selten geworden, daß sie für einen hohen Preis nicht mehr zu haben war; außerdem sprach sich allgemein der Wunsch aus nach Erläuterung und Vervollständigung derselben, namentlich in Betreff der fehlenden Beweise der Regeln. Diesem allen kommt Stifel entgegen; er giebt die Schrift Rudolff's vollständig wieder, fügt aber einem jeden Capitel ein oder mehrere Anhänge hinzu, in welchen er den Inhalt entweder erläutert oder weiter ausführt. Unter diesen Anhängen ist besonders der über Wurzelausziehung aus algebraischen Ausdrücken hervorzuheben (dritter Anhang zum zweiten Unterschied des zweiten Buchs). Es ist bereits oben erwähnt, daß Stifel durch die Arithmetica Cardan's die Reduction höherer Gleichungen auf niedere durch Wurzelausziehung kennen gelernt hatte. Dies in Verbindung mit der Behandlung quadratischer Gleichungen, die ja ebenfalls durch Reduction auf den ersten Grad gelöst werden, bestimmte ihn zu der Meinung, daß auf solche Weise die Lösung aller Gleichungen möglich sein müsse, und er verwandte allen Fleiß, eine Methode zu finden, die Wurzel jedes Grades aus algebraischen Ausdrücken zu ziehen[1]). Hierbei leistete ihm die schon erwähnte Tafel die treff-

[1]) Es heißt zu Anfang des Anhangs: Ich hab vormals mehr angezeygt wie die gröste macht der Coß sey gelegen an allerley extrahiren der wurtzeln. Wer an disem teyl vollkommen were, den möchte man auch wol nennen einen volkommen gsellen in der Coß. Aber Got sey gelobt, der vns hie ein zil hat gesteckt das vnser keyner nymmermehr dise gantze vollkommenheit hie in disem leben erlangen wirt, wie es deñ auch nicht von nötten ist. Ich will

lichsten Dienste; er giebt sie an dieser Stelle (lediglich wiederum zum Behuf der Wurzelausziehung) in folgender vollständiger Form:

1 ʒ.	2	1					
1 ce.	3	3	1				
1 ʒʒ.	4	6	4	1			
1 β.	5	10	10	5	1		
1 ʒce.	6	15	20	15	6	1	
1 bβ.	7	21	35	35	21	7	1

Darauf zeigt Stifel an Beispielen, wie die Wurzel des dritten, vierten, fünften, sechsten Grades auszuziehen ist. In der Behandlung der Gleichungen des ersten Grades bemerkt Stifel sogleich bei dem ersten Beispiel, daß er das Zeichen ℌ (dragma) einfach weglassen und daß er für /ʒ bloß das Zeichen / setzen werde. — Ch. Rudolff hatte seine Coß mit einer symbolischen Hindeutung auf die cubischen Gleichungen geschlossen; dies wird für Stifel Veranlassung, aus dem indeß erschienenen Werk Cardan's: Artis magnae sive de regulis Algebraicis liber unus. Norimberg. 1545, einen kurzen Abriß der Behandlung der cubischen Gleichungen als Beschluß hinzuzufügen.

Michael Stifel ist der letzte der deutschen Algebristen des 16. Jahrhunderts. Er hat in seinen Schriften das ganze damals bekannte Gebiet der Arithmetik und Algebra zusammen-

---

aber hie trewlich mitteylen, alles was ich davon hab, das Rudolph nicht gehabt hat, ich auch in meyner latinischen Arithmetica nichts da von gesetzt.

gefaßt. Wenn es ihm auch nicht gelang, die Algebra durch neue Entdeckungen zu erweitern, und er in dieser Hinsicht durch die Leistungen der gleichzeitigen italienischen Mathematiker überflügelt wurde, so bleibt ihm doch das Verdienst, daß er in formeller Hinsicht, durch eine glückliche Anwendung der Zeichensprache, diesem Theil der Mathematik die Gestalt gegeben hat, die bisher unverändert beibehalten worden ist. Mit ihm beginnt die neuere Mathematik, denn er spricht als Grundsatz aus: Permittendum esse Arithmeticis, ut dum bona ratione et utili consilio aliquid fingunt, uti possint hujusmodi rebus fictis.

Christoff Rudolff und Michael Stifel, die hervorragendsten deutschen Algebristen im 16. Jahrhundert, gehörten zu keiner öffentlichen wissenschaftlichen Corporation, und es wird sich kaum nachweisen lassen, daß in dieser Zeit die Algebra auf den Universitäten Deutschlands Gegenstand öffentlicher Vorträge war. Wenn auch der frühere festgeschlossene Kreis der öffentlichen Vorträge auf den Universitäten sich durch Aufnahme der Classiker des Alterthums im 15. und 16. Jahrhundert erweitert hatte, so war eben die Algebra nicht eine Ueberlieferung letzterer Art. Dieser Zustand verschärfte sich, als in Folge der Reformation fast nur theologische Streitfragen die Geister beschäftigten, orthodoxe Eiferer in Glaubenssachen auf den Universitäten sich fest an das Althergebrachte klammerten und jede freie wissenschaftliche Regung und Neuerung verfolgten und unterdrückten. So ist aus Keppler's Leben bekannt, daß sein Lehrer Michael Maestlin in seinen öffentlichen astronomischen Vorlesungen dem System des Ptolemäus folgte, obwohl er von der Richtigkeit der Lehre des Copernikus überzeugt war. In dieser Zeit waren die deutschen Universitäten nicht die Stätten, wo freies wissenschaftliches Leben gedeihen konnte. Glücklicherweise boten sich den wissenschaftlichen Bestrebungen, namentlich auf dem Gebiete der mathematischen Wissenschaften, zwei Zufluchtsorte dar, wo sie, geschützt und gepflegt durch die Gunst erleuchteter Fürsten, ungehindert und ungefährdet sich entfalten konnten; es sind dies die Sternwarten zu Kassel und auf der Insel Hveen[1]). An ersterer wirkte seit 1579 der Schweizer Jost Bürgi (Justus Byrgius), der sich auch auf dem Gebiet der Algebra versucht hat[2]). Veranlassung dazu gab, daß die vervollkommneten trigono-

---

[1]) An letzterer Stelle trat zu Anfang des 17. Jahrhunderts der Hof und die Sternwarte Kaiser Rudolph's zu Prag.

[2]) Jost Bürgi wurde 1552 zu Lichtensteig in Toggenburg geboren. Er erlernte die Uhrmacherkunst und kam als wandernder Handwerker nach Kassel, wo er 1579 vom Landgrafen Wilhem IV die Stelle eines Hof-Uhrmachers erhielt. Da Bürgi neben einem vorzüglichen praktischen Geschick sehr bald ein ausgezeichnetes mathematisches Talent entwickelte, so wurde er vom Landgrafen seinem Astronomen Christoph Rothmann als Gehülfe beigegeben. Dadurch kam er, bei dem lebhaften wissenschaftlichen Verkehr, der damals am Kasseler Hofe stattfand, mit den ersten Astronomen seiner Zeit in Berührung. Durch mündliche Mittheilung und durch eigenes Nachdenken gewann er die theoretische Bildung, die er wegen mangelnder Kenntniß des Lateinischen aus Büchern sich nicht verschaffen konnte. 1592 wurde Bürgi von dem Landgrafen Wilhelm beauftragt, eine von ihm gefertigte, besonders sorgfältig ausgeführte Himmelskugel an den Kaiser Rudolph II nach Prag als Geschenk zu überbringen. Bei dieser Gelegenheit lernte der Kaiser, der bekanntlich ein großer Liebhaber der Astronomie war, den hohen Werth Bürgi's näher kennen; dem ihm wahrscheinlich schon damals gewordenen Antrag, als Kammer-Uhrmacher in die Dienste des Kaisers zu treten, leistete er jedoch erst im Jahre 1603 Folge. Er traf hier mit Keppler, der wenige Jahre vorher ebenfalls nach Prag übergesiedelt war, zusammen. So vereinigte das Geschick zwei hochbegabte Männer, die sich gegenseitig ergänzten, an einem Orte: Keppler ausgezeichnet als theoretischer Astronom, Bürgi vorzüglich als Praktiker und dabei zugleich tüchtiger Mathematiker. Aus den noch vorhandenen Zeugnissen Keppler's geht zwar hervor, mit welch' hoher Achtung er für das Talent Bürgi's erfüllt war; sie enthalten indeß zugleich auch die Andeutungen, weshalb es zu einem innigeren Verkehr zwischen beiden nicht kam. Die Charaktere beider waren zu verschieden: Keppler umwob seine wissenschaftlichen Speculationen fast phantastisch mit poetischem Duft, bei Bürgi herrschte der nüchterne, praktische Verstand. — Bürgi blieb bis 1631 in Prag; in diesem Jahre kehrte er nach Kassel zurück und starb daselbst 1632. — Bürgi besaß keine gelehrte Bildung; aus diesem Grunde und wegen der bei hochbegabten Naturen nicht selten vorkommenden Eigenthümlichkeit, mit der Bekanntmachung neuer Erfindungen zu zögern, erklärt es sich, daß wir über die Resultate seiner Arbeiten größtentheils nur durch Mittheilungen in den Schriften seiner Schüler und der ihm befreundeten gleichzeitigen Schriftsteller Kenntniß erhalten. Er selbst hat nur seine „Arithmetische und Geometrische Progreß Tabulen", von welchen weiter unten ausführlich die Rede sein wird, durch den Druck veröffentlicht. Der von ihm erfundene Proportional-

metrischen Formeln und die Fortschritte im Rechnen genauere trigonometrische Tafeln verlangten; Bürgi beschloß eine neue Sinustafel auf 8 Decimalstellen von 2″ zu 2″ zu berechnen. Bisher hatte man mit Hülfe der im Kreise geometrisch construirbaren regulären Figuren und durch Halbirung der Bogen die Sehnen und daraus die Sinus berechnet; ferner hatte man für sehr kleine Winkel Bogen und Sehne gleichgesetzt, und die übrigen Sinus, die auf solche Weise nicht erhalten wurden, proportional nach den zunächst liegenden ergänzt. Dies Verfahren erschien Bürgi zu weitläufig und zu ungenau; durch eine Schrift Ludolph's van Ceulen[1]) wurde er darauf geführt, mit Hülfe der

zirkel, den er auf dem Reichstag zu Regensburg producirte, wurde von Levinius Hulsius in dem dritten Tractat der mechanischen Instrumente 1601 beschrieben; das geometrische Triangularinstrument, zum Behuf der Construction von Dreiecken, machte Bürgi's Schwager, Benjamin Bramer, erst 1648 bekannt. Bemerkenswerther sind Bürgi's theoretische Leistungen. Als praktischer Astronom richtete er seine Studien auf die Vervollkommnung der Trigonometrie und der trigonometrischen Tafeln. Es wird berichtet (Scheibel, Einleitung zur mathematischen Bücherkenntniß, 7. Stück S. 18), daß als durch Paul Wittich die prosthaphäretische Rechnung in Kassel bekannt wurde, Bürgi einen sehr allgemeinen Beweis für die Formeln erfand; ferner erwähnt Keppler in einem Briefe an Michael Maestlin (Linz 28. Mai 1620, sieh. Joa. Keppleri aliorumque Epistolae mutuae ed. Hantsch, Lips. 1717, p. 63) einen von Bürgi gefundenen trigonometrischen Satz, daß nämlich die Quadrate der Sinus eines Bogens sich verhalten wie die Sinus versus des doppelten Bogens $\left(2 \sin^2 \frac{1}{2} \alpha = 1 - \cos \alpha\right)$. In Folge der vervollkommneten trigonometrischen Formeln erkannte man allgemein, daß die vorhandenen trigonometrischen Tafeln für ein genaueres Rechnen nicht mehr ausreichten; Bürgi beschloß eine neue Sinustafel auf 8 Decimalstellen von 2″ zu 2″ zu berechnen, und wir wissen aus dem Zeugniß Keppler's (in einem Brief an den Landgrafen von Hessen im December 1623, sieh. Kepl. op. ed. Frisch, vol. VII p. 304 sq.), daß er sein Vorhaben wirklich ausgeführt. Bürgi's Tafel ist niemals gedruckt worden und scheint verloren zu sein; die Einleitung dazu, von der oben näher die Rede ist, ist zum größten Theil noch im Manuscript unter den Handschriften Keppler's (Keppl. Manusc. vol. V. in der Bibliothek der Sternwarte Pulkowa bei St. Petersburg) vorhanden. — Bürgi's astronomische Beobachtungen aus den Jahren 1590 bis 1597 sind gedruckt in Coeli et siderum in eo errantium observationes Hassiacae etc. Lugd. Bat. 1612. 4.

[1]) Wahrscheinlich ist es die folgende: Van den circkel, daer in gheleert wird te vinden de naeste Proportie des Cirkels-Diameter tegen synen Omloop. ...

Algebra die Theilung eines Winkels in beliebig viele gleiche Theile zu versuchen. In der noch vorhandenen Einleitung zu der Sinustafel verbreitet sich Bürgi über den Weg, den er dabei eingeschlagen hat. Er schickt darin zunächst einen Abriß der algebraischen Grundoperationen voraus „so vil zu disem handel von rechnung der subtensen vonnöthen". Im Eingang dazu bemerkt er, ebenso wie Stifel, daß die ganze cossische d. i. algebraische Rechnung sich auf die geometrische Progression stützt, eine solche liegt aber auch der Logistica astronomica d. i. der Rechnung mit Graden, Minuten, Secunden, wobei „60 die progressionalzahl ist", zu Grunde; es wäre daher am besten gewesen, wenn die cossischen Autoren derselben Bezeichnung, die in der Logistica astronomica gebräuchlich, sich auch in der Algebra bedient hätten. Bürgi gebraucht deshalb vielfach diese Bezeichnung, so daß z. B.

$$\overset{\mathrm{VI}}{8}+\overset{\mathrm{V}}{12}-\overset{\mathrm{IV}}{9}+\overset{\mathrm{III}}{10}+\overset{\mathrm{II}}{3}+\overset{\mathrm{I}}{7}-\overset{0}{4}=8x^6+12x^5-9x^4+10x^3+3x^2+7x-4$$ [1]). —

Bürgi wendet sich darauf zu den Sinus; er schickt hier die Bemerkung voraus, daß es vortheilhaft sei, den Radius $=1$ zu nehmen, insofern man alsdann die Sinus als ächte Brüche erhält, mit denen leicht zu rechnen ist, da nur ihre Zähler berücksichtigt zu werden brauchen (Decimalbrüche). Er setzt zugleich die Rechnungsvortheile mit solchen Brüchen für die einzelnen Operationen in der Kürze auseinander [2]). Hierauf folgt die

---

Item aller Figueren-syden in den Cirkel beschreuen, beginnende van den 3, 4, 5, 15 hoeck, in Irrationale ghetallen te brengen, al hadde de Figuer, veel hondert-duysent hoecken.... Alles door Ludolph van Ceulen gheboren in Hildesheim. Tot Delft 1596 fol. — Ueber den Inhalt desselben sieh. Kästner's geometrische Abhandlungen, zweite Sammlung, Göttingen 1791, S. 185 ff.

[1]) Diese Bezeichnung scheint den Uebergang von den früher gebrauchten besondern Zeichen für die Potenzen, ♃ $=x$, ʒ $=x^2$, ce $=x^3$ u. s. w. zu der gegenwärtig üblichen Bezeichnungsweise der Potenzen gebildet zu haben.

[2]) Nach dem Zeugniß Keppler's ist Bürgi als der Erfinder der Decimalbrüche zu betrachten; im „Auszug aus der uralten Messe-Kunst Archimedis"

Bestimmung der Sehne der Hälfte und des dritten Theils eines Bogens, dessen Sehne bekannt ist. Für die erstere findet Bürgi die Formel, daß die Sehne des halben Bogens (x) zur Sehne des ganzen Bogens sich verhält wie $x : \sqrt{4x^2 - x^4}$; um die Sehne des dritten Theils zu ermitteln, geht er von dem bekannten Ptolemäischen Lehrsatz aus und erhält als Verhältniß $x : 3x - x^3$, wo wiederum x die Sehne des dritten Theils bezeichnet, beides unter der Bedingung, daß der Halbmesser $= 1$ ist. Mit Hülfe dieser beiden Bestimmungen ermittelt Bürgi die Sehnen des vierten, fünften, sechsten u. s. w. Theils eines Bogens; er verfährt dabei ebenso wie vorher analytisch, er nimmt die Sehne eines jeden Theils als gefunden an und sucht die Sehne des ganzen Bogens. Er erhält auf diese Weise, wenn x die Sehne des vierten Theils eines Bogens bezeichnet, die Relation für das Quadrat der Sehne des vierten Theils zum Quadrat der Sehne des ganzen Bogens $= x^2 : 16x^2 - 20x^4 + 8x^6 - x^8$; bezeichnet ferner x die Sehne des fünften Theils eines Bogens, so verhält sich diese zur Sehne des ganzen Bogens $= x : 5x - 5x^3 + x^5$. Bürgi schließt diese Untersuchung mit einer Tafel, in welcher er zeigt, wie man unter der Annahme, daß der Radius $= 1$, lediglich durch Addition das Verhältniß der Sehne irgend eines Theils zur Sehne des ganzen Bogens finden kann. Nun wendet sich Bürgi zur Ermittlung des Werthes der Unbekannten. Er zeigt zunächst auf folgende ingeniöse Weise, wie viele Werthe der Unbekannten aus der betreffenden Gleichung sich ergeben. Jeder Sehne entsprechen zwei Bogen, ein größerer und ein kleinerer; so gehört z. B. zu derselben Sehne der Bogen von 60° und 300°, und analog dieselbe Sehne zu Bogen von 360°

(Kepl. op. ed. Frisch vol. V. p. 547) sagt er ausdrücklich: Dise Art der Bruchrechnung ist von Jost Bürgen zu der sinusrechnung erdacht. — Die gegenwärtige Bezeichnung der Decimalbrüche hat Bürgi noch nicht; er schreibt in der Regel $0723 = 0{,}723$; ist der Bruch größer als 1, so gebraucht er die folgende: $364{}_\circ 2 = 364{,}2$. Das Komma, um die Ganzen von den Bruchstellen zu trennen, findet sich zuerst bei Keppler; vergl. die oben angeführte Stelle

und 0°. Da demnach die Sehne von 360° gleich 0 d. i. ein Punkt in der Peripherie ist, und da analog eine jede andere Sehne einen Punkt in der Peripherie hat, so kann man sie gewissermaßen als aus zwei Theilen bestehend betrachten, der eine ist ein Punkt in der Peripherie, dem der Bogen von 360° entspricht, der andere ist die Sehne selbst. Hieraus ergiebt sich, daß zu jeder Sehne ein Bogen gehört, der aus der ganzen Peripherie und dem größeren oder kleineren Bogen des durch die Sehne getheilten Kreises gehört. Insofern nun aber eine Sehne, die $=0$ ist, unendlich vielen Sehnen, die ebenfalls $=0$ sind, als gleich betrachtet werden kann, so wird auch an die Stelle des einen ganzen Kreises eine unendliche Anzahl Kreise treten können. Dies vorausgeschickt, unterscheidet Bürgi zwei Fälle, ob nämlich ein Bogen, dessen Sehne bekannt ist, oder ob die ganze Peripherie in eine Anzahl gleicher Theile getheilt werden soll. Im ersten Falle wird der algebraische Ausdruck, welcher das Verhältniß der Sehne des gesuchten Bogens zur Sehne des ganzen Bogens darstellt, einer bestimmten Zahl, im zweiten $=0$ sein. Er findet für den ersten Fall, daß die Unbekannte höchstens so viele Werthe hat, als der Bogen getheilt werden soll. Ist z. B. der Bogen von 60° oder 300° in fünf gleiche Theile zu theilen, so entsprechen offenbar der Sehne eines Fünftheils des kleineren Bogens die Bogen von 12° und 348°, der Sehne eines Fünftheils des größeren die Bogen von 60° und 300°. Dies sind zwei Werthe der Unbekannten. Die andern Werthe werden gefunden, indem man zu 60° den ganzen Umfang hinzunimmt, also $60° + 360° = 420°$, davon ein Fünftel $= 84°$. Die Sehne dieses Bogens oder des Bogens von 276° ist der dritte Werth der Unbekannten. Verfährt man ebenso mit dem größeren Bogen, so ist $\frac{1}{5}(300° + 360°) = 132°$; mithin ist die Sehne dieses Bogens oder von 228° der vierte Werth der Unbekannten. Setzt man ferner zwei Peripherien zu 60°, so ist $\frac{1}{5}(60° + 720°) = 156°$; die Sehne dieses Bogens oder von 204° ist der fünfte Werth der Unbekannten. Verfährt man ebenso mit dem größeren Bogen von 300°, also $\frac{1}{5}$ (300° + 720°) = 204°, so ist die Sehne dieses Bogens kein neuer Werth der Unbekannten. Es ergeben sich also fünf Werthe der Unbekannten, wie es auch der Grad der betreffenden Gleichung erfordert. Dies findet nicht statt, wenn die ganze Peripherie in irgend eine Anzahl gleicher Theile getheilt werden soll. Ist z. B. die ganze Peripherie in fünf gleiche Theile zu theilen, so entsprechen der Sehne eines Fünftheils die Bogen von 72° oder 288°; nimmt man zur ersten Peripherie eine zweite hinzu, so gehören zur Sehne eines Fünftheils die Bogen von 144° oder 216°; theilt man drei Peripherien in 5 gleiche Theile, so ist davon ein Fünftheil der Bogen 216°, mithin keine neue Sehne u. s. w. Es kommen also der Unbekannten nur zwei Werthe zu, welche den zwei verschiedenen Sehnen der Fünftheilung eines Kreises entsprechen. Ebenso ergeben sich drei Werthe der Unbekannten aus der Gleichung für die Sehne eines Siebentels der ganzen Peripherie. Bürgi bemerkt nicht, daß diese Werthe der Unbekannten die Seiten der regulären Polygone zugleich mit den Seiten der zugehörigen Sternpolygone darstellen. Es geschieht dies von Keppler in dem ersten Buch der Harmonice mundi, wo er von den regulären Figuren handelt; er reproducirt daselbst die Untersuchungen Bürgi's, freilich nur um zu zeigen, daß die Theilung des Kreises in sieben gleiche Theile auf diese Weise d. i. mit Hülfe der Algebra, den Ansprüchen der Geometrie nicht genüge, insofern nicht ein, sondern mehrere Werthe der Unbekannten sich ergeben. — Nachdem Bürgi die Anzahl der Wurzeln untersucht, kommt er zur Ermittelung der Werthe derselben d. i. zur Auflösung der Gleichungen. Obwohl er vorhersieht, daß ihm der Vorwurf gemacht werden wird, daß er sich des Rathens und gewisser mechanischer Kunstgriffe zur Bestimmung der Werthe der Wurzeln bediene, so ist er doch überzeugt, daß in seinem Verfahren zur Auflösung der Gleichungen so viele feine Speculationen sich fänden, als in den sonst üblichen Methoden. Er bedient sich der noch jetzt gebräuchlichen Methode zur Bestimmung der reellen Wurzeln: er setzt einen Werth der Wurzel in die Gleichung ein und sieht zu, ob sich dadurch auf beiden Seiten Gleiches ergiebt. Wird der wahre Werth der Wurzel nicht errathen und kommt durch Reduction des algebraischen Ausdrucks eine kleinere oder größere Zahl als der angenommene Werth der Sehne, so erhält man wenigstens den Werth der Sehne für die angenommene Wurzel und die letztere wird den der erhaltenen Sehne entsprechenden Bogen theilen. Hierauf handelt Bürgi über einige Vortheile und mechanische Kunstgriffe, den Werth einer Wurzel genau zu errathen, ferner zu erkennen, zwischen welchen Zahlen die Wurzel liegt, und welcher Bogen ohngefähr dem gefundenen Werth, der Wurzel oder den übrig bleibenden Differenzen entspricht. In Bezug auf ersteres unterscheidet Bürgi, ob die Wurzel d. i. die gesuchte Sehne sich nur wenig von dem dadurch abgeschnittenen Bogen unterscheidet, oder ob sich die Sehne dem Durchmesser nähert. Soll z. B. ermittelt werden, wie groß die Sehne des neunten Theils eines Bogens von 60° ist, so wird in der betreffenden Gleichung an die Stelle der Unbekannten ein etwas größerer Werth als $\frac{2}{3}$ von 1 (= 0,666 . . .) also z. B. 0,68 gesetzt werden. Sind dagegen die Werthe der vier Sehnen des regulären Neunecks im Kreise (die Seite desselben ist darunter enthalten) zu finden, so räth Bürgi zu einer graphischen Construction; man theile den Durchmesser des Kreises (= 2) in eine beliebige Anzahl gleicher Theile und suche mittelst des Zirkels, wie viele von diesen Theilen auf eine jede der vier Sehnen des Neunecks kommen. Die Richtigkeit der gefundenen Werthe prüfe man durch Substitution in die betreffende Gleichung. Hierbei zeigt Bürgi, daß ihm bekannt ist, daß jedem Zeichenwechsel eine Wurzel der Gleichung entspricht. Er beschließt diese Untersuchung, indem er darthut, wie aus zwei unrichtigen Werthen, von denen der eine zu groß, der andere zu klein ist, der wahre Werth der Wurzel erforscht wird; es geschieht dies nach der regula falsi. Er zeigt zugleich, den wahren Werth der Wurzel auf acht Stellen zu finden. — Hierauf wendet sich Bürgi zu dem eigentlichen Gegenstand seiner Arbeit, wie nämlich der „canon sinuum" für alle geraden Secunden aufs kürzeste und schärfste zu berechnen ist. Da zu dem Ende die Peripherie in 324000 gleiche Theile zu theilen ist, die Zahl 324000 aber = 2.2.2. 2.2.3.3.3.3.5.5.5, so theilt Bürgi die Peripherie zuerst in zwei, die Hälfte in drei, den Bogen von 60° wiederum in drei, den Bogen von 20° in fünf, die Bogen von 4° und 2° in zwei gleiche Theile und erhält so den Bogen von 1°; darauf theilt er den Bogen von 2° in fünf, den Bogen von 24' in drei, die Bogen von 8', 4' und 2' in zwei gleiche Theile und findet den Bogen von 1'; endlich theilt er den Bogen von 2' in fünf, den Bogen von 24" in drei, den Bogen von 8" in zwei gleiche Theile und kommt so auf den Bogen von 4". Dies ist der kürzeste Weg, um zu den Sinus von 1°, 1', 2" zu gelangen. Will man blos den Bogen von 2" haben, so theilt man so: 360°, 180°, 90°, 45°, 22° 30', 11° 15', 3° 45', 1° 15', 25', 8' 20", 1' 40", 20", 4". Nachdem Bürgi noch über einige Vortheile in Betreff der Auflösung der Gleichungen für die Sehnen des Kreises gehandelt und wie aus einer Sehne eine andere gefunden werden kann, schließt das vorhandene Manuscript mit der Anweisung, wie mittelst Differenzen die Sinustafel zu berechnen ist[1]).

Dies ist der Inhalt von Bürgi's Einleitung zu seiner Sinustafel. Wir haben geglaubt, so vollständig als möglich ihn angeben zu müssen, da diese Einleitung fast der einzige noch vorhandene Ueberrest von Bürgi's wissenschaftlichen Arbeiten ist, nach welchem wir uns ein Urtheil über den wissenschaftlichen Werth dieses von seinen Zeitgenossen so hoch gestellten Mannes bilden können[2]). In der That, Bürgi war nicht blos ein ge-

[1]) Vergl. R. Wolf's Astronomische Mittheilungen XXXI und XXXII (December 1872 und März 1873), worin weiteres über Bürgi und die Einleitung zu seiner Sinustafel beigebracht wird.

[2]) Der Landgraf Wilhelm bezeichnet Bürgi in einem Schreiben an Tycho Brahe als „homo qui quasi indagine alter Archimedes". — Wichtiger sind die Zeugnisse Keppler's, der überall wo er von Bürgi spricht, seiner mit dem

wandter Rechner und hat als solcher zuerst auf die Vortheile der Decimalbruchrechnung aufmerksam gemacht (von ihm als Erfinder der Logarithmen wird noch besonders die Rede sein), sondern er beherrschte auch das damalige Gebiet der Algebra vollständig; in seinen Untersuchungen über die Anzahl und den Werth der reellen Wurzeln höherer Gleichungen, wenn auch nur in Bezug auf den Kreis, dürfte er über die Leistungen seiner Vorgänger hinausgegangen sein.

Noch ist hier Nicolaus Reymers (Nic. Raymarus Ursus) als astronomischer Schriftsteller bekannt, zu erwähnen[1]). Die

höchsten Lobe gedenkt, z. B. in der Schrift De stella tertii honoris in cygno (Kepl. op. ed. Frisch vol. II p. 769): Alter quem ego novi est Justus Byrgius, S. C. Majest. automatopoeus, qui licet expers linguarum, rerum tamen mathematicarum scientia et speculatione multos earum professores facile superat. Praxin vero sic peculiariter sibi possidet, ut habitura sit posterior aetas, quem in hoc genere coryphaeum celebret non minorem quam Durerum in pictoria, cujus crescit occulto velut arbor aevo fama; ferner im ersten Buch der Harmonice mundi, wo Keppler Bürgi's Kreistheilung erwähnt: Justus Byrgius qui in hoc genere ingeniosissima et inopinabilia multa est commentus.

[1]) Er schreibt sich selbst auf dem Titel der von ihm 1583 in deutscher Sprache herausgegebenen Geodaesia Ranzouiana Nicolaus Reymers (Reimers). Sieh. Kästner's Geschichte der Mathematik, 1. Band S. 669. Geboren zu Henstede in Dithmarsen war er bis zu seinem 18. Jahre Schweinehirt. Es ist unbekannt, durch welches günstige Geschick es ihm möglich wurde, wissenschaftlichen Studien sich zuzuwenden; wahrscheinlich machte er sich als Autodidact die Elemente der Mathematik zu eigen. Er gewann die Protection des Grafen Heinrich Ranzow, der, ein Freund der Astronomie, ihn bewog, dieser Wissenschaft sich zu widmen. Reymers besuchte 1584 Tycho Brahe auf der Insel Hveen; 1586 begab er sich nach Kassel, wo durch Landgraf Wilhelm IV gefördert reges wissenschaftliches Leben blühte. Er genoß hier den Unterricht Jost Bürgi's, dessen er öfters als seines Lehrers gedenkt. Im Jahre 1587 besuchte Reymers zu seiner weitern Ausbildung die Universität Straßburg; hier erschien von ihm die Schrift: Fundamentum astronomicum, id est Nova doctrina sinuum et triangulorum, eaque absolutissima et perfectissima, ejusque usus in astronomica calculatione et observatione, Argentorat. 1588, eine Art Einleitung in die Astronomie, dadurch besonders interessant, daß Reymers einiges aus dem Unterricht Bürgi's erwähnt, z. B. dessen Theilung des Winkels in beliebig viele gleiche Theile, und dessen Behandlung der sphärischen Trigonometrie. Einige Jahre später wurde Reymers vom

von ihm herrührende Schrift hat den Titel: Nicolai Raimari Ursi Dithmarsi Röm. Kay. May. Hoff Mathematici zu Prag in Behaimen Arithmetica Analytica, vulgo Cosa, oder Algebra, 1601 zu Frankfurt an der Oder. Die Vorrede fehlt, woraus zu schließen, daß die Schrift nach dem Tode des Verfassers gedruckt ist. Sie enthält einen kurzen Abriß der Algebra, den Reymers vielleicht zum Behuf seines Unterrichts entworfen hatte. In dem ersten Theil, der vom Algorithmus d. i. von den algebraischen Grundoperationen handelt, findet sich die von Bürgi empfohlene Bezeichnung der Potenzen mittelst der Zeichen der Sexagesimalrechnung; diese letztern werden Characteristici oder Exponentes genannt. Der zweite Theil, mit der Aufschrift „von der Aequation", enthält die Lehre von den Gleichungen. Bemerkenswerth ist die Classification der cubischen und biquadratischen Gleichungen, die hier zuerst in einer deutschen Algebra gegeben wird. Die besondere Auflösung dieser Gleichungen fehlt; sie sollten — dies geht aus den am Ende der Schrift befindlichen Beispielen hervor — nach der im 4. Capitel enthaltenen allgemeinen Auflösung höherer Gleichungen behandelt werden. Dieses 4. Capitel hat die Ueberschrift: Von Johan Jungen erfindung, und lautet:

Es hat endlich zu unsern zeiten vmb dz Jar Christi Tausendt Funffhundert vnnd sieben siebentzig, Johannes Junge von Schweidnitz aus Schlesien eine gar leichte vnd so wol zu allen zusamen gesetzten

---

Kaiser Rudolph II als Hof-Mathematikus nach Prag berufen, wo er zugleich eine Professur der Mathematik an der Universität bekleidete. Um vielleicht der Berufung Tycho Brahe's nach Prag entgegenzuwirken, veröffentlichte er hier die Schrift: Tractatus astronomicus de hypothesibus astronomicis seu de systemate mundano etc. Pragae 1597, in welcher er Tycho mit Schmähungen überhäuft. Als dessen Berufung dennoch erfolgte, entwich Reymers wenige Wochen vor Tycho's Ankunft von Prag (Frühjahr 1599). Man weiß nicht wohin er sich begab; ebensowenig kennt man die Zeit seines Todes, vielleicht in demselben Jahre 1599. — Talent kann Reymers nicht abgesprochen werden, es wurde aber durch die rohen Sitten seiner Jugend, die er nicht völlig abgestreift zu haben scheint, verdunkelt.

Cossischen vergleichungen vnd derselben aufflösung genugthunig generall resolution erfunden vnd außgesunnen. Welche aber, weil sie etwan Conjectural, vnd durch etzliche, bißweilen auch wol durch viele mutmassunge, vnd gleichsam errattungs weiß, verrichtet wird: Als habe ich derselben nach vermügen geholffen, vnd solcher gemelten conjectur vnd mutmassung zum theil abgeholffen, dermassen, das sie jetzt etzlichen gewissen terminis eingefasset vnd eingeschlossen ist, vnd nicht mehr so vnendlich weit circumvagiern vnd vmbschweiffen mag: Vnd solchs durch erfindung aller Divisorum oder theiler (in welche sie getheilet mag werden) einer jeden vorgegeben zahl (den wie viel theiler in der vorgenommen zahl vorhanden: also viel conjecturae oder mutmassung sein etwa zu zeiten von nöthen) welche der theiler erfindung den leicht vnnd bekandt ist aus der gemeinen Arithmetica, als aus dem 7. cap. libri I. Arithmetices Rami. Wollen derhalben dieselb gemelten des Johannis Jungen allgemeine Resolution setzen, welche also lautet:

Theile die absolut oder ledigen zahl in eine zahl solcher Quantitet, vmb wie viel die nach ihr stehende Quantitet den sie, höher ist. Ist alsdan der gefunden quotient +, so addier ihn zu, ist er aber ÷[1]), so Subtrahier ihn von der folgenden Quantitet. Also thu bey allen Quantiteten, von der kleinesten anfahende biß auff die grösseste. Wo alsdan die letzte theilung gleich auffgehet, so schleussestu, das du den rechten R. (Radix) im anfang recht angenommen vnd getroffen, vnd demnach also recht gefunden hast.

Reymers erläutert zunächst diese Regel an dem Beispiel:

$\overset{\text{XXVIII}}{1}$ gr. $\overset{\text{XII}}{65532} + \overset{\text{X}}{18} \div \overset{\text{VI}}{30} \div \overset{\text{III}}{18} + \overset{\text{I}}{12} \div \overset{0}{8}$ d. i. $x^{28} = 65532\,x^{12} + 18x^{10} - 30x^{6} - 18x^{3} + 12x - 8$ und fährt dann fort:

In Summa: Umb wie viel (oder vmb was vor eine quantitet) die folgende quantitet grösser ist dan die vorhergehende

---

1) Dies Zeichen gebraucht Reymers für —.

kleiner, in einer solchen des im anfang angenommenen theilers oder R. Quantitet theile die kleine Quantitet, anfahend von der kleinsten biß zu der grösseſten: den quotient addir oder Subtrahir (nach gelegenheit vnd erforderung der zeichen + oder ÷) die folgende Quantitet: Die Summe oder Rest theile wiederumb wie vor: vnnd solchs der eins (nemlich in aequatione non interrupta) in den vorigen theiler, oder (in aequatione interrupta) in des vorigen theilers nach der quantiteten von einander stehenden Differentz oder weite, addir oder Subtrahir auch ebener massen, wie zuvor: vnd solchs reiterier biß auff die grösseste vorgegebene Quantitet. Alsdan so kompt endlich aus der letzten theilung der gesuchte werd eines R. welcher im fall er dem im anfang angenommenen theiler gleich, ist er gewißlich der rechte werd eines R. den so fern in aequatione non interrupta zwischen den zwo grössesten oder letzten beider quantiteten keine andere Quantitet den R. vorhanden, alsdan muß auß letzter oder endlicher theilung die im anfang vorgenommen R. oder der theiler selber entsprüngen, aber vmb wie viel Quantiteten die zwo letzten oder grössesten Quantiteten in aequatione interrupta von einander stehen, eine solche des anfenglich angenommen R. oder theilers quantitet muß aus letzter theilung entspringen: als (zum Exempel) in massen außgelassen eine Quantitet, als dann muß die endliche Summe oder Rest an stat des im anfang angenommenen R. oder theilers sein desselben zenß oder Quadrat: Wie aber zwo, der Cubus: wie drey, der zensizenß, ꝛc. Welchs den gnugsamb anzeigt die Subtractio exponentium notarum, mit welcheren die in ihrer ordnung stehende vnd nach einander folgende Cossischen quantiteten bezeichnet sein.

Es ist nicht zu verkennen, daß im Vorstehenden das Verfahren, das noch gegenwärtig in den Lehrbüchern der Algebra zur Aufsuchung der rationalen Wurzeln der numerischen Gleichungen gegeben wird, enthalten ist. Ich habe nirgends gefunden, wer dasselbe zuerst aufgestellt hat; es wird also auf den oben genannten Johann Junge aus Schweidnitz zurückzuführen sein [1]). Wie aus der Mittheilung Reymers' hervorgeht, bestand dasselbe ursprünglich in einem Probiren, ob irgend eine angenommene Zahl der Gleichung genügt; er fügte als Verbesserung hinzu, die von der Unbekannten freie Zahl in ihre Factoren zu zerlegen und mit diesen die Operation an der Gleichung vorzunehmen. —

Noch in einer andern Disciplin haben deutsche Mathematiker des 16. Jahrhunderts Vorzügliches geleistet: in der Trigonometrie und in der Herstellung trigonometrischer Tafeln. Seitdem Peuerbach und Regiomontan das Studium der Astronomie geweckt und zugleich die nöthigen Hülfstafeln geschaffen, wurde diese Wissenschaft in Deutschland das 16. Jahrhundert hindurch unausgesetzt mit besonderer Vorliebe cultivirt. Wir begegnen zuerst einer Sinustafel von Minute zu Minute für den Radius = 100000 in der Schrift Apian's: Instrumentum primi mobilis a Petro Apiano nunc primum et inventum et in lucem editum. Ad cujus declarationem et intellectum pronunciata centum hic ponuntur, e quibus instrumenti nobilissimi usus innotescit et compositio. Inquirere autem et invenire licebit in hoc instrumento, quicquid uspiam in universo primo mobili nova quadam sinuum ratione indagari potest, nec quicquam in eo ipso primo mobili desiderare poteris quod non per instrumentum hoc inveniri facile queat. Accedunt iis: Gebri filii Affla Hispalensis libri IX de Astronomia etc. Norimberg. M. D. XXXIIII. Nächstdem enthält Nicolaus Copernicus' unsterbliches Werk: De Revolutionibus

[1]) Ueber Johann Junge habe ich etwas Näheres nicht ermitteln können; eine Anfrage in Schweidnitz selbst war ohne Resultat. Seine Auflösungsmethode finde ich noch von Johann Faulhaber in dessen Academia Algebrae, Ulm 1631, erwähnt. — Ueber Johann Faulhaber (geb. 1580, gest. 1635), der Bau- und Rechenmeister zu Ulm war und daselbst eine vielbesuchte Rechenschule unterhielt, und über seine zahlreichen Schriften handelt ausführlich Kästner, Gesch. der Math. Theil 3 S. 111 ff.

Orbium coelestium libri VI. Norimberg. 1543 in dem zwölften Capitel des ersten Buches eine Sinustafel von 10′ zu 10′ für den Radius = 100000. Die Berechnung derselben wird nach der Weise, wie sie Ptolemäus im Almagest gelehrt, vorausgeschickt. In den beiden folgenden Capiteln findet sich ein kurzer Abriß der ebenen und sphärischen Trigonometrie. Bei weitem die größten Verdienste um die Vervollkommnung trigonometrischer Tafeln hat sich Georg Joachim mit dem Beinamen Rheticus (geb. 15. Febr. 1514 zu Feldkirch in Vorarlberg, gest. 4. Decbr. 1576 zu Kaschau in Ungarn) erworben[1]). Bisher hatte man die trigonometrischen Functionen immer zu den Kreisbogen in Beziehung gesetzt, er war der erste, der das rechtwinklige Dreieck

[1]) Vorgebildet zu Zürich durch Oswald Myconius eilte Rheticus, um seine Kenntnisse zu vervollkommnen, nach Wittenberg, damals noch Centralpunkt für alle Wissenschaften. Er erhielt hier 1537 eine Professur der Mathematik. Als aber der Ruf von Copernicus' neuen, bahnbrechenden Forschungen immer weiter durch Deutschland sich verbreitete, begab sich Rheticus 1539 nach Frauenburg, um an der Seite des Meisters selbst die neue Theorie kennen zu lernen. Aus dem Bericht von seinem späteren Gehülfen, Valentin Otho, erfahren wir, wie großen Einfluß derselbe auf die Vervollständigung und Vollendung von Copernicus' berühmtem Werke gehabt hat. (Nisi ego illum (Copernicus) adiissem, opus ipsius omnino lucem non vidisset, sagte Rheticus zu Otho.) Auf sein Andringen fügte Copernicus, der sich nur auf die Herausgabe von Planetentafeln, die nach seiner Hypothese berechnet waren, beschränken wollte, die sphärische Astronomie hinzu. Dem Rheticus verdankte die damalige wissenschaftliche Welt die erste genauere Mittheilung über das Copernicanische System (Ad clariss. virum D. Joannem Schonerum de libris revolutionum erudit. viri et mathematici excellentissimi Reverendi D. Doctoris Nicolai Copernici Torunnaei, Canonici Varmiensis, per quendam Juvenem Mathematicae studiosum Narratio prima. Gedani MDXL). Nachdem Rheticus gegen Ende des Jahres 1541 nach Wittenberg zurückgekehrt war, erschien höchst wahrscheinlich auf seine Veranlassung: De lateribus et angulis triangulorum tum planorum rectilineorum, tum sphaericorum libellus eruditissimus et utilissimus, cum ad plerasque Ptolemaei demonstrationes intelligendas, tum vero ad alia multa, scriptus a clariss. et doctiss. viro D. Nicolao Copernico Toruniensi. Additus est Canon semissium subtensarum rectarum linearum in circulo. Vitemberg. 1542. Es sind dies die oben erwähnten Capitel über Trigonometrie aus Copernicus' Werk. Die beigefügte Sinustafel ist für den Radius = 10000000 von

construirte und sie dadurch in unmittelbare Verbindung mit den Winkeln brachte (idem deprehendit etiam triquetrum cum recto, totius matheseos magistrum omnium rectissime rationem condendi canonis perfectam suppeditare posse). Diese neue Anschauung bewog ihn auch, die barbarischen Ausdrücke „Sinus, Cosinus" zu verwerfen, er gebrauchte dafür perpendiculum, basis. Ferner wurde Rheticus durch das rechtwinklige Dreieck auf die Berechnung der Hypotenuse geführt, d. h. er hat zuerst eine Tafel der Secanten aufgestellt. Aber nicht nur für die ebene Trigonometrie hat Rheticus eine neue Bahn gebrochen, er hat auch durch eine rein geometrische Abhandlung über die rechtwinkligen Kugeldreiecke Vorzügliches geleistet. Noch viel mehr jedoch als dieses ist die unglaubliche Mühe hervorzuheben, welche er auf die größtmögliche Vervollkommnung der trigonometrischen Tafeln verwandte. Er hatte zuweilen bemerkt, daß die Ungenauigkeit der Beobachtungen weniger auf die Instrumente als auf die Tafeln, die bei der Berechnung gebraucht wurden, zurückgeführt werden müsse; er beschloß deshalb Tafeln aufzustellen, die alle bisherigen an Umfang und Genauigkeit übertreffen sollten. Rheticus nahm den Radius = 10000 Millionen und berechnete die sämmtlichen Functionen von 10″ zu 10″. Um über die Richtigkeit der letzten Stellen sicher zu sein, hatte er eine Sinustafel für den Halbmesser = 1 00000 00000 00000 mit den ersten, zweiten und dritten Differenzen, ferner eine andere für den ersten und letzten Grad des Quadranten mit demselben Halbmesser von Secunde zu Secunde, nebst den ersten und zweiten Differenzen. Außerdem fand sich noch unter seinen nachgelassenen Papieren eine Tafel der Sinus, Tangenten und Secanten für denselben Halbmesser von Minute zu Minute, und der Anfang einer Tafel der Tangenten und

---

Minute zu Minute berechnet. Rheticus blieb jedoch nicht lange in Wittenberg; wir finden ihn 1542 in Nürnberg; später soll er in Leipzig Mathematik gelehrt haben. Von hier begab er sich, man weiß nicht aus welchem Grunde, nach Polen und Ungarn, wo er den 4. December 1576 zu Kaschau starb.

Secanten für denselben Halbmesser von 10″ zu 10″ mit den ersten und zweiten Differenzen[1]). Eine Vorstellung von der

[1]) Dies berichtet Pitiscus in der Vorrede zu seinem Thesaurus.

Seite 2.

Canon Doctrinae Triangulor: in quo Triquetri cum

	Subtendens angulum rectum.				Majus includent.	
0	Perpendiculum	Differ-rent.	Basis	Differ-rent.	Hypotenusa	Differ-rent.
0 10 20						
30 40 50						
1 10 . .						
. . . . . .						
	Basis	Differ-rent.	Perpendiculum	Differ-rent.	Hypotenusa	Differ-rent.
	Prima		Series		Secunda	

Nach gegenwärtiger

Gr.	Sinus	Diff.	Cosinus	Diff.	Secans	Diff.
. . . .						
	Cosinus	Diff.	Sinus	Diff.	Cosecans	Diff.

weitern Einrichtung von Rheticus' Canon ergiebt sich aus folgendem Schema, das die obersten und untersten Zeilen der zweiten und dritten Seite desselben enthält:

Seite 3.

angulo recto in planitie partium 1 00000 00000 ponitur

angulum rectum		Minus latus includent. ang. rectum.				
Perpendiculum	Differ. rent.	Hypotenusa	Differ. rent.	Basis	Differ. rent.	
						60 50 40
						30 20 10
						59 50 . .
						. . . . . .
Basis	Differ. rent.	Hypotenusa	Differ. rent.	Perpendiculum	Differ. rent.	50
Series		Tertia		Series		89

Bezeichnung.

Tangens	Diff.	Cosecans	Diff.	Cotangens	Diff.	
						. . . .
Cotangens		Secans	Diff.	Tangens	Diff.	Gr.

Um diese wahrhaft herculischen Arbeiten zu vollenden, unterhielt Rheticus zwölf Jahre hindurch immer einige Rechner und verwandte viele tausend Gulden darauf. Aber er sollte das Werk nicht fertig sehen; der Tod ereilte ihn, als seine Rechner die Tafel der Cosecanten und Cotangenten in Angriff genommen hatten. Seine Papiere kamen in die Hände von Valentin Otho[1]), der vollständig in seine Arbeiten eingeweiht war und ihm das feierliche Versprechen gegeben hatte, sein Werk d. h. seinen Canon sobald als möglich zu vollenden und zu veröffentlichen. Der Kaiser, die Kurfürsten von Sachsen und von der Pfalz unterstützten Otho mit bedeutenden Geldsummen. Endlich im Jahre 1596 erschien das Werk unter dem Titel: Opus Palatinum de Triangulis, a Georgio Joachimo Rhetico coeptum: L. Valentinus Otho, Principis Palatini Friderici IV Electoris Mathematicus consummavit. An. Sal. Hum. MDXCVI. Fol.; am Ende der vierten Abtheilung steht: Neostadii in Palatinatu, excudebat Matthaeus Harniscus. Anno Sal. 1596. Es enthält: Georgii Joachimi Rhetici Libri tres de fabrica canonis doctrinae triangulorum; Georgii Joachimi Rhetici de triquetris rectarum linearum in planitie liber unus. Triquetrum rectarum linearum in planitie cum angulo recto magister est

---

[1]) Man weiß wenig Näheres über die Lebensumstände dieses Mannes. Er selbst erzählt in der Vorrede zum Opus Palatinum, daß er als Student der Mathematik in Wittenberg auf die Arbeiten des Rheticus aufmerksam geworden und sich, um von ihm weitern Unterricht zu erhalten, nach Ungarn zu ihm selbst begeben hätte. Von Rheticus wohlwollend aufgenommen, blieb er als Mitarbeiter bei ihm bis zu seinem Tode, der in Otho's Armen erfolgte. Da ihm auf Fürsprache des kaiserlichen Statthalters von Ungarn von Seiten des Kaisers Unterstützung zur Vollendung der Arbeiten des Rheticus zu Theil wurde, so blieb Otho in Ungarn. Nach mehreren Jahren wurde er als Professor der Mathematik nach Wittenberg berufen. Die theologischen Zerwürfnisse nöthigten ihn jedoch Wittenberg bald wieder zu verlassen. Er erlangte endlich einen festen Wohnsitz in der Pfalz und die nöthige Unterstützung zur Vollendung seiner Arbeiten von Seiten des Kurfürsten. Otho nennt sich selbst Parthenopolitanus d. i. aus Magdeburg.

matheseos; Georgii Joachimi Rhetici de triangulis globi cum angulo recto; L. Valentini Othonis Parthenopolitani de triangulis globi sine angulo recto libri quinque. Quibus tria meteoroscopia numerorum accesserunt; Georgii Joachimi Rhetici Magnus Canon Doctrinae triangulorum ad decades secundorum scrupulorum et ad partes 1 00000 00000; Tertia Series Magni Canonis Doctrinae triangulorum, in quo triquetri cum angulo recto in planitie minus latus includentium angulum rectum ponitur partium 1 000 0000. Zusammen 1468 Seiten; wahrlich ein riesiges Werk ächt deutschen Fleißes und unverdrossener Ausdauer! Es enthält alles was auf Trigonometrie und trigonometrische Tafeln Bezug hat, und zwar in einer Vollständigkeit und Ausdehnung, wie bisher noch nicht geleistet war[1]).

An die Arbeiten des Rheticus und Otho's reihen sich die von Bartholomaeus Pitiscus (geb. 24. August 1561 zu Schlaune bei Grünberg in Schlesien, gest. als Kurpfälzischer Oberhofprediger 2. Juli 1613 zu Heidelberg). Zuerst erschien von ihm als Anhang zu Scultetus' sphärischer Astronomie ein Abriß der sphärischen Trigonometrie (Abrahami Sculteti Grünbergensis Silesii sphaericorum libri tres methodice conscripti et utilibus scholiis expositi. Accessit, de resolutione Triangulorum trac-

[1]) Mit Recht sagt Otho am Schluß der Vorrede: Habes igitur, candide lector, in hoc opere canonem doctrinae triangulorum, qualem profecto nulla adhuc vidit aetas. Habes hujus doctrinae tractandae methodum ac varietatem majorem quam alibi reperies. Habes diagrammata, qualia in hoc doctrinae genere haud quisquam artificum quod sciam usurpavit. Habes definitum numerum formarum triangulorum globi. Habes item, quot in universum hae suppeditare possunt propositiones sive problemata. Habes denique ut semel dicam, quicquid fere omnium hujus argumenti uspiam vel quaerere vel invenire possis. — Vergl. J. Bernoulli, Analyse de l'Opus Palatinum de Rheticus et du Thesaurus mathematicus de Pitiscus in Nouv. Mémoires de l'Academie Roy. des Sciences de Berlin 1786; A. Gernerth, Bemerkungen über ältere und neuere mathematische Tafeln, Wien 1863.

tatus brevis et perspicuus Bartholomaei Pitisci Grünbergensis. Heidelbergae Anno CIƆIƆXCV). Diesen Abriß erweiterte Pitiscus zu einem vollständigen Lehrbuch der Trigonometrie, dem ersten in seiner Art; es erschien im Jahre 1600 unter dem Titel: Bartholomaei Pitisci Gruenbergensis Silesii Trigonometriae sive de dimensione Triangulorum Libri quinque. Item Problematum variorum, nempe Geodaeticorum, Altimetricorum, Geographicorum et Astronomicorum Libri decem, trigonometriae subjuncti, ad usum ejus demonstrandum. August. Vindel. MDC; die dritte Ausgabe Francof. 1612 ist mit einem Buch architektonischer Aufgaben vermehrt[1]). Das erste Buch handelt von den Arten und Eigenschaften der ebenen und sphärischen Dreiecke; es werden darin auch die zum Verständniß des Folgenden nothwendigen Sätze aus der Planimetrie und Stereometrie beigebracht. In dem zweiten Buch werden die trigonometrischen Functionen und die Berechnung derselben besprochen; Pitiscus erwähnt nur Sinus, Tangente, Secante; die Bezeichnungen „Cosinus, Cotangente, Cosecante" gebraucht er nicht. Er faßt sie als Verhältnisse auf; jedoch bestimmt ihn die geometrische Construction der Linien zur Annahme, daß es für Bogen, die größer als ein Quadrant, keine Tangenten und Secanten gäbe. Demnächst handelt Pitiscus in neun Aufgaben, aus dem Sinus eines Bogens der kleiner ist als ein Quadrant den Sinus des Complementes zu finden, wie aus einem gegebenen Sinus und dem Sinus seines Complementes der Sinus des doppelten Bogens, wie die Sehnen des dreifachen, fünffachen u. s. w. Bogens gefunden werden, sodann wie aus einem gegebenen Sinus und dem Sinus des Complementes der Sinus des halben Bogens, wie aus der Sehne eines Bogens die des dritten, fünften u. s. w. Theiles zu ermitteln ist, zuletzt wie aus

---

[1]) Diese dritte Ausgabe liegt der folgenden Inhaltsangabe zu Grunde; sie ist gegen die erste und zweite (1608) erheblich vermehrt, besonders durch Benutzung der Arbeiten Bürgi's.

dem Sinus und dem Complement des Sinus der Sinus der Summe und der Differenz der Bogen und das Complement des Sinus für die Summe und Differenz der Bogen erhalten wird. Alle diese Aufgaben werden geometrisch dargethan, auch algebraisch nach dem Vorgange Bürgi's (ex mente Justi Byrgii) und mit Hülfe der Regula falsi, welche Pitiscus der Algebra vorzieht; eine jede wird durch Beispiele ausführlich erläutert. Mit Hülfe dieser neun Aufgaben ermittelt Pitiscus alle Sinus; er findet zunächst die Werthe der Sehnen für die Bogen von 60°, 30°, 10°, 2°, 1°, 20', 10', 2', 1', 20'', 10'', 2'' (diese nennt er Principia canonis triangulorum), daraus die Sinus von 30°, 15°, 5°, 1°, 30', 10', 5', 1', 30'', 10'', 5'', 1'' und zwar für den Radius = 1 00000 00000 00000 00000 00000. Alsdann zeigt Pitiscus weiter, wie die Tangenten und Secanten aus den Sinus gefunden werden. Die Richtigkeit der berechneten Tafel kann entweder mit Hülfe der vorausgeschickten Lehrsätze, oder durch die ersten, zweiten, dritten Differenzen geprüft werden. In Betreff der weitern Einrichtung der Tafel ist die ihm am bequemsten erschienen, wenn links Sinus, Tangenten, Secanten, rechts Sinus, Tangenten, Secanten der Complemente stehen; an die Stelle der Differenzen setzt er die Proportionaltheile entweder für 1' oder 10'' (compendiosioris calculi gratia). In dem dritten Buch folgt die ebene Trigonometrie, und zwar zuerst das rechtwinklige Dreieck, alsdann das schiefwinklige. In derselben Ordnung enthält das vierte Buch die sphärische Trigonometrie. Im fünften Buche finden sich Abkürzungen und Abänderungen im trigonometrischen Rechnen; es wird mit einer Auseinandersetzung der Regula falsi beschlossen. Nun folgt unter dem besondern Titel (in der dritten Ausgabe): Canon Triangulorum emendatissimus, et ad usum accommodatissimus, pertinens ad Trigonometriam Bartholomaei Pitisci Grunbergensis Silesii. Francof. Anno MDCXII. die trigonometrische Tafel in der ersten und letzten Minute des Quadranten von Secunde zu Secunde für den Radius = 1 00000 00000 00, für die nächsten 9 Minuten von 2″ zu 2″ für den Radius = 1 00000 00000, alsdann von 10″ zu 10″, vom 1. Grade an von 1′ zu 1′; der Radius wird je nach Bedürfniß der Rechnung von 1 00000 bis 1 00000 00000 00 angenommen. Am Ende des zweiten Buches der Trigonometrie hatte Pitiscus bereits bemerkt, daß sein Canon für den ersten und letzten Grad des Quadranten genauer sei als der des Rheticus; im übrigen gebühre diesem der Vorzug. Die nun folgenden 11 Bücher, wiederum unter dem besondern Titel (in der dritten Ausgabe): Bartholomaei Pitisci Grunbergensis Problematum variorum: nempe Geodaeticorum, Altimetricorum, Architectonicorum, Geographicorum, Gnomonicorum, et Astronomicorum, Libri undecim, Trigonometriae subjuncti, ad usum ejus demonstrandum. Francof. 1612, enthalten zur Anwendung der ebenen und sphärischen Trigonometrie Aufgaben, die Feldmessen, Höhenbestimmungen, Fortification, mathematische Geographie, Gnomonik und Astronomie betreffen. — Die Klarheit und Gründlichkeit, womit das Werk des Pitiscus geschrieben ist, machen einen wohlthuenden Eindruck.

Dieselbe Sorgfalt widmete auch Pitiscus der Verbesserung von Rheticus' Canon, womit er vom Kurfürsten von der Pfalz, Friedrich IV, beauftragt wurde. Da das was in Rheticus' Nachlaß vorhanden war, dazu nicht ausreichte, so berechnete er selbst, wie bereits oben erwähnt, die principia sinuum für den Halbmesser = 1 00000 00000 00000 00000 00000. Mit Hülfe dieser Grundlage prüfte und verbesserte er die Tafel des Rheticus bis zu Anfang des siebenten Grades; für die folgenden Grade ergab sie sich als genau. So erschien das Werk unter dem Titel: Thesaurus Mathematicus sive canon sinuum ad radium 1.00000.00000.00000. et ad dena quaeque scrupula secunda quadrantis vna cum sinibus primi et postremi gradus, ad eundem radium, et ad singula scrupula secunda quadrantis: adjunctis ubique differentiis primis et secundis, atque, ubi res tulit, etiam tertiis. Jam olim quidem incredibili labore et sumptu a Georgio Joachimo Rhetico supputatus: at nunc primum in lucem editus, et cum viris doctis communicatus a Bartholomaeo Pitisco Grunbergensi Silesio. Cujus etiam accesserunt: I. Principia sinuum ad radium 1.00000.00000.00000.00000.00000. quam accuratissime supputata. II. Sinus decimorum, tricesimorum, et quinquagesimorum, quorumque scrupulorum secundorum, per prima et postrema 35 scrupula prima ad radium 1.00000.00000.00000.00000.00. Francofurti excudebat Nicolaus Hoffmann sumptibus Jonae Rosae Anno CIↃIↃXIII. fol. Es enthält 1) die Tafel der Sinus von 10″ zu 10″ für den Halbmesser = 1 00000 00000 00000 mit den ersten, zweiten und dritten Differenzen; 2) die Sinus des ersten und letzten Grades im Quadranten für denselben Halbmesser von Secunde zu Secunde mit den ersten und zweiten Differenzen, beide Tafeln aus Rheticus' Nachlaß. 3) Von den beiden Tafeln, die Pitiscus berechnet, hat die erste als besondern Titel: Principia sinuum ad radium 1.00000.00000.00000.00000.00000. Per analysin algebraicam inventa: et per synthesin contrariam demonstrata: perque digitos multiplicata et probatione novenaria communita; atque adeo in tabulas ad compendia calculi utilissimas redacta: Auctore Bartholomaeo Pitisco Grunbergensi Silesio. Accessere Tabulae consimiles, ex sinibus arcuum X et XX scrupulorum secundorum, et complementorum eorundem, factae. Item duo exempla compendiosi calculi: unum multiplicationis, alterum divisionis: ex tabulis illis. Francof. 1613; sie enthält die bereits oben erwähnten Principia sinuum; außerdem ist eine jede der Zahlen mit 1, 2, 3, 4 . . . 9 multiplicirt, also eine Art Einmaleins dieser Principia; 4) die zweite hat zum Titel: Sinus decimorum, tricesimorum, et quinquagesimorum, quorumque scrupulorum secundorum, in prioribus triginta quinque scrupulis primis contentorum, una cum sinibus complementorum ad radium 1.00000.00000.00000.00000.00, additis differentiis primis, secundis, tertiis, quartis, quintis. Ex supputatione Barth. Pitisci etc.; sie giebt die Sinus von 10″, 30″, 50″, 1′ 10″, 1′ 30″ u. s. w. vom Anfang des Quadranten bis zu 35′ nebst den Sinus der Complemente für den bemerkten Radius zugleich mit den ersten bis fünften Differenzen, und mit den ersten bis vierten Differenzen für die Sinus der Complemente[1]).

Alle diese Bemühungen der deutschen Mathematiker des 16. Jahrhunderts um die Vervollkommnung der Trigonometrie und der trigonometrischen Tafeln schildert Kästner (Geschichte der Mathematik 1. Bd. S. 569 ff.) höchst treffend mit den folgenden einfachen Worten: „Des Ptolemäus Sehnen für halbe Grade waren, so viel man weiß, das einzige Hülfsmittel für trigonometrische Rechnungen, bis Araber aus ihnen Sinus für Viertheilsgrade herleiteten. Für Bogen, die nicht genau durch halbe oder Viertheilsgrade gemessen wurden, mußte man also Proportionaltheile brauchen. — Peuerbach (geb. 1423, gest. 1461) besaß eine Sinustafel, die ihn in Stand setzte, Winkel in Secunden richtig anzugeben, sogar, wenn er die Sinus nicht unmittelbar brauchte, nur zur Zwischenrechnung für das, was wir jetzt durch Tangenten bewerkstelligen. Diese Tafel selbst kennen wir nicht, aber dergleichen durch Minuten, von seinem Schüler Regiomontan, der von 1436 . . . 1476 gelebt hat. Auch von Peter Apian um 1534. — Tafeln, wo die Bogen durch kleinere Unterschiede gehen als Minuten, zu berechnen, unternahm, so viel bekannt ist, zuerst Rheticus, und vollendete es mit viel Einsicht, eigener Arbeitsamkeit und Kosten für Beyhülfe. Sie erschienen erst nach seinem Tode gegen das Ende des sechszehnten Jahrhunderts, und ein wichtiger Theil von ihnen erst im Anfange des siebenzehnten in Pitisci Thes. So gehörten Jahrhunderte dazu, die trigonometrischen Tafeln zu der Vollkommenheit zu bringen, die sie ohne Logarithmen haben konnten. Eigentlich

---

[1]) Ueber Pitiscus' Thesaurus math. vergl. die zum Opus Palatinum angeführten Schriften von J. Bernoulli und Gernerth.

hatte man sich, ob lange vor dem Ptolemäus, wissen wir nicht, aber vom Ptolemäus an, zwölf Jahrhunderte mit unvollkommenen Tafeln befriedigt: Ohngefähr in anderthalben, der letzten Hälfte des fünfzehnten, und dem sechszehnten, erhielten die Tafeln eine Genauigkeit, und zugleich eine Bequemlichkeit zum Gebrauche, an deren keines Griechen und Araber gedacht hatten; Und das durch Georgen aus Peuerbach an der Gränze von Oesterreich und Baiern, Johann Müller aus Königsberg in Franken, Peter Bienewitz aus Leißnig in Meißen, Georg Joachim aus Feldkirchen in Graubündten, Bartholomäus Pitiscus aus Grünberg in Schlesien. — Die trigonometrischen Tafeln waren damahls fast ganz allein der Astronomie bestimmt. Und die Astronomie brauchten diese Deutsche, alle Mittelländische, nicht zur Schiffahrt, Sterndeuterey, das einzige, wodurch wahre oder vorgegebene Kenntniß des Himmels einträglich ward, erforderte nicht so feine Rechnungen. Blos Liebe zur Wissenschaft erregte und erhielt bey den Deutschen so viel Eifer und so viel Arbeitsamkeit" [1]).

Ehe noch das 16. Jahrhundert zu Ende ging, erhob sich

---

[1]) Hiermit stimmt der competenteste Richter in diesen Dingen, Keppler, überein; er spricht sich (Außzug auß der vralten Messe-Kunst Archimedis ꝛc. in Joan. Kepleri op. omn. ed. Frisch, vol. V. p. 506) so aus: .... als haben vor Zeiten Ptolemäus vnd die Arabier, hernach vnsere Teutsche Mathematici von anderthalbhundert Jaren her, diese Arbeit (Berechnung der Sehnen) einmal für allemal auff sich genommen, damit sie andere deren, so offt es vonnöthen, vberhebeten vnd ein eygen Büchlein Canonem sinuum geschriben vnd denselben nach vnd nach verbessert, welcher Canon sinuum beynahe in alle Mathematische Kunstbücher einverleibt wirdt vnd zu finden ist, Vnnoth derselben hieher zuvbersetzen. Allernewlichst ist er an Adriani Romani vnd Bartholomaei Pitisci Trigonometriam gehenckt worden. Etliche haben einen eignen tractat darauß gemacht, welches Rheticus angefangen, Valentinus Otho volführet in einem großen Folio, sehr weitleuffig, Philippus Lanspergius kürtzer vnd verstendlicher, aber die Zahlen einer jeden Lenge, sonderlich der kurtzen, hat er nicht allerdings gnugsamb subtil außgerechnet; der letzte ist gewest Bartholomaeus Pitiscus, der noch den Preiß vor allen behelt; doch wann Jost Bürgi mit dem seinen ans Tageslicht kompt, wirdt er die zahlen vil scherpffer geben.

am wissenschaftlichen Himmel Deutschlands ein Gestirn, dessen Glanz die schwarze Nacht, die unser Vaterland in der ersten Hälfte des 17. Jahrhunderts bedeckte, nicht zu verdunkeln vermochte. Wir reden von Johann Keppler[1]), der durch ewig

[1]) Johann Keppler wurde den 27. December 1571 in der schwäbischen Reichsstadt Weil geboren. Widrige häusliche Verhältnisse, öftere Krankheiten stürmten bereits in seinen Knabenjahren auf ihn ein. Zum Studium der Theologie bestimmt bezog Keppler 1589 das Stift zu Tübingen. In den beiden ersten Jahren, die dem eigentlichen Studium der Theologie vorausgingen, genoß er in der Mathematik und Astronomie den Unterricht Michael Mästlin's, zu welchem er in ein inniges Verhältniß trat und dem er aufs dankbarste verbunden blieb. 1594 folgte Keppler einem Rufe zur Uebernahme einer Lehrstelle der Mathematik und Moral an dem ständischen Gymnasium zu Graß. Hier schrieb er sein erstes wissenschaftliches Werk: Prodromus Dissertationum Cosmographicarum, continens Mysterium Cosmographicum de admirabili proportione orbium coelestium: deque causis coelorum numeri, magnitudinis, motuumque periodicorum genuinis et propriis, demonstratum per quinque regularia corpora geometrica, das zu Tübingen 1596 und in zweiter Ausgabe zu Frankfurt 1621 erschien. Keppler begründete dadurch seinen wissenschaftlichen Ruf; die größten Männer der damaligen Zeit, Galiläi und Tycho Brahe, bezeugten ihm ihren Beifall. Religiöse Verfolgungen vermochten Keppler seine Stellung in Graß im Jahre 1600 aufzugeben. Er wurde der Gehülfe Tycho Brahe's in Prag, und als dieser im October 1601 plötzlich starb, sein Nachfolger als kaiserlicher Mathematiker und Astronom. Der elfjährige Aufenthalt zu Prag, obwohl namentlich gegen Ende desselben Jammer und Leiden in seiner Familie und Ungemach in Folge politischer Wirren von außen her in reichlichem Maße ihn trafen, ist die Glanzperiode in Keppler's wissenschaftlichem Schaffen; es erschienen: Ad Vitellionem Paralipomena, quibus astronomiae pars optica traditur; potissimum de artificiosa observatione et aestimatione diametrorum deliquiorumque Solis et Lunae. Cum exemplis insignium Eclipsium. Habes hoc libro, Lector, inter alia multa nova, Tractatum luculentum de modo visionis, et humorum oculi usu, contra Opticos et Anatomicos. Francof. 1604. — Astronomia Nova αἰτιολογητος, seu Physica coelestis tradita commentariis de Motibus Stellae Martis. Ex observationibus G. V. Tychonis Brahe. Anno CIƆIƆCIX (Heidelbergae). — Dioptrice seu Demonstratio eorum quae visui et visilibus propter Conspicilla non ita pridem inventa accidunt. Praemissae Epistolae Galilaei de iis, quae post editionem Nuncii siderii ope Perspicilli, nova et admiranda in coelo deprehensa sunt. Item Examen praefationis Joannis Penae Galli in Optica Euclidis, de usu Optices in philosophia. August. Vindel. (1611). — Die Wirren in

denkwürdige Arbeiten auf dem Gebiet der Astronomie den Kranz der Unsterblichkeit sich errungen hat. Ausgerüstet mit wunderbar

der kaiserlichen Familie, besonders die Unmöglichkeit Besoldung zu erhalten, zwangen Keppler 1612 eine Professur am Gymnasium in Linz anzunehmen. Noth und Elend im äußern Leben fehlten auch hier nicht. Die Bedrängnisse steigerten sich zuletzt so, daß Keppler in den letzten fünf Jahren seines Lebens kaum einen festen Wohnsitz hatte. Dennoch blieb er unausgesetzt wissenschaftlich thätig. Angefangene größere Werke wurden vollendet, aber auch neue Ideen wurden ausgeführt. Zu diesen gehören: Nova Stereometria Doliorum Vinariorum, inprimis Austriaci, figurae omnium aptissimae; et Usus in eo Virgae Cubicae compendiosissimus et plane singularis. Accessit Stereometriae Archimedeae Supplementum. Lincii an. MDCXV. — Epitome Astronomiae Copernicanae usitata forma quaestionum et responsionum conscripta, inque VII libros digesta, quorum tres hi priores sunt de Doctrina Sphaerica. Habes, amice lector, hac prima parte, praeter physicam accuratam explicationem motus Terrae diurni ortusque ex eo circulorum Sphaerae, totam doctrinam Sphaericam nova et concinniori methodo, auctiorem additis exemplis omnis generis computationum Astronomicarum et Geographicarum, quae integrarum praeceptionum vim sunt complexa, wovon die vier ersten Bücher zu Linz von 1618—1621, die drei letzten zu Frankfurt 1621 erschienen (das erste Lehrbuch der Astronomie in der noch gegenwärtig üblichen Eintheilung). — Chilias Logarithmorum ad totidem numeros rotundos. Praemissa demonstratione legitima ortus logarithmorum eorumque usus. Quibus nova traditur Arithmetica seu Compendium, quo post numerorum notitiam nullum nec admirabilius nec utilius solvendi pleraque problemata calculatoria, praesertim in Doctrina Triangulorum, citra multiplicationis, divisionis radicumque extractionis in numeris prolixis labores molestissimos. Marpurgi MDCXXIV; zu den ersteren: Harmonices Mundi libri V, quorum primus Geometricus, de figurarum regularium, quae proportiones harmonicas constituunt, ortu et demonstrationibus, secundus Architectonicus, seu ex Geometria Figurata, de figurarum regularium congruentia in plano vel solido, tertius proprie Harmonicus, de proportionum harmonicarum ortu ex figuris, deque natura et differentiis rerum ad cantum pertinentium, contra veteres, quartus Metaphysicus, Psychologicus et Astrologicus, de harmoniarum mentali essentia earumque generibus in mundo, praesertim de harmonia radiorum ex corporibus coelestibus in Terram descendentibus ejusque effectu in natura seu anima sublunari et humana, quintus Astronomicus et Metaphysicus, de harmoniis absolutissimis motuum coelestium ortuque excentricitatum ex proportionibus harmonicis. Appendix habet comparationem hujus operis cum Harmonices Cl. Ptolemaei libro III. cumque Roberti de Fluctibus, dicti Flud, Medici Oxoniensis speculationibus

reicher Geisteskraft, mit einer fast dämonischen Erfindungsgabe, mit einer seltenen Ausdauer in der Arbeit, verband Keppler die

Harmonicis, operi de Macrocosmo et Microcosmo insertis. Linc. Austr. an. MDCXIX. — Tabulae Rudolphinae, quibus astronomicae scientiae, temporum longinquitate collapsae, restauratio continetur, a Phoenice illo astronomorum Tychone, ex illustri et generosa Braheorum in regno Daniae familia oriundo equite, primum animo concepta et destinata anno Christi MDLXIV, exinde observationibus siderum accuratissimis, post annum praecipue MDLXXII, quo sidus in Cassiopejae constellatione novum effulsit, serio affectata, variisque operibus cum mechanicis tum librariis, impenso patrimonio amplissimo, accedentibus etiam subsidiis Friderici II. Daniae Regis, regali magnificentia dignis, tracta per annos XXV potissimum in insula freti Sundici Huenna et arce Uraniburgico, in hos usus a fundamentis exstructa, tandem traducta in Germaniam inque aulam et nomen Rudolphi Imp. anno MDIIC. Tabulas ipsas, jam et nuncupatas et affectas, sed morte auctoris sui anno MDCI. desertas, jussu et stipendiis fretus trium Imperatorum Rudolphi, Matthiae, Ferdinandi, annitentibus haeredibus Braheanis, ex fundamentis observationum relictarum, ad exemplum fere partium jam exstructarum, continuis multorum annorum speculationibus et computationibus primum Pragae Bohemorum continuavit, deinde Lincii, superioris Austriae Metropoli, subsidiis etiam Ill. Provincialium adjutus, perfecit, absolvit adque causarum et calculi perennis formulam traduxit Joannes Keplerus, Tychoni primum a Rudolpho II. Imp. adjunctus calculi minister, indeque trium ordine Imperatorum Mathematicus, qui idem de speciali mandato Ferdinandi II. Imp. petentibus instantibusque haeredibus opus hoc ad usus praesentium et posteritatis typis numericis propriis, ceteris et praelo Jonae Saurii, Reip. Ulmanae Typographi, in publicum extulit et typographicis operis Ulmae curator affuit. Anno MDCXXVII. — Als der Druck des letztern Werkes beginnen sollte, sah sich Keppler wegen religiöser Verfolgungen und Kriegsunruhen genöthigt Linz zu verlassen. Er begab sich 1626 nach Ulm, wo er mit eigenen Lettern die Herausgabe desselben bewerkstelligte. Um seinen rückständigen Gehaltsforderungen gerecht zu werden, überwies der Kaiser Keppler an Wallenstein, mit dem er seit 1608 in Verbindung stand. Er nahm daher 1628 seinen Wohnsitz in Sagan, wo Wallenstein zur Zeit sich aufhielt. Dieser stellte sehr bald an Keppler das Ansinnen, eine Professur an der Universität zu Rostock zu übernehmen, um dadurch dessen Geldansprüche zu befriedigen. Aber Keppler weigerte sich darauf einzugehen, und beschloß auf dem versammelten Reichstag zu Regensburg seine Forderungen an den Kaiser persönlich zu betreiben. Wenige Tage nach seiner Ankunft erkrankte er an einem hitzigen Fieber und starb den 15. November 1630.

kühnsten Gebilde der Phantasie mit dem tiefen geometrischen Blick des Mathematikers. In ihm lebte das Bewußtsein, daß der Charakter der Naturgesetze mathematisch ist, und die Geometrie war ihm der Schlüssel zu den Geheimnissen der Welt. Dadurch und daß er zuerst den Weg der Induction betrat[1]), gelangen ihm die Lösungen der verwickeltsten Probleme auf dem Gebiete der Naturforschung, und er konnte sich rühmen, eine Astronomie ohne Hypothesen errichtet zu haben.

Keppler hatte bereits während seiner Studienzeit auf der Universität Tübingen den mathematischen Disciplinen und besonders der Astronomie ein erhöhtes Interesse zugewandt. Selbige Fächer lehrte Michael Mästlin (geb. 1550, gest. 1631), der zwar in seinen öffentlichen Vorträgen über Astronomie dem Ptolemäus folgte, dennoch aber zu den wenigen Gelehrten der damaligen Zeit gehörte, die von der Wahrheit des Copernicanischen Systems überzeugt waren. Durch ihn wurde Keppler in die neue Lehre eingeweiht. Diese mathematischen Studien nahmen ihn ausschließlich in Anspruch, als er zur Professur der Mathematik und Moral am ständischen Gymnasium in Gratz berufen wurde. Sofort bemeistert sich seiner die Idee, das Copernicanische System, das von seinem Erfinder bekanntlich nur als eine bessere Hypothese hingestellt war, mathematisch zu begründen; der Schöpfer aller Dinge konnte nur nach den ewigen Wahrheiten und nach der Harmonie, die sich in den geometrischen Gebilden ausdrücken, den Bau der Welt geordnet haben. Dies zu entdecken, wurde fortan die Aufgabe seines Lebens. Nach mehreren erfolglosen Versuchen, so erzählt Keppler selbst[2]), kam

---

[1]) Nicht Baco, sondern Keppler erfand zuerst jene Kunst der Erfahrung, die das Verborgene der Natur zu enthüllen versteht: Keppler gebührt die Erfindung und die regelrechte Handhabung der inductorischen Methode. Sieh. Apelt, die Reformation der Sternkunde. S. 256 ff.

[2]) In der Praefatio ad lectorem zu Prodromus dissertationum cosmographicarum etc. (Kepl. op. omn ed. Frisch, vol. I. p. 108 sq.)

ihm während eines Vortrags am 9. (19.) Juli 1595 der Gedanke, den Grund der sechs Planetenbahnen um die Sonne in den fünf regulären Körpern der Geometrie zu suchen; von jeher hatten diese Körper in den Speculationen der Pythagoräer, sowie bei den mystischen Philosophen des 15. und 16. Jahrhunderts eine bedeutende Rolle gespielt[1]). Dieser kosmologische Traum, der bei den noch sehr ungenau bekannten Elementen der Planetenbahnen der Wirklichkeit so ziemlich entsprach, fand den größten Beifall der ersten Astronomen der damaligen Zeit und begründete Keppler's wissenschaftlichen Ruf. Kein Wunder, daß Keppler die mathemathische Theorie der regulären Figuren weiter verfolgte. Sein eminentes mathematisches Talent, besonders auf dem Gebiet der Geometrie, tritt hierbei aufs glänzendste zu Tage. Außer den regulären Polygonen im gewöhnlichen Sinne zieht er die sogenannten Sternpolygone[2]), außer den fünf regulären Körpern auch die dreizehn halbregulären Körper Archimed's in Betracht; jene, die Sternpolygone, werden ihm Veranlassung entsprechende neue reguläre Körper aufzustellen. Bereits in einem Schreiben an Mästlin vom 29. August 1599 findet sich davon eine Andeutung; es heißt darin[3]): et fiunt 5 corpora

---

[1]) Ueber die Rolle, welche die fünf regulären Körper im Alterthum gespielt haben, findet sich eine interessante Zusammenstellung in Chasles, Aperçu historique sur l'origine et le développement etc. p. 514. — Keppler's eigene Worte sind: Terra est circulus mensor omnium: illi circumscribe dodecaëdron: circulus hoc comprehendens erit Mars. Marti circumscribe tetraëdron: circulus hoc comprehendens erit Jupiter. Jovi circumscribe cubum: circulus hunc comprehendens erit Saturnus. Jam Terrae inscribe icosaëdron: illi inscriptus circulus erit Venus. Veneri inscribe octaëdron: illi inscriptus circulus erit Mercurius. Habes rationem numeri planetarum. (Aus der Praef. ad lectorem zu Prodromus l. c. p. 109.) — Ausführlich handelt hierüber Apelt, Joh. Keppler's astronomische Weltansicht. Leipzig 1849.

[2]) Ueber den Ursprung und die Entwickelung der Lehre von den Sternpolygonen sieh. Chasles a. a. O. p. 476 sqq.

[3]) Kepl. op. omn. ed. Frisch, vol. I. p. 197.

regularia, 13 Archimedea, et forsan aliquot Kepleriana, cujusmodi unum tibi loco honorarii mitto conficiendum isthic ex duodecim : possit enim jure merito inter regularia referri, nisi quod nihil est aliud, quam dodecaëdron auctum (sed regularissime). Mit Sicherheit ist in diesen Worten das zwölfeckige Sterndodekaeder zu erkennen, der eine von den im Jahre 1809 durch Poinsot aufgestellten vier Sternpolyedern. Bekanntlich haben die Sternpolygone und die sternförmigen Körper die Aufmerksamkeit der Geometer im gegenwärtigen Jahrhundert wiederum auf sich gezogen; durch Poinsot (1809), Cauchy (1811), Bertrand (1858), Cayley (1859), Wiener (1864) ist die Theorie derselben gewissermaßen von neuem entdeckt worden[1]). Es ist bemerkenswerth, daß keiner der genannten Geometer Keppler's gedenkt, der auf die erste Erfindung der regulären sternförmigen Polyeder gegründeten Anspruch hat. Freilich ist die Harmonice Mundi, das Lieblingswerk Keppler's, in welchem er den Traum seiner Jugend mathematisch begründete und seine Speculationen über das Copernicanische System durch die Aufstellung seines dritten Gesetzes krönte, lange Zeit ein Buch mit sieben Siegeln geblieben; erst in neuester Zeit hat man den wissenschaftlichen Kern herausgeschält[2]).

Die Harmonice Mundi enthält in den beiden ersten Büchern die Theorie der regulären Polygone und Polyeder, so weit sie Keppler zur Begründung seiner kosmologischen Ideen nöthig hat. Das erste Buch handelt „de Figurarum Regularium, quae proportiones harmonicas pariunt, ortu, classibus, ordine et differentiis, causa scientiae et demonstrationis". Keppler lehnt sich an die Geometer des Alterthums, namentlich an Euklid an, dessen Tadler, Ramus und seine Nachfolger, er in dem Vorwort energisch zurückweist, so jedoch, daß er weder die Art und Weise,

[1]) Wiener, Ueber Vielecke und Vielflache. Leipzig 1864.

[2]) Siehe besonders Apelt, Joh. Keppler's astronomische Weltansicht.

wie Euklid die betreffende Lehre, noch die Ordnung, in welcher er sie behandelt, befolgt; er schaltet vielmehr frei in philosophischer Betrachtung darüber[1]), und verbindet damit die Fortschritte, welche die Wissenschaft seitdem gemacht hat. So verknüpft er sofort in den ersten Definitionen mit den regulären Polygonen im gewöhnlichen Sinne (radicales) die sogenannten Sternpolygone (von ihm „stellae" genannt), die er ebenfalls als reguläre auffaßt. Auch erwähnt er halbreguläre Polygone, wie die Rhomben. In der Folge zieht Keppler nur diejenigen regulären Polygone in Betracht, deren Construction geometrisch möglich ist, d. h. deren Seiten durch Theile des Durchmessers geometrisch gefunden werden können[2]). Daher bilden von den regulären Polygonen nur das Dreieck, Viereck und Fünfeck die Grundlage für die Eintheilung derselben in Klassen; indem z. B. Keppler vom regulären Viereck ausgeht, rechnet er zu derselben Klasse das reguläre Achteck, Sechzehneck, 32eck u. s. w. Andere Klassen werden gebildet durch Combination der drei obigen regulären Polygone; so wird z. B. das reguläre Fünfzehneck, dessen geometrische Construction durch das reguläre Fünfeck und Dreieck gefunden wird, der Ausgang für eine neue Klasse: 15eck, 30eck u. s. w. Die Sternpolygone construirt Keppler conform den gewöhnlichen regulären Polygonen, die durch congruente Dreiecke zusammengesetzt werden können, mittelst der durch Diagonalen gebildeten Dreiecke, so wie z. B. das fünfeckige Sternpolygon

---

[1]) In ipsis etiam lemmatibus non accuratus fui nec nimium de vocabulis sollicitus, magis in res ipsas intentus, quippe qui non jam in philosophia geometram, sed in hac geometriae parte philosophum agam. Aus dem Prooemium zu dem ersten Buch der Harm.

[2]) Definit. V. Describere figuram est, proportionem linearum angulis subtensarum ad anguli crura geometrico actu determinare; ex determinatis triangula figurae elementaria construere, ex triangulis coassatis figuram ipsam perficere. — Definit. VI. Inscribere figuram circulo est. proportionem lateris figurae ad diametrum circuli, cui est inscribenda, geometrice determinare, qua constituta proportione, facile in circulo figura proposita delineatur.

durch drei congruente Dreiecke entsteht. Alle andern regulären Polygone, wie das Siebeneck und die mehrseitigen, deren Seitenzahl eine Primzahl ist, können nicht geometrisch construirt werden. Keppler zeigt dies ausführlich am Siebeneck; er weist dabei die Behauptung Cardan's zurück, der die geometrische Construction gefunden zu haben meinte[1]). Ganz besonders aber begegnet Keppler dem Einwand, daß mittelst der algebraischen Analysis die Seite eines jeden regulären Polygons gefunden werden könne; als Beispiel führt er an, daß der höchst scharfsinnige Mathematiker Jost Bürgi eine Gleichung für die Seite des Siebenecks aufgestellt und deren Wurzeln gefunden habe. Aber die drei Wurzeln dieser Gleichung geben die drei verschiedenen Siebenecke, welche sich in den Kreis einschreiben lassen; es fehlt demnach dieser Lösung mittelst der algebraischen Analysis die Bestimmtheit, welche die geometrische Construction charakterisirt. Dies ist der Hauptgrund unter den fünf, aus welchen nach Keppler's Meinung die Bestimmung der Seiten der regulären Polygone mittelst der algebraischen Analysis unzulässig ist[2]). Nachdem Keppler noch gezeigt, daß die Theilung eines Bogens in 3, 5, 7 u. s. w. Theile, wie es Pappus, Clavius, Viète vorgeschlagen haben, nicht geometrisch ist, bleibt er zuletzt dabei stehen, daß nur das reguläre Dreieck, Viereck, Fünfeck nebst den Sternpolygonen und die daraus durch Verdoppelung der Seiten hervorgehenden Vielecke geometrisch zu beschreiben sind.

Das zweite Buch der Harmonice Mundi handelt „de Congruentia Figurarum Harmonicarum", d. i. wie ebene und körperliche Figuren aus regulären und andern zusammengesetzt werden können. „Congruentes figurae" sind diejenigen, welche

---

[1]) Cardani Opus novum de proportionibus numerorum etc. Bas. 1570, propos. 66.

[2]) Keppler ist hier offenbar befangen in seinem Urtheil, denn das ist gerade ein Vorzug der Analysis, daß sie den Zusammenhang der Seiten der regulären Polygone mit denen ihrer Sternpolygone angiebt.

man so um einen Punkt legen kann, daß sie den Raum um den Punkt in einer Ebene oder im Raume ohne Lücke vollständig ausfüllen; dies ist z. B. in der Ebene der Fall mit 6 congruenten gleichseitigen Dreiecken, 4 regulären Vierecken, 3 regulären Sechsecken, 6 congruenten Rhomben, von denen ein jeder aus zwei congruenten regulären Dreiecken besteht. In Betreff der Bildung von körperlichen Figuren erwähnt Keppler zunächst die fünf aus dem Alterthum überlieferten regulären Körper; er fügt jedoch prop. 26 hinzu: Addi possunt congruentiis perfectissimis regularibus duae etiam aliae congruentiae, stellarum duodecim planarum pentagonicarum, et duae semisolidae, stellarum octangulae et decangulae, und bemerkt zur Erläuterung: Claudunt enim pentagonicae solidas figuras aculeatas undique, quarum una fit duodecim angulorum quinquelinearium, altera viginti angulorum trilinearium. Offenbar spricht hier Keppler von dem zwölfeckigen Sterndodekaeder und dem zwanzigeckigen Sterndodekaeder[1]). Dunkler ist das, was Keppler in Betreff der „duae semisolidae, stellarum octangulae et decangulae" hinzufügt: Octangulae vero et decangulae stellae lateribus suorum radiorum, quae semper in primo et quarto, duobus transitis, congruunt in unam rectam, binae semper et binae congruunt faciuntque cubum illae quendam, hae duodecaëdron quoddam, non angulatas sed auriculatas figuras,

---

[1]) Ueber die Beschaffenheit dieser Körper äußert sich Keppler noch weiter: Idea corporis (des ersten der beiden) quodammodo eadem est, quae sui plani, nam ut in hoc, sc. in stella quinquangula, binorum semper triangulorum latera in unam rectam competunt, quae parte sui interiore fit basis uni exteriori triangulo, latus vero intimo quinquangulo, sic in solido semper quinorum solidorum angulorum triangula singula aequicrura competunt in unam planitiem, quorum quinque triangulorum seu stellae intima medulla et cor, quinquangulum, fit basis in una superstantis anguli solidi, vel in altera, superstantium quinque solidorum. Est autem tanta cognatio figurarum harum, unius cum dodecaëdro, alterius cum icosaëdro, ut videantur hae, praesertim dodecaëdron, trunca quodammodo et mutila, si cum illis aculeatis comparentur.

quia duobus planis angulis coaptatis, hiatum fieri necesse est, qui claudi non potest. Daß die entstehenden Figuren „auriculatae" genannt werden, deutet auf das sterneckige Dodekaeder und auf das sterneckige Ikosaeder. Hierauf wendet sich Keppler zu den von Rhomben begränzten Körpern; er giebt die beiden möglichen an, den von 12 (figura cellulae apiariae) und den von 30 Rhomben begränzten Körper, und führt den Beweis, daß es nicht mehr geben könne. Zuletzt handelt er von den 13 Archimedeischen Körpern.

Zu den Schriften Keppler's, die lediglich mathematischen Inhalts sind, gehört die Nova Stereometria doliorum vinariorum[1]). Ein sehr zufälliger Umstand, der Ankauf einiger Fässer Wein, deren Inhalt durch die Visirruthe nach der damals üblichen Methode bestimmt wurde, veranlaßte Keppler das Maß körperlicher Räume zu studiren. Er erkannte, daß sich ihm in der Form der Fässer ein interessantes und ergiebiges Feld zu geometrischen Speculationen darbot. Um hierzu eine Grundlage zu gewinnen, wandte er sich zunächst zu dem, was in den Schriften Archimed's über die Inhaltsbestimmung der Körper sich findet, und er schickt die Ergebnisse seiner Studien in dem ersten Theil, der „Curvorum Regularium Stereometria" über=

---

[1]) Eine deutsche, für Jedermann verständliche Bearbeitung dieses Werkes hat Keppler selbst besorgt; sie erschien im folgenden Jahre 1616 zu Linz unter dem Titel: Außzug auß der vralten Messe=Kunst Archimedis vnd deroselben newlich in Latein außgangener Ergentzung, betreffend Rechnung der körperlichen Figuren, holen Gefessen vnd Weinfässer, sonderlich deß Oesterreichischen, so vnder allen anderen den artigisten Schick hat. Erklärung vnd Bestättigung der Oesterreichischen Weinvisier=Ruthen, vnd deroselben sonderbaren gantz leichten behenden Gebrauchs an den Landfässern. Erweitterung dessen auff die außländische, so auch auff das Geschütz vnd Kugeln. Sampt einem sehr nutzlichen Anhang von Vergleichung deß landtgebräuchigen Gewichts, Elen, Klaffter, Schuch, Wein= vnd Traid=Maaß vnder einander vnd mit andern außländischen, auch Alt=Römischen. Allen vnd jeden Obrigkeiten, Beampteten, Kriegs=Obristen, Handelsleuten, Büxen=, Müntz=, Baw= vnd Rechen=Meistern, Wein=Visierern, Haußwürthen vnd meniglichen in vnd außer Lands fast dienlich, sonderlich aber dem Kunst= vnd Antiquitetliebenden Lesern annämlich.

schrieben ist, voraus[1]). Er will jedoch nicht den Archimedes ausschreiben, namentlich was die Behandlung der Theoreme anlangt, er will vielmehr zeigen, daß man zu denselben Resultaten auf eine weniger umständliche und leichter anwendbare Weise gelangen kann. Vorstellungen, welche die Geometer des Alterthums sorgfältig vermieden hatten, wie: unendlich kleine Bogen sind als gerade Linien zu betrachten, unendlich kleine Ebenen können als Linien aufgefaßt werden, Körper haben Punkte als Grundflächen, Körper sind gleichsam verkörperte Ebenen, bringt Keppler als zulässig zur Anwendung. Es ist im Grunde dieselbe Induction, die ihm in der Erforschung der Gesetze der Natur so ausgezeichnete Dienste leistete. Auch scheut sich Keppler sogar nicht Analogien und Wahrscheinlichkeiten als vollgültige Schlüsse zuzulassen. Da jedoch die Weinfässer in ihrer Form von den bisher von den Mathematikern betrachteten Körpern erheblich abweichen, so sann Keppler auf die Bildung neuer Körper, indem er Kreis, Ellipse, Parabel, Hyperbel um Durchmesser, Sehnen, Tangenten und andere Linien rotiren ließ. So stieg die Anzahl der Körper, zugleich mit den bisher betrachteten, auf 92, die Keppler zum Theil mit Namen von Früchten, mit denen sie Aehnlichkeit hatten, belegte. Er richtet nun an die Geometer die Aufforderung, nach dem Beispiel Archimed's der Inhaltsbestimmung derselben ihre Aufmerksamkeit zu widmen. — Obwohl diese Probleme Keppler's Kräfte und die Hülfsmittel, welche der damalige Zustand der Wissenschaft

[1]) Cum igitur dolia vinaria circulo, cono et cylindro, figuris regularibus, participent, apta sunt hactenus ad geometricas dimensiones, quarum principia operae pretium est in vestibulo huius speculationis collocare, ut illa ab Archimede sunt investigata, quantum quidem hujus ad oblectationem animi geometriam amantis sufficiet: absolutae enim et omnibus numeris perfectae demonstrationes petendae sunt ex ipsis libellis Archimedis, si quis a spinosa lectione eorum non abhorruerit. Liceat tamen in quibusdam locis, quae non attigit Archimedes, nonnihil immorari, ut inveniant et doctiores, quibus juventur seseque oblectent. Aus dem Praeambulum zur Stereometria doliorum.

darbot, bei weitem überstiegen, so hat er doch auch hier, im Anhang zu dem ersten Theil dieser Schrift (Supplementum ad Archimedem. De Stereometria Figurarum Conoidibus et Sphaeroidibus proxime succedentium) eine fruchtbare Saat von Ideen ausgestreut, aus welcher allgemeinere Methoden emporwuchsen. Es ist nicht zu bestreiten, daß Guldin's Verfahren, den Inhalt der Körper durch die Ebene, deren Rotation den Körper hervorbringt, und durch die Bahn, die der Schwerpunkt derselben dabei beschreibt, zu bestimmen, aus der Art und Weise, wie Keppler den Inhalt der durch die Rotation eines Kreises hervorgebrachten ringförmigen Körper herleitet (theor. XVIII), weiter entwickelt ist. Ebensowenig ist zu bezweifeln, daß die Keime der Methode des Untheilbaren Cavalieri's [1]), die der Ausgangspunkt zur Erfindung des Algorithmus der höheren Analysis geworden, in diesem „Supplementum" Keppler's zu suchen sind. Es heißt nämlich z. B. in theor. XX: Secetur area lineis parallelis in aliquot segmenta aequealta minima quasi linearia. Nicht minder reich an neuen Ideen ist der zweite Theil, der die „Stereometria Dolii Austriaci in specie" enthält. Besonders ist hier die öfters wiederkehrende Vorstellung von Maximum und Minimum hervorzuheben, z. B. (coroll. II. ad theor. V) nam figurae aliae, terminatae ad puncta ipsi G proxima cis et ultra, minimum variant capacitatem, quia capacitas figurae AGC maxima est: circa maximam vero utrinque circumstantes decrementa habent initio insensibilia; ferner (theor. XXII): Ergo AH, ubi maxima, inter dimidiam et tertiam partem ipsius AR consistit fitque per augmentum altitudinis truncorum conjugatorum quacunque parte ipsius AR minor, sic ut tandem cum ipsa AB evanescente (trunco in merum cylindrum transeunte) fiat infinitae parvitatis portio

---

[1]) So schreibt er selbst seinen Namen. Sieh. Piola Elogio di Bonaventura Cavalieri, Milano 1844, worin das Facsimile eines Briefes Cavalieri's mitgetheilt wird.

de AR; und (theor. XXVII): In iis vero articulis, in quibus a minori ad maximum iterumque ad minus fit mutatio, lege aliqua circuli, semper est aliquousque insensibilis illa differentia. Ja, man könnte zuweilen meinen, Anfänge der Infinitesimalrechnung zu lesen, wie an folgender Stelle (theor. XVI): Ergo ubi decrementa altitudinum AB praecipitantur per omnes proportiones, in infinitum crescentibus proportionum augmentis, ibi incrementa quadratorum CB magis et magis minuuntur et incrementa proportionum decrescunt. — Der dritte Theil: Usus totius libri circa dolia, ist der Praxis gewidmet.

Es bleibt noch des Antheils zu gedenken, den Keppler an der Vervollkommnung und Verbreitung der Logarithmen genommen hat.

Durch das ganze 16. Jahrhundert geht ein Zug, die Trigonometrie und die trigonometrischen Tafeln auf den möglichsten Grad von Genauigkeit zu bringen, ein Zug, den François Viète (Vieta) treffend charakterisirt: Ex angulis latera, vel ex lateribus angulos, et mixtim in Triangulis tam planis quam sphaericis assequi, summa gloria Mathematici est: sic enim Coelum et Terras et Maria foelici et admirando calculo mensurat (Variorum de rebus math. responsorum lib. VIII. c. 19. p. 45 in Viet. op. math. ed. Franc. a Schooten. Lugd. Batav. 1646), und wir haben gesehen, mit welch' rühmlichem Erfolge namentlich deutsche Mathematiker auf diesem Gebiet gearbeitet haben. Aber je sorgfältiger, je genauer die trigonometrischen Tafeln hergestellt wurden, um so umständlicher und zeitraubender war die Rechnung mit den vielzifferigen Zahlen; daher zugleich das Bestreben der astronomischen Rechner, Mittel zu gewinnen, die das Rechnen weniger mühsam machten. Ein solches ist unter andern die sogenannte Prosthaphäretische Rechnung, deren erste Anwendung um das Jahr 1582 auf Tycho Brahe und seine Schüler, namentlich auf Wittich aus Breslau, zurückgeführt wird[1]). Sie stützt sich lediglich auf trigonometrische Formeln, durch welche die Multiplication zweier Functionen in Addition und Subtraction anderer Functionen umgeformt wird, wie z. B. $\sin A \sin B = \frac{1}{2}[\cos(A - B) - \cos(A + B)]$. Auch Keppler bediente sich im Rechnen gewisser Erleichterungen (compendia), die aber nur anwendbar waren, wenn der Bogen von der geraden Linie sich unmerklich unterschied[2]). Mit um so größerer Freude begrüßte er die Arbeit Napeir's, in der er ein neues, allgemein anwendbares Mittel zur Erleichterung der Rechnungen erkannte. Sie kam ihm zuerst 1617 zu Gesicht, aber er war verhindert, von ihr eingehende Kenntniß zu nehmen; erst als ihm im folgenden Jahre 1618 Benjamin Ursinus, ein früherer Hausgenosse Keppler's, seinen Cursus Mathematicus practicus, der das Werk Napeir's enthielt, zusandte, gewann er Einsicht in das Wesen der Napeir'schen Logarithmen und überzeugte sich mit Hülfe seines Rechners von der Richtigkeit derselben.

Es ist des Folgenden wegen nöthig, hier einen Blick auf die Erfindung der Logarithmen zu werfen. Man kann mit größter Wahrscheinlichkeit annehmen, daß Lord John Napeir[3]), Baron von Merchiston (geb. 1550, gest. 1617) auf seine Erfindung durch die Bemerkung geführt wurde, daß wenn man sich den Kreis in vier Quadranten getheilt vorstellt und vom Sinus von 90° ausgeht, durch eine continuirliche Bewegung desselben längs dem horizontalen Halbmesser die Sinus durch den ganzen ersten Quadranten hervorgebracht werden, indem man den Sinus von 90° in geometrischer Progression abnehmen läßt, während er in arithmetischer auf dem horizontalen Halbmesser fortrückt. Er nannte nun die Linie, die vom Anfang der Bewegung an auf dem horizontalen Halbmesser bis zu dem jedes-

[1]) Kästner, Geschichte der Mathematik. Bd. 1. S. 566 ff.

[2]) Sieh. die Zuschrift an Napeir, die den Ephemeriden des Jahres 1620 vorausgeht. Kepl. op. omn. ed. Frisch, Tom. VII. p. 520.

[3]) Terquem, Bulletin de bibliographie, d'histoire et de biographie mathém. Tom. I. p. 106 sqq.

maligen Sinus hin abgeschnitten wird, den Logarithmus des Sinus d. h. die Rechnungszahl (λόγου ἀριθμὸς) oder die Zahl, womit an die Stelle des Sinus die Rechnung ausgeführt werden kann[1]); denn es war bereits bekannt, daß wenn Zahlen, die in geometrischer Progression fortschreiten, mit andern in arithmetischer Progression in Verbindung stehen, Multiplication, Division, Potenzerhebung, Wurzelausziehung der erstern mit Hülfe von Addition, Subtraction, Multiplication, Division der letztern bewirkt werden. Als Entdecker der Logarithmen, wie wir sie gegenwärtig auffassen, kann demnach Napeir nicht genannt werden; seine Erfindung besteht lediglich in einer Erleichterung des Rechnens mit trigonometrischen Functionen. Diesem zufolge setzte Napeir den Logarithmus des Sinus totus, den er = 10000000 nahm, gleich 0 und ließ für die abnehmenden Sinus die Logarithmen wachsen, so daß der Logarithmus des Sinus von 0° unendlich wurde[2]). — Napeir's bereits angeführtes Werk machte das größte Aufsehen. Mit ganz besonderem Eifer studirte Henry Briggs (geb. um 1560, Professor der Astronomie am Gresham College in London, später in Oxford, gest. 1630) die neue Erfindung; er erkannte sehr bald, daß die ganze Einrichtung der Logarithmen bequemer ausfiele, wenn sie in Verbindung mit dem Decimalsystem gebracht wurden; auch sei es besser, daß die Logarithmen zugleich mit den Zahlen

[1]) Napeir nannte zuerst den Logarithmus „Numerus artificialis" (Numerus artificialis sinus dati est qui arithmetice crevit tanta semper velocitate quanta sinus totus incipit geometrice decrescere. Sieh. die von seinem Sohn 1619 herausgegebenen Op. posthum.). Er setzte dafür später in dem von ihm selbst herausgegebenen Werk: Mirifici Logarithmorum Canonis descriptio, Ejusque usus, in utraque Trigonometria, ut etiam in omni Logistica Mathematica, amplissimi, facillimi et expeditissimi explicatio. Edinb. CIƆDCXIV. den Namen Logarithmus; es lautet darin Definit. 6: Logarithmus ergo cujusque sinus, est numerus quam proxime definiens lineam, quae aequaliter crevit interea dum sinus totius linea proportionaliter in sinum illum decrevit, existente utroque motu synchrono atque initio aequiveloce.

[2]) Ueber Napeir's Berechnung der Logarithmen sieh. Klügel, Mathematisches Wörterbuch. Theil 3. S. 534 ff.

wachsen, wenn log 1 = 0 und log 10 = 1 gesetzt würde. Er theilte Napeir diese Bemerkung zuerst schriftlich mit, und dieser erklärte sich auch damit einverstanden, als Briggs ihn im Sommer 1616 besuchte und mündlich mit ihm weiter verhandelte. Nach seiner Rückkunft in London machte er sich sofort ans Werk, seine Idee auszuführen. Als erste Probe seines Logarithmensystems erschien: Logarithmorum Chilias prima, Lond. 1618. Die Logarithmen haben darin acht Decimalstellen. Auch Napeir beabsichtigte eine Logarithmentafel nach demselben Princip zu berechnen, er starb aber 1617 vor ihrer Vollendung. Sein Sohn Robert gab den Nachlaß seines Vaters 1619 heraus, der eine ausführliche Darstellung der Entstehung und Berechnung der Logarithmen Napeir's enthält. Unermüdlich im Rechnen ruhte Briggs nicht; es erschien von ihm Arithmetica logarithmica, Lond. 1624, eine Logarithmentafel der natürlichen Zahlen von 1 bis 20000, von 90000 bis 100000 und für die 101. Chiliade, auf 14 Decimalstellen berechnet. In der Einleitung, in der der Verfasser über die Berechnung und den Gebrauch der Logarithmen mit großer Ausführlichkeit handelt, forderte er in Anbetracht seiner durch unausgesetzte Anstrengung geschwächten Gesundheit andere Rechner auf, die Ausfüllung der Lücken zu übernehmen. Ein holländischer Buchhändler, der sich besonders für Mathematik interessirte, Adrian Vlacq in Gouda, folgte der Aufforderung Briggs'; er berechnete die Logarithmen der Zahlen von 1 bis 100000 auf 10 Decimalstellen[1]). Trotz seiner angegriffenen Gesundheit gönnte sich Briggs keine Ruhe; er begann ein Jahr vor seinem Tode eine neue Tafel, die alle bisherigen übertreffen sollte. Er nahm für die Sinus den Halbmesser = 1000 Billionen, für die Tangenten und Secanten = 10000 Millionen, und berechnete die ersteren auf 14, die

[1]) Arithmetica logarithmica sive logarithmorum chiliades centum .... una cum canone triangulorum .... editio secunda aucta per Adrianum Vlacq Goudanum. Goudae MDCXXVIII. Die trigonometrischen Functionen sind von 1' zu 1', ihre Logarithmen auf 10 Decimalstellen berechnet. Sieh. Kästner, Geschichte der Mathematik. Bd. 3. S. 97 f.

letzteren auf 10 Decimalstellen durch alle Hunderttheile des Grades (von 36" zu 36"). Auch berechnete er die Logarithmen dieser Sinus und Tangenten, und schrieb eine Abhandlung über die Verfertigung dieser Tafel. Als er fühlte, daß das Ende seines Lebens herannahe, übertrug er die Vollendung seines letzten Werkes seinem Freunde Henry Gellibrand, Professor der Astronomie am Gresham College (geb. 1597, gest. 1637), der darin von Vlacq unterstützt wurde. Es erschien unter dem Titel: Trigonometria Britannica: sive de Doctrina Triangulorum libri duo. Quorum prior continet Constructionem Canonis Sinuum, Tangentium et Secantium, una cum Logarithmis Sinuum et Tangentium ad Gradus et Graduum Centesimas et ad Minuta et Secunda Centesimis respondentia: A Clarissimo Doctissimo Integerrimoque Viro Domino Henrico Briggio Geometriae in Celeberrima Academia Oxoniensi Professore Saviliano Dignissimo, paulo ante inopinatam ipsius e terris emigrationem compositus. Posterior vero usum sive Applicationem Canonis in Resolutione Triangulorum tam Sphaericorum e Geometricis fundamentis petita, calculo facillimo, eximiisque compendiis exhibet: Ab Henrico Gellibrand Astronomiae in Collegio Greshamensi apud Londinenses Professore constructus. Goudae MDCXXXIII. — Die Arbeiten von Briggs und Vlacq sind nicht übertroffen worden; sie haben durch ihre staunenswerthe Ausdehnung einen bleibenden Werth; namentlich sind die Tafeln Vlacq's die Grundlage der neuern Tafeln geworden.

Gleichzeitig mit Napeir, wahrscheinlich noch früher, hatte Jost Bürgi seine Aufmerksamkeit auf Abkürzungen und Erleichterungen im Rechnen gerichtet. Es ist bereits erwähnt, welchen Antheil er an der Erweiterung und Vervollkommnung der prosthaphäretischen Rechnung nahm [1]). Allein diese particulären Vortheile genügten ihm nicht; sie wurden vielleicht für ihn die

[1]) Ausführliches über die prosthaphäretische Rechnung und ihre Erfinder giebt R. Wolf in den Astronomischen Mittheilungen XXXII (März 1873).

Veranlassung „general Tabulen zu erfinden“, welche alle Rechnungsoperationen erleichterten[1]). Hierin besteht der wesentliche Unterschied zwischen den Arbeiten Bürgi's und Napeir's, denn des letztern Erfindung wurde erst durch die Bemühungen Briggs' allgemein gemacht. Zur Lösung dieser allgemeinen Aufgabe nahm Bürgi die Ideen Michael Stifel's über den Zusammenhang der Glieder einer von 1 anfangenden geometrischen Progression mit den entsprechenden in arithmetischer Progression fortschreitenden Exponenten zum Ausgangspunkt. „Betrachtent derowegen, heißt es in der „Vorrede an den Treuherzigen Leser“ zu seiner Tafel, die eigenschafft und Correspondenz der 2 progressen alß der Arithmetischen mit der Geometrischen, das was in der ist Multipliciren, ist in iener nur Addiern, und was in der ist Dividieren, in iener subtrahiern, und was in der ist radicem quadratam extrahirn, in iener ist nur halbiren, radicem cubicam extrahirn nur in 3 dividiern, radicem Zensi in 4 Dividiern, Sursolidam in 5 und also fort in andern quantiteten, so habe ich nichts nutzlichres erachtet, alß diese Tabulen also zu continuiern daß alle Zahlen so vorfallen in derselben mögen gefunden werden, auß welcher continuation dieße Tabulen erwachßen, durche welche kan nicht allein die schwerlichkeiten des Multipliciern, Dividierns und allerley Radices extrahierens, welches in der Algebra oder Cos ein trefflichen Vortheil und nutzen hat, verhütet werden, sondern auch das mehr ist zwischen

[1]) Ob wol von Vortrefflichen Mathematicis und Arithmeticis mancherley Tabulen seindt erdichtet und calculiert worden, umb die Schwierigkeiten des Multiplicirens, Dividirens und Radices extrahirens aufzuheben, so findt doch selbige allezeit nur particular gewesen, also daß das Multipliciren und Dividiren ihre eigene Tabulen, als abacum pythagoricum erfordert hat, das Extrahiren der radicum quadratarum seine quadrattabulen, die cubische Extraction ihre cubic Tabulen und also fort in jeder quantitet ihre besondere tabulen vonnöten hat, vielheit der Tabulen nicht allein verdrießlich, sondern auch müheselig und beschwerlich sein.... Derowegen ich zu aller Zeit gesucht und gearbeitet habe, general Tabulen zu erfinden, mit welchen mann die vorgenannten Sachen alle verrichten möchte. — Aus Bürgi's „Vorrede an den Treuherzigen Leser“ zu seiner Tafel.

2 gegebene Zahlen so viel media proportionalis alß mann begert mögen gefunden werden, welches wie schwer es ohne dieße Tabulen zugehet, ist denen bewust, so sich ein wenig in dießem pulvere exerciert haben." Stifel wird von Bürgi nicht erwähnt (er verstand kein Latein), er nennt Simon Jacob und Moritius Zons, die Verfasser zweier ihrer Zeit viel gebrauchten deutschen Rechenbücher, in welche die Ideen Stifel's Eingang gefunden hatten. Die Betrachtung des Schemas

0.	1.	2.	3.	4.	5.	6.	7.	8.	9.	10.	11.	12.
1.	2.	4.	8.	16.	32.	64.	128.	256.	512.	1024.	2048.	4096.

mußte Bürgi zuerst zu der Frage führen, unter welchen Bedingungen die Ergänzung der nach geometrischer Progression fortschreitenden Zahlenreihe am leichtesten möglich sei. Offenbar war die Annahme am einfachsten und für die Rechnung am bequemsten, wenn der Fortschritt dieser Zahlen nach demselben Gesetz das zwischen den Exponenten stattfindet geschähe; der dadurch entstehende Fehler ließ sich durch Vergrößerung der Zahlen möglichst verkleinern. Deshalb multiplicirte Bürgi die Glieder der geometrischen Progression mit 10^8, die der arithmetischen mit 10^5. Da der Fortschritt der letztern Zahlen sicher und bestimmt ist, so bildeten diese die Grundlage der Rechnung, so jedoch, daß sie von 10 zu 10 zunehmen, insofern sich die Lücken leicht ergänzen lassen. — Das Vorstehende enthält die Grundzüge, nach welchen Bürgi die Berechnung seiner Tafel ausgeführt hat. Die Veröffentlichung derselben unterblieb, wie Bürgi selbst angiebt, wegen änderweitiger Berufsgeschäfte[1]); erst als sich die Erfindung Napeir's in Deutschland zu verbreiten anfing und Beifall fand, sah er sich veranlaßt mit seiner Arbeit hervorzutreten, leider zu spät: der schottische Edelmann hatte ihm den Ruhm des Entdeckers der Logarithmen vorweggenommen[2]). Die

[1]) „Und ob wol ich mit dießen Tabulen vor ettlichen Jahren bin umbgangen, so hat doch mein Beruff von der Edition derselben enthalten." Aus der Vorrede.

[2]) Das vollgültigste Zeugniß über die Priorität der Entdeckung der Loga-

neuere Zeit ist den Ansprüchen Bürgi's darauf gerecht geworden. Bürgi's Tafel erschien unter dem Titel: Arithmetische vnd Geometrische Progress-Tabulen, sambt gründlichen vnterricht, wie solche nützlich in allerley Rechnungen zu gebrauchen vnd verstanden werden sol. Gedruckt, In der Alten Stadt Prag, bei Paul Sessen, der löblichen Universitet Buchdrucker, Im Jahre 1620. Sie ist, entgegengesetzt der gegenwärtigen Einrichtung der Logarithmentafeln, nach den Logarithmen, die von 10 zu 10 zunehmen, geordnet und enthält die Logarithmen von 0 bis 230 270 022, die den Zahlen 100 000 000 bis 1 000 000 000 entsprechen. Um den Unterschied zwischen Logarithmen und Zahlen sofort in die Augen springend zu machen, sind jene roth, die letztern schwarz gedruckt; deshalb nennt Bürgi stets die erstern „die rothen Zahlen" (das Wort Logarithmus gebraucht er nicht) und diese „die schwarzen"[1]). Da der „gründliche vnterricht"

rithmen durch Bürgi giebt Keppler (Tabul. Rudolphin. p. 11): Sin optabile tibi est, ex ipso logarithmi characteristico principio arguere speciem logisticam numeri, cui assignatur logarithmus, ecce tibi apices logisticae antiquae, qui praestant hoc longe commodius: qui etiam apices logistici J. Byrgio multis annis ante editionem Neperianam viam praeiverunt ad hos ipsissimos logarithmos. Etsi homo cunctator et secretorum suorum custos foetum in partu destituit, non ad usus publicos educavit.

[1]) Folgendes ist eine Probe von Bürgi's Tafel:

	128000	128500	129000	129500	130000	130500	131000	131500
0	359640956	361343574	363255226	365075959	366905819	368744850	370593098	372450611
10	76920	79718	91552	365112461	42509	81724	370730158	... 87856
20	359712888	361515866	363327881	48975	79204	368818602	67221	372525105
30	48859	52018	64214	85493	367015901	55484	370704287	62357
40	84834	88137	363400550	365222012	52603	92370	41358	99613
50	358920818	361624332	36890	58534	89305	368929289	78431	372636873
60	56795	60494	73234	95060	367126017	66152	370815510	74137
70	92781	96660	363509581	365331589	62730	369003048	52591	372711404
80	359928770	361732830	45932	68112	99446	39949	89676	48676
90	64763	69003	82287	365404659	367236166	76853	370926765	85950
100	360000759	361305180	363618645	41200	72890	369113760	68858	372823229
110	36759	41361	55007	77744	367309617	... 50672	371000955	66511
120	72163	77545	91373	365514242	46348	87587	.. .38055	97797
130	360108770	361913733	363727742	50843	83083	369224506	75158	372935087
140	44781	49924	64115	87398	367419821	61428	371112266	72389

Die oberste Horizontalreihe und die erste Verticalreihe sind roth gedruckt.

zum Gebrauch der Tafel fehlte, so blieb sie selbst unverständlich und für die Praxis unverwendbar; er ist erst im gegenwärtigen Jahrhundert (1856) im Manuscript bei einem Exemplare von Bürgi's Tafel auf der Danziger Stadtbibliothek aufgefunden und durch den Druck bekannt geworden[1]).

Napeir's Werk, worin er seine Entdeckung bekannt machte, verbreitete sich sehr bald nach Deutschland. Es fand hier eine sehr verschiedene Aufnahme; die einen, unter ihnen der Astronom Mästlin in Tübingen, Keppler's Lehrer, äußerten Mißtrauen gegen die neue Erfindung; sie überzeugten sich zwar durch Rechnung von der Richtigkeit derselben, konnten aber keine Einsicht in die Zuverlässigkeit des Fundaments gewinnen; andere dagegen begrüßten sie mit dem ungetheiltesten Beifall. Unter den letztern ist ganz besonders Benjamin Ursinus zu erwähnen, der sich um die Vervollkommnung des Napeir'schen Systems ebenso verdient machte, wie Gellibrand und Vlacq um die Logarithmen Briggs'.

Benjamin Ursinus[2]) war durch den Umgang mit Keppler zu Prag und Linz und als dessen Gehülfe in der Bearbeitung der Rudolphinischen Tafeln mit den Schwierigkeiten astronomischer Rechnungen nach der bisherigen Weise hinlänglich vertraut; eine neue Erfindung, die Abhülfe und Erleichterung in Aussicht stellte, mußte demnach sofort seine ganze Aufmerksamkeit in Anspruch nehmen. Durch einen befreundeten Theologen, Namens Bechner, erhielt er die Napeir'sche Schrift; er machte sich den Inhalt derselben zu eigen und ging sogleich ans Werk, durch eine Bearbeitung die neue Entdeckung weiter zu verbreiten. Bereits im Jahre 1617 erschien von Ursinus eine kleine Schrift: Cursus

[1]) Justus Byrg als Mathematiker und dessen Einleitung in seine Logarithmen, von Dr. Gieswald. Danzig 1856.

[2]) Sein eigentlicher Name ist Behr. Geboren den 15. (oder 5.) Juli 1587 zu Sprottau, wurde er 1615 als Professor an das Joachimsthalsche Gymnasium in Berlin berufen, und starb als Professor der Mathematik zu Frankfurt an der Oder 1634 (nach andern den 27. September 1633).

mathematici practici Volumen primum, continens Illust. et Generosi DN. Johannis Neperi Baronis Merchistonii etc. Scoti Trigonometriam Logarithmicam usibus discentium accommodatam. Coloniae 1617 [1]). Sie enthält Napeir's Kanon in verkürzter Form; es sind nämlich die beiden letzten Ziffern sowohl in den Sinus als in den Logarithmen weggelassen. Ursinus hat einen Abriß der ebenen und sphärischen Trigonometrie vorausgeschickt, um die Anwendung des logarithmischen Rechnens zu zeigen, und außerdem noch eine Tabula proportionalis zur Erleichterung des Gebrauchs der Logarithmen. — Acht Jahre später erschien Ursinus' größeres Werk: Benj. Ursini Mathematici Electoralis Brandenburgici Trigonometria cum magno Logarithmor. Canone. Coloniae CIƆIƆCXXV. Die Trigonometrie, welche dem Kanon vorausgeht, besteht aus drei Büchern; es wird darin aus Euklid alles das, was zum Verständniß nothwendig ist, beigebracht, damit ein jeder ohne weitere Beihülfe durch eigenes Studium sich diese wichtige Wissenschaft zu eigen machen könnte. In dem ersten Buch handelt Ursinus von den Dreiecken und ihren Eigenschaften. Das zweite Buch hat zwei Abtheilungen; in der ersten ist von der Construction des Kanons der Dreiecke d. h. von den trigonometrischen Functionen, und dessen Gebrauch die Rede. Da Napeir in der nach seinem Tode herausgegebenen Mirifici logarithmorum canonis constructio bemerkt hatte, daß wohl in der Ungenauigkeit der bisherigen Sinustafeln der Grund zu suchen wäre, wenn die Logarithmen desselben Sinus in ihren letzten Ziffern nicht übereinstimmten, so beschloß Ursinus diesen Uebelstand zu beseitigen und berechnete die Sinus schärfer für den Halbmesser = 10000000; um die letzten Stellen vollkommen genau zu erhalten, multiplicirte er denselben noch mit 10000000. Für diesen Radius =

---

[1]) Die mir vorliegende Schrift, in welcher die Vorrede vom Anfang des Jahres 1617 datirt ist, hat als Jahrzahl 1619; entweder ist letztere ein Druckfehler, oder es ist ein neuer Abdruck der Ausgabe von 1617. Kästner (Astronomische Abhandl. Bd. 2. S. 76) notirt das Jahr 1618.

10000000000000000 berechnet er sin 30°, sin 45°, sin 18°, sin 72°, sin 36°, sin 54°, sin 9° u. s. w. und zeigt auf eine sehr klare und durch eine übersichtliche Zusammenstellung erläuterte Weise, wie aus diesen die übrigen Sinus hergeleitet werden. Er befolgt darin die Methoden der besten Autoren. In der zweiten Abtheilung des zweiten Buches handelt Ursinus von der Berechnung der Logarithmen nach den Vorschriften Napeir's. Das dritte Buch enthält die Anwendung des Kanons der Logarithmen auf die Trigonometrie. Alsdann folgt Ursinus' Kanon unter dem besondern Titel: Benjamini Ursini Sprottavii Silesii Mathematici Electoralis Brandenburgici Magnus Canon Triangulorum Logarithmicus, ex voto et consilio Illustr. Neperi p. m. novissimo, et sinu toto 100000000 ad scrupulor. secundor. decadas usque vigili studio et pertinaci industria diductus. Coloniae M.DC.XXIV. Er enthält von 10″ zu 10″ die Sinus und ihre Logarithmen nebst den dazu gehörenden Differenzen; ebenso wie im Napeir'schen Kanon findet sich in der Mitte der Tafel eine Spalte mit der Aufschrift: Differentiae (sc. sinuum), welche die Differenzen der Logarithmen der Sinus der Winkel die sich zu 90° ergänzen, d. i. die Logarithmen der Tangenten enthält. Ueberhaupt gebraucht Ursinus nur Sinus; die Bezeichnung: Cosinus, Tangente u. s. w. kommt nicht vor[1]).

Die vollständigste Bearbeitung des Napeir'schen Kanons hat Crüger (geb. 1580 zu Königsberg in Preußen, gest. 1639 zu Danzig als Professor der Mathematik und Dichtkunst, der Lehrer Hevelke's (Hevelius) und von ihm hochgeachtet) gegeben[2]). Da

[1]) Die Logarithmen sind in den letzten Ziffern vielfach fehlerhaft; wenigstens in dem Exemplar, das Ursinus der Universität Königsberg schenkte und das gegenwärtig die Königl. Bibliothek in Berlin besitzt, finden sich viele Verbesserungen dieser Ziffern von Ursinus' Hand. — Ueber die Berechnung der Logarithmen durch Ursinus sieh. Klügel's Mathemat. Wörterbuch Bd. 3. S. 541 ff.

[2]) Ueber sein Leben und seine Schriften sieh. Buck, Lebensbeschreibungen der Preußischen Mathematiker, Königsberg und Leipzig 1764, S. 54 ff.

die Napeir'schen Logarithmen für den Gebrauch von Keppler's Rudolphinischen Tafeln unentbehrlich waren, so wollte Crüger für sie dieselbe Einrichtung schaffen, welche die Briggs'schen Logarithmen hatten und weshalb man diese jenen bereits allgemein vorzog: er beschloß Napeir'sche Logarithmen für die Zahlen und trigonometrischen Functionen zu berechnen, was bisher noch nicht geschehen war. Alles was Crüger zu diesem Zweck gearbeitet hat, findet sich zusammen in der Schrift: Praxis Trigonometriae Logarithmicae cum Logarithmorum Tabulis ad Triangula tam Plana quam Sphaerica sufficientibus. Ad commodiorem usum praeceptis brevibus et perspicuis hoc Manuali comprehensa a M. Petro Crügero Reip. Dantiscanae Mathematico. Amstelodami Anno M.DC.XXXIV. Sie beginnt mit einer Anweisung zum Gebrauch der Logarithmen in trigonometrischen Rechnungen. Alsdann folgen drei von Crüger berechnete Tafeln; die erste: Tabula Logarithmica prima continens Logarithmos numerorum absolutorum ab 1. ad 10000. ordine succedentium supputatos, giebt die Napeir'schen Logarithmen der Zahlen von 1 bis 10000; die zweite: Tabula Logarithmica secunda continens Logarithmos Graduum et Scrupulorum primorum Quadrantis Neperianos ad partes Radii 100000, cum appositis Differentiis, enthält die Logarithmen der Sinus und Tangenten (die letztern werden von Crüger Mesologarithmi — wahrscheinlich von ihrer Stelle in der Mitte der Tafel — genannt) von 1' zu 1' nebst den Differenzen für 10''; in der dritten Tafel: Tabula Logarithmica tertia continens Logarithmos primi gradus ad singula minuta secunda supputatos ad partes Radii 100000, sind die Logarithmen der Sinus für alle Secunden des ersten Grades berechnet, zugleich wird angegeben, wie die Logarithmen der Tangenten zu finden sind. Hierauf folgt eine vierte Tafel, die von Jacob Bartsch, dem Schwiegersohn Keppler's, berechnet ist: Tabula Logarithmica quarta continens Antilogarithmos ad majorem Radium et ad bina Scrupp. secunda totius primi et bessis secundi gradus supputatos; sie enthält die Antilogarithmen d. h. die Logarithmen der Cosinus, von 0° bis 1° 41′ von 2″ zu 2″ für einen größeren Radius als 100000, sie ist demnach noch genauer als der Canon des Ursinus. Den Schluß bildet ein Anhang: Appendix de peculiari Tabulae primae usu extra Trigonometriam, worin über die Anwendung der Logarithmen auf andere als trigonometrische Rechnungen, wie Regel de tri, Ausziehung von Wurzeln, gehandelt wird[1]).

Keppler erhielt, wie bereits erwähnt, die erste Kunde von Napeir's Erfindung im Jahre 1617. Nachdem er im folgenden Jahre aus Ursinus' Cursus mathematicus practicus das Wesen derselben kennen gelernt und von der Richtigkeit sich überzeugt hatte, kam im Juli 1619 zu Linz ein Exemplar von Napeir's Schrift in seine Hände. Durch ein genaues Studium derselben erkannte er die eingreifende Verbesserung, die durch die Logarithmen die astronomischen Tafeln erhielten, so daß er beschloß, sie in die Rudolphinischen Tafeln aufzunehmen. Zugleich benutzte Keppler die Ephemeride des Jahres 1620[2]), um eine Anerkennung des hohen Verdienstes, das Napeir sich durch seine Erfindung erworben, öffentlich auszusprechen und so durch das Gewicht seines Namens zu ihrer allgemeinen Verbreitung beizutragen. Aus den Briefen seiner Freunde, die er um diese Zeit erhielt, ergiebt sich, daß die einen, wie der Astronom Remus in Wien, im Gebrauch der Napeir'schen Logarithmen unsicher waren, andere, wie Mästlin, kein Zutrauen zu der Zuverlässigkeit des Fundamentes derselben gewinnen konnten. Keppler's Antworten beweisen, daß er bereits auf Verbesserungen nach beiden Seiten hin bedacht war. Die Antwort Keppler's auf das Schreiben des erstern[3]) zeigt, daß er auf einen wichtigen Fortschritt in der

[1]) Ueber Crüger und seine Berechnung der Logarithmen vergl. Scheibel, Einleitung zur math. Bücherkenntnis, 7. Stück. S. 53 ff.

[2]) Sie enthält eine Zuschrift an Napeir. Kepl. op. omn. ed. Frisch, vol. VII. p. 520 sqq.

[3]) Kepl. op. omn. vol. VI. p. 61.

Verbesserung der Logarithmentafeln sinnt: er will eine Tafel der Logarithmen der natürlichen Zahlenreihe aufstellen, die noch nicht vorhanden war, denn bisher gab es nur Logarithmen von trigonometrischen Functionen; dadurch wurden die Logarithmen für die Operationen der Arithmetik unmittelbar anwendbar. In der Antwort an Mästlin[1]) führt Keppler aus, daß zur Begründung des Begriffs der Logarithmen die Anwendung von geometrischen Vorstellungen, wie Napeir es gethan, unnöthig ist; sie können lediglich durch Betrachtung der Verhältnisse der Zahlen ermittelt werden; es ergeben sich daraus auch die Rechnungsoperationen mit den Logarithmen. Aber weder durch diese Antwort, noch durch eine Unterredung, die Keppler mit Mästlin während seines Besuches in Tübingen im Jahre 1621 hatte, konnte er seinem alten Lehrer eine bessere Ueberzeugung beibringen. Dadurch kam in Keppler der Beschluß zur Reife, sofort nach seiner Rückkehr nach Linz (November 1621) eine besondere Schrift auszuarbeiten, die nicht nur eine vollständig neue Begründung der Theorie der Logarithmen, sondern auch verbesserte Tafeln enthalten sollte. Er brachte das Werk im Winter 1621/22 zu Stande. Um die Theorie der Logarithmen von der einseitigen Auffassung Napeir's loszulösen und sie für jede Rechnung einzurichten, legte Keppler die geometrische Progression 1, 2, 4, 8, 16, 32 .... zu Grunde, welche Stifel mit der arithmetischen 0, 1, 2, 3, 4, 5 .... in Verbindung gebracht und woran er seine Ideen über den Zusammenhang der Rechnungsoperationen geknüpft hatte. Die auf einander folgenden Glieder der geometrischen Progression bilden continuirliche Verhältnisse; Keppler nennt die entsprechenden Glieder der arithmetischen Progression die Maßzahlen d. h. Logarithmen dieser Verhältnisse[2]). Soll nun zu einer Zahl, die in jener geometrischen Progression nicht vorkommt, der Logarithmus berechnet werden, so ist die

[1]) Kepl. op. omn. vol. III. p. 676. 677.

[2]) In dem Briefe an Mästlin definirt Keppler: (logarithmi sunt) aliqui numeri qui sunt *ἀριθμοι του λογου*.

Zahl zuerst in ein continuirliches Verhältniß zu den darin enthaltenen Zahlen zu bringen und alsdann die entsprechende Maßzahl des Verhältnisses zu finden. Ebenso wie Napeir, der von dem sinus totus ausging und den Logarithmus desselben = 0 setzte, beginnt auch Keppler mit der höchsten Zahl seines Kanon, mit 1000. Sie kommt in der geometrischen Progression der Zahl $2^{10} = 1024$ am nächsten; Keppler findet durch die Proportion $1024 : 1000 = 1000 : x$, daß 1000 zu der Zahl $x = 976{,}5625$ in continuirlichem Verhältniß steht. Um dazu die Maßzahl möglichst genau zu finden, setzt er an die Stelle des Verhältnisses 1000:976,5625 das gleiche 100000,00:97656,25; alsdann bestimmt er zu den Zahlen 100000,00 und 97656,25 die mittlere Proportionale = 98821,17, ferner die mittlere Proportionale zwischen 100000,00 und 98821,17 u. s. w. bis zur 24sten. Die Differenz zwischen 100000,00 und der letzteren nimmt Keppler als den Logarithmus des Verhältnisses von 100000,00 zu der 24sten mittleren Proportionale (insofern die Logarithmen der Zahlen, die von der Einheit wenig verschieden sind, den Differenzen zwischen der Einheit und den Zahlen nahe gleich sind) und dieser 24mal verdoppelt giebt die Maßzahl des Verhältnisses von 100000,00 : 97656,25. Demnach ist log 97656,25 = 2371,6526. Auf dieselbe Weise ermittelt Keppler log 500 = 69314,71928. Da nun von dem Verhältniß 1000:500 das Verhältniß $2^{10} : 1$ das Zehnfache und der Logarithmus von 2^{10} (= 1024) bekannt ist, so wird auch der Logarithmus von 1 gefunden werden = 690775,5402. Ebenso findet Keppler die Logarithmen von 100, 10, 2, 20. Alsdann wendet sich Keppler zur Bestimmung der Logarithmen von 1000 bis 900; er läßt hierbei an die Stelle des geometrischen Mittels das arithmetische treten, insofern zwischen beiden erst in der achten Ziffer eine Differenz sich zeigt. Mit Hülfe des Logarithmus von 960 ($= 15 . 2^6$) werden weiter gefunden die Logarithmen von 15, 30, 3; ferner aus log 990 der log 11, aus log 980 der log 7, aus log 950 der log 19, aus log 988 der log 13, aus log 969 der log 17, aus log 986 der log 29, aus log 966 der log 23, aus log 930 der log 31. Mehrere von diesen Logarithmen werden der Controle wegen auch aus andern Zahlen hergeleitet. Nachdem so Keppler die Logarithmen der Primzahlen 1, 2, 3, 5, 7, 11, 13, 17, 19, 23, 29, 31 gefunden, werden auf ähnliche Weise die Logarithmen der übrigen Primzahlen zwischen 900 und 100, 95 an der Zahl ermittelt. — Die Logarithmen der Zahlen von 1 bis 1000 bilden die Grundlage von Keppler's Tafel. Um sie zugleich für astronomische Rechnungen einzurichten, multiplicirte er sämmtliche Zahlen mit 100.00, da die vorhandenen Sinustafeln entweder für den Radius = 100000 oder = 10000000 berechnet waren, und fügte in einer Spalte die Bogen hinzu, deren Sinus den Zahlen von 10000000 bis 10000 gleich sind, so daß also auch die Logarithmen der Sinus daraus entnommen werden konnten. Aus demselben Grunde verband Keppler mit seiner Logarithmentafel noch zwei andere Spalten, in welchen die Sinus für den Radius = 24 und = 60 (Partes vicesimae quartae und Partes sexagenariae) nach der Sexagesimalrechnung ausgedrückt werden. Folgendes Bruchstück giebt eine Vorstellung von der Einrichtung des Keppler'schen Kanon:

Arcus circuli	Sinus seu numeri absoluti	Partes vicesimae quartae	Logarithmi	Partes sexagenariae
30° 0′ 0″	50000. 00	12° 0′ 0″	69314. 72	30. 0
3. 58			199. 80	
30. 3. 58	50100. 00	12. 1. 26	69114. 92	30. 4
3. 59			199. 40	
30. 7. 57	50200. 00	12. 2. 53	68915. 52 —	30. 7
3. 58			199. 01	
30. 11. 55	50300. 00	12. 4. 19	68716. 51 +	30. 11
3. 59			198. 61	
30. 15. 54	50400. 00	12. 5. 46	68517. 90 +	30. 14
3. 59			198. 21	
30. 19. 53	50500. 00	12. 7. 12	68319. 69	30. 18
3. 59			197. 83	
30. 23. 52	50600. 00	12. 8. 38	68121. 86 +	30. 22
4. 0			197. 43	
30. 27. 52	50700. 00	12. 10. 5	67924. 43	30. 25
3. 59			197. 04	
30. 31. 51	50800. 00	12. 11. 31	67727. 39 —	30. 29
4. 0			196. 66	

Nachdem Keppler im Winter 1621/22 die Berechnung seiner Tafel vollendet, schrieb er dazu eine Demonstratio structurae logarithmorum, worin er in 30 Lehrsätzen die Theorie der Logarithmen durch Verhältnisse der Zahlen und durch die Vielfachen derselben (intra metas libri quinti Euclidis) begründete und ihre Berechnung an einzelnen Beispielen zeigte. Er schickte das Manuscript an seinen alten Lehrer Mästlin, um dessen Meinung darüber zu vernehmen und durch ihn den Druck in Tübingen zu veranlassen. Mästlin that jedoch in der Sache nichts und ließ das Manuscript liegen. Da wandte sich im Jahre 1623 der Landgraf Philipp von Hessen-Butzbach, ein Freund der Astronomie, an Keppler, und forderte ihn auf, einen kürzeren Weg in der Auflösung sphärischer Dreiecke ihm mitzutheilen; letzterer ergriff diese Gelegenheit dem Landgrafen die Chilias logarithmorum zu empfehlen, und bat ihn zugleich dieselbe zum Druck zu befördern[1]). Durch Vermittlung Wilhelm Schickhard's wurde das Manuscript dem Landgrafen zugeschickt, der es zu Marburg drucken ließ. So erschien, ohne daß Keppler darum wußte, die Schrift unter dem Titel: Joannis Kepleri Chilias Logarithmorum ad totidem numeros rotundos. Praemissa demonstratione legitima ortus Logarithmorum eorumque usus. Quibus nova traditur Arithmetica seu Compendium, quo post numerorum notitiam nullum nec admirabilius nec utilius solvendi pleraque problemata calculatoria, praesertim in Doctrina Triangulorum, citra multiplicationis, divisionis radicumque extractionis in numeris prolixis labores molestissimos. Ad Illust. Principem et Dominum Dn. Philippum, Landgravium Hassiae etc. Marpurgi MDCXXIV. Der Aufforderung des Landgrafen, die noch fehlende Anleitung zum Gebrauch der Logarithmen zu verfassen, kam Keppler sofort nach, und sie erschien in acht Capiteln als „Joannis Kepleri Supplementum Chiliadis Logarithmorum, continens praecepta de eorum usu. Marburgi MDCXXV.

[1]) Den Briefwechsel zwischen dem Landgrafen Philipp und Keppler sieh Kepl. op. omn. vol. VII. pag. 303 sqq.

Eine andere Logarithmentafel hat Keppler den 1627 erschienenen Rudolphinischen Tafeln beigegeben. Sie enthält, vorzugsweise zum Gebrauch für astronomische Rechnungen, die Logarithmen der Kreisbogen, deren Sinus nach der Sexagesimalrechnung ausgedrückt von 2′ zu 2′ bis 24° oder von 5″ zu 5″ bis 60′ zunehmen.

Unter den Mathematikern aus Keppler's Zeit ist noch **Guldin**[1]) zu erwähnen, der ein großes Werk unter dem Titel: Centrobaryca, herausgegeben hat. Es besteht aus vier Büchern, von denen das erste 1635, das zweite 1640, das dritte und vierte 1641 zu Wien erschien. In dem ersten handelt Guldin über die Bestimmung des Schwerpunktes, und zwar von dem Schwerpunkt mehrerer Punkte, gerader und krummer Linien, des Umfangs und Inhalts geradliniger und krummlinig begränzter ebenen Figuren und des Umfangs und Inhalts von Körpern. Das zweite und dritte Buch enthalten die Ausmessung der Linien und ebenen Figuren, der krummen Oberflächen und der von solchen begränzten Körper mit Hülfe des Schwerpunktes. Das zu Grunde liegende Theorem, das nach Guldin benannt wird, lautet: Jede geometrische Größe, die durch die Rotation einer Linie oder einer Fläche um eine feste Axe entsteht, ist gleich dem Product der erzeugenden Größe in den Weg ihres Schwerpunktes[2]). Einen allgemeinen Beweis dieser Regel hat Guldin nicht beigebracht; er zeigt nur, daß er mittelst dieser Regel zu denselben Resultaten gelangt, die bereits in Betreff des Inhalts von ebenen und körperlichen Figuren gefunden waren. Bekanntlich

[1]) Paul Guldin (vor seiner Conversion mit Vornamen Habakuk) wurde von protestantischen Eltern 1577 zu St. Gallen geboren. Er erlernte die Goldschmiedekunst, trat 1597 zu Freisingen zum Katholicismus über und wurde Jesuit. Sein Talent für Mathematik bewog seine Obern ihn zu seiner weiteren Ausbildung nach Rom zu senden. Als Lehrer der Mathematik wirkte er zu Rom, Wien, Graz. Er starb am letztern Orte 1643.

[2]) Guldin drückt es so aus: Quantitas rotanda in viam rotationis ducta, producit Potestatem Rotundam uno gradu altiorem Potestate sive Quantitate rotata (Centrobary. lib. II. cap. VIII. prop. 3).

giebt Pappus von Alexandrien am Ende der Vorrede zum siebenten Buch seiner Sammlung eine Andeutung dieses Theorems, und es wird Guldin zum Vorwurf gemacht, daß er dies verschwiegen, zumal da er das Werk des Pappus gekannt und wiederholt erwähnt hat. Wäre dieser Tadel begründet, so würde sicherlich sein von ihm angegriffener Zeitgenosse Cavalieri ihn nicht unerwähnt gelassen haben; dieser aber ist vielmehr der Ansicht, daß der Ursprung von Guldin's Princip in Keppler's Stereometria doliorum gefunden wird. — In dem vierten Buche polemisirt Guldin gegen die Methoden Keppler's und Cavalieri's; er tadelt sie als unwissenschaftlich und mit geometrischer Strenge nicht vereinbar [1]). Dagegen hat er sich mehr an die Weise Euklid's und Archimed's gehalten; dadurch aber und durch die wenig concise Schreibart, der er sich in seiner Darstellung bedient, ist seine Theorie ohne Einwirkung auf den Fortschritt der Wissenschaft geblieben. Hierzu kommt, daß die Quadratur einer ebenen Figur und die Bestimmung ihres Schwerpunktes oft schwieriger sind als die Ermittelung des Inhalts des dadurch hervorgebrachten Körpers auf directe Weise.

Von dem Auftreten Peuerbach's und Regiomontan's bis zum Tode Keppler's ist ein Zeitraum von kaum 200 Jahren; welch' reiches Bild hervorragender Leistungen auf dem Gebiet der Mathematik innerhalb der Gränzen Deutschlands entrollt sich da vor unsern Blicken! Zwei Ursachen sind es vornehmlich, in welchen der Keim zu dieser Glanzperiode der mathematischen Literatur im 15. und 16. Jahrhundert zu suchen ist: die besondere Pflege der Astronomie, und die mächtige Handelsbewegung, die in dieser Zeit ganz Deutschland ergriffen hatte. Seitdem Peuerbach und Regiomontan eine gesunde Grundlage für die

[1]) In Betreff Keppler's drückt sich Guldin so aus: eum (Kepplerum) puritati Geometriae et accurationi minime consuluisse, Analogiis et Conjecturis multum tribuisse, non scientifice semper conclusisse, et insuper sua omnia obscure proposuisse.

Astronomie in den neu eröffneten Quellen des Alterthums gesucht und gefunden hatten, wetteiferten Fürsten, freie Städte und angesehene Bürger diese Wissenschaft unter ihren besonderen Schutz zu nehmen und zu ihrer Vervollkommnung beizutragen: der ungetheilteste Beifall der Gebildeten aus allen Schichten des Volkes begleitete den Fortgang und die allmälige Ausbildung der Lehre von der Bewegung der Himmelskörper. Nicht etwa unmittelbar praktische Verwendung oder materieller Nutzen, es war die Wissenschaft selbst, welche den rühmlichsten Wetteifer der Deutschen für die Vervollkommnung der Sternkunde entzündete[1]). Durch Regiomontan's gewaltige Autorität war ein- für allemal die Richtung festgestellt worden, in welcher hauptsächlich die Arbeiten der deutschen Astronomen sich bewegten: es ist der rechnende Theil der Astronomie, und die Grundlage dazu, die Trigonometrie und die trigonometrischen Tafeln, worin die deutschen Mathematiker mit unverdrossenem Fleiß und bewunderungswerther Ausdauer Hervorragendes geleistet haben. Kein anderes Culturvolk hat weder gleichzeitig noch später etwas dem Aehnliches geschaffen, was Peuerbach und Regiomontan angebahnt, Rheticus, Otho, Pitiscus vollendeten. Und als die Genauigkeit in den trigonometrischen Tafeln so weit getrieben war, daß für die Anwendung in der Rechnung wegen des zu

[1]) Und doch hat die deutsche Astronomie auf die wissenschaftliche Ausbildung der Nautik den wesentlichsten Einfluß gehabt. Regiomontan's Ephemeriden, für die Jahre 1475 bis 1506 im voraus berechnet, „waren nicht blos für die in Unordnung gerathene Zeitrechnung von Wichtigkeit, sondern wurden auch während der ersten großen Entdeckungsreisen des Bartholomäus Diaz, des Columbus, des Vespucci und des Gama an den Küsten von Afrika, Amerika und Indien benutzt" (Apelt, Reformation der Sternkunde S. 46). Besonders durch den Nürnberger Martin Behaim (wahrscheinlich 1436 zu Nürnberg geboren, 29. Juli 1506 zu Lissabon gest.) wurde die astronomische Kenntniß der Deutschen nach Portugal gebracht. „Seit seinem Auftreten in Portugal zeigt sich auf der portugiesischen und spanischen Marine das lebhafte Bestreben, die Kunst nach den Sternen zu schiffen, auf wissenschaftliche Regeln zurückzuführen. Erst von da an datirt sich die wissenschaftliche Ausbildung der Nautik." Ueber Martin Behaim und seine Wirksamkeit sieh. Apelt, Reform. der Sternk. S. 56 ff.

großen Umfanges der Zahlen Schwierigkeiten entstanden, erfand der Scharfsinn Jost Bürgi's einen Weg, durch den diese Schwierigkeiten beseitigt werden. — Seitdem Constantinopel am Ende des 13. Jahrhunderts aufhörte der Mittelpunkt des Welthandels zwischen dem Orient und Europa zu sein und Venedig diese Vermittelung übernahm, „ging der Zug des Welthandels durch Deutschland über Augsburg und Nürnberg, und von da theils den Rhein herunter nach Cöln und den Niederlanden, theils nach dem nördlichen Deutschland zu den Städten der Hansa. Die deutschen Kaufherrn brachten mit den Producten des Orients die Industrie-Erzeugnisse ihrer eigenen Städte mit auf die Märkte im scandinavischen Norden und slavischen Osten, die außer ihnen fremde Handelsleute nicht besuchten[1]). Hier in diesen nördlichen und östlichen uncultivirten Gegenden mochte der Handel größtentheils noch Tauschhandel sein" (sieh. Falke a. a. O. S. 276 ff.), um so mehr boten aber die verschiedenen von Land zu Land, öfters von Stadt zu Stadt wechselnden Geldmünzen im Innern Deutschlands vielfache Gelegenheit zu genauem Rechnen[2]). Bei dem äußerst dürftigen Zustand der Schulen, die von Geistlichen geleitet lediglich die Vorbildung für den Kirchendienst bezweckten und in welchen diejenigen, die sich nicht kirchlichen Functionen widmen wollten, keine andere Unterweisung erhielten, hatte sich in kaufmännischen Kreisen selbst eine eigene

---

[1]) Apelt, Reform. der Sternk. S. 112. — Falke, Geschichte des deutschen Handels, 1. Theil.

[2]) Eine Einfachheit der deutschen Münzverhältnisse, wenn sie jemals bestanden hat, währte nicht lange. Bald nahmen dasselbe Münzrecht, das ursprünglich nur dem alleinigen Oberhaupt gebührte, auch die einzelnen Fürsten, deren Machtverhältnisse stets im Gegensatz zu der kaiserlichen standen, als Regale in Anspruch; zuerst die Herzöge und geistlichen Fürsten, allmälig jeder Graf und jede größere Gemeinde, die im Besitz eines reichsunmittelbaren Landgebietes waren. Falke a. a. O. S. 279. Dazu kam die Verschlechterung der Münzen, „eine zahllose Menge gleichbenannter und im Werthe doch verschiedener Münzen, jene unheilbare Verwirrung des Geldwesens, in welche jetzt, als in eine historisch überwundene Thatsache Klarheit zu bringen, unsre Münzforscher sich immer noch vergeblich bemüht haben." Falke a. a. O. S. 280 f.

Praxis des Rechnens herangebildet, die der angehende Kaufmann während seiner Lehrjahre erlernte. Es ist mit Sicherheit anzunehmen, daß Italiener, die unter dem Namen Lombarden durch ganz Deutschland Wechslergeschäfte betrieben, die Lehrmeister der deutschen Kaufleute im Rechnen wurden. Dahin deutet der Ausdruck „wälsche Praktik", der sich lange in den deutschen Rechenbüchern erhalten hat[1]). Es wiederholt sich hier derselbe culturhistorische Vorgang, wie 500 Jahre früher, als das indische Zahlensystem und zugleich mit ihm die Rechenkunst und die Kenntniß der Algebra auf die Araber überging und so sich weiter nach Westen verbreitete. Auch hier geschah es auf dem Wege des Handels und durch Vermittelung der Kaufleute[2]); letztere gebrauchten die indische Zifferbezeichnung und das Rechnen, während noch lange die nationale Zifferbezeichnung der Araber in den Schriftwerken und sonst beibehalten wurde. Rechenbücher für Kaufleute, wie sie bereits bei den Arabern vorkommen, sind

[1]) ... wiewol die walhen des guten danck von vns haben söllen, die das best gethon haben, vnd vns so ein feine lustige kurtzweil vnd kunst herfür gebracht an dem, das seinen namen von jnen hat, vnnd die Welsche Practick genennet wirt, so ists doch ohn not, das man alle behendigkeit anderer leuth menge vnter die Welsche Practick, vnd den walhen also gebe alle solche gaben Gottes, die auch andern leuthen verlihen sind. Darumb lasse man die Welsche Practick sein, das die Welsche Practick ist, vnd was die Welsche Practick nicht ist, dem gebe man andere namen, vnd lasse also die Welsche Practick bleiben in jrem kreiß vnnd zil, Nemlich das die Welsche Practick sey ein sehr weitleufftiger begriff aller sollicher behendigkeit vnnd geschwinder künstlicher griff, die sich begeben bey der Regel de Tri, an benenneten zalen, mit zurfellung oder zurstrewung der selbigen, vnd vergleichung sollicher zalen, die vngleiche benennung haben, auch mit versetzung jrer benennung, vnd das ists fast (in der gemein zu reden) das die Welsch Practick handelt gantz vnd gar. — Stifel, Rechenbuch von der Welschen vnd Deutschen Practick u. s. w. Nürnberg 1546, S. 43.

[2]) Von dem bekannten Avicenna (in der zweiten Hälfte des 10. Jahrhunderts) wird berichtet, daß er als Knabe von seinem Vater zu einem Oelhändler geschickt wurde, um das Rechnen mit indischen Ziffern zu erlernen. Sieh. Reinaud, Mémoire sur l'Inde, Paris 1849, p. 302. — Sprenger (in der Abhandlung „Die Erdmessung der Araber" im Ausland 1867 Nr. 50) bemerkt in einer Note: Die Araber gebrauchen die Zahlen, welche wir nach

demnach nicht etwa bloße Anweisungen für kaufmännisches Rechnen, es sind vielmehr Lehrbücher, in welchen das indische Zahlensystem gebraucht wird. Die Kenntnisse der Araber in der Arithmetik und Algebra kamen durch Leonardo von Pisa, Fibonacci genannt, zu Anfang des 13. Jahrhunderts nach Italien; er hatte, wie er selbst erzählt, ebenfalls durch kaufmännischen Verkehr die Grundlage zu seiner mathematischen Bildung erworben[1]). — Wir haben bereits gesehen, auf welch' fruchtreichen Boden die von Italienern gestreuten Samen in Deutschland fielen. Es ist besonders die formale Ausbildung der Arithmetik, die Zeichensprache, worin die Mathematik ein Uebergewicht über alle andern Wissenschaften besitzt, welche deutsche Mathematiker im 15. und 16. Jahrhundert in ihren Grundzügen geschaffen haben. Höchst wahrscheinlich entstanden die Zeichen + und — im kaufmännischen Verkehr durch schnelles Schreiben aus den Anfangsbuchstaben von plus und minus, ebenso wie das Zeichen für Pfund (℔) aus den ersten Buchstaben von libra (lib.) hervorging[2]). Da-

ihnen benennen, sehr selten, und viele gelehrte Männer können sie nicht lesen. Die Fehler des Masudy, wo er den Abu Hanyfa († A. H. 282) benutzt, als „der Kubit mißt 42 Fingerbreiten" statt 24, und „der Aequator wird in 36 Grade getheilt" statt 360, lassen sich durch die Annahme erklären, Abu Hanyfa habe sich der arabischen Zahlzeichen bedient und Masudy habe sie unrichtig gelesen. Letzterer Fehler hat sich auch in Qazwyny (Kazwini) eingeschlichen.

[1]) Die Schriften Leonardo's, die Manuscript geblieben waren, hat Fürst Boncompagni in Rom in zwei Quartbänden 1857 und 1862 herausgegeben. Die wichtigste ist der Abacus, der die Aufschrift hat: Incipit liber abaci compositus a Leonardo filio Bonacci Pisano; aus filio Bonacci ist der Beiname Fibonacci entstanden. In der Einleitung erzählt Leonardo, daß ihn sein Vater, welcher die Rechte der pisanischen Kaufleute an der Douane von Bougia in Afrika wahrnahm, zu sich rief, um ihn seines künftigen Berufes wegen in der Arithmetik unterrichten zu lassen. Hier lernte er das indische Zahlensystem kennen; auf seinen Reisen, die er später durch Aegypten, Syrien, Griechenland, Sicilien und die Provence in Handelsgeschäften unternahm, überzeugte er sich besonders von den Vortheilen, die dasselbe vor allen andern, in jenen Ländern angenommenen Rechnungsweisen voraus hatte.

[2]) Auf dieselbe Weise entstanden die indischen Zahlzeichen aus den Anfangsbuchstaben die Zahlwörter, die ursprünglichen Zeichen für die Potenzen aus den Anfangsbuchstaben der Namen.

gegen hat sich das Wurzelzeichen, dessen erste Einführung wir ebenfalls deutschen Mathematikern verdanken, so zu sagen methodisch aus der Operation der Wurzelausziehung gebildet. Durch den Gebrauch dieser Zeichen wurde, und das ist von besonderer Wichtigkeit, die Darstellung der mathematischen Formel möglich. Diese formale Ausbildung der Arithmetik, deren eminenten Vorzug vor allen gleichzeitigen Leistungen die Schriftsteller über mathematische Literatur, Hutton und Chasles[1]), anerkannt haben, hat die Wissenschaft als brauchbar gewürdigt und für immer beibehalten; sie ist eine Norm geworden, die jeden Fortschritt der Wissenschaft begleitet.

Der großartige Aufschwung der mathematischen Wissenschaften in Deutschland während des 15. und 16. Jahrhunderts wurde ganz besonders gefördert durch die in diese Epoche fallenden weltgeschichtlichen Ereignisse: die Erfindung des Bücherdrucks, das Wiederaufleben der Literatur des klassischen Alterthums, und die Reformation. Wenn auch das riesige Unternehmen Regiomontan's, alle wichtigen mathematischen Autoren der alten und neuen Zeit durch den Druck zu veröffentlichen, wozu er in Nürnberg eine eigene Druckerei gründete, durch seinen frühzeitigen Tod verhindert wurde, so erschienen doch größtentheils in der ersten Hälfte des 16. Jahrhunderts die Werke der bedeutendsten

[1]) Hutton (a mathematical and philosophical dictionary, I. p. 77): After the foregoing analysis of the works of the first algebraic writers in Italy, it will now be proper to consider those of their contemporaries in Germany; where, excepting for the discoveries in cubic equations, the art was in a more advanced state, and of a form approaching neares to that of our modern Algebra, the state and circumstances indeed being so different, that one would almost be led to suppose they had derived their knowledge of it from a different origin. — Chasles (Aperçu historique sur l'origine et le développement des méthodes en géométrie p. 539): . . il y a lieu de croire qu'en Allemagne surtout, quelques autres ouvrages formaient un autre foyer de lumières .... On en juge par le savant ouvrage de Stifel qui a paru en 1544 sous le titre *Arithmetica integra* (Nuremberg, in 4⁰), où se trouvent des élémens d'algèbre et une foule de questions de Géométrie, résolues par cette voie, comme dans la *Summa* de Lucas de Burgo.

Mathematiker des Alterthums in dem Originaltext: Die Schrift Euklid's sammt dem Commentar des Proclus, der Almagest des Ptolemaeus mit dem Commentar Theon's, beide herausgegeben von Simon Grynaeus, zu Basel 1533 und 1538; die erste griechische Ausgabe der Schriften Archimed's, von Thomas Gechauf, genannt Venatorius (Basel 1544); die erste Ausgabe der arithmetischen Sammlung Diophant's in lateinischer Uebersetzung von Xylander (Basel 1575); ferner die Sphärica des Theodosius, griechisch und lateinisch von Johann Voegelin (Wien 1529). Besonders aber ist die große Anzahl von Rechenbüchern bemerkenswerth, die in deutscher und lateinischer Sprache zu Leipzig, Frankfurt am Main, Nürnberg, Erfurt seit dem Anfang des 16. Jahrhunderts gedruckt wurden; zum Theil sind es Compendien für Vorträge auf den Universitäten, bei weitem die meisten wollen den Bedürfnissen des Lebens genügen. Denselben Zweck verfolgen auch die ersten Versuche, die in selbstständiger Behandlung der Geometrie gemacht wurden; sie enthalten die Elemente der darstellenden Geometrie, wie wir sie bei Albrecht Dürer gefunden haben [1]. — Die Kenntniß der klassischen Literatur des Alterthums verbreitete sich von Italien nach Deutschland. Aber wie ganz anders ergriff der germanische Geist dies ihm gebotene neue Bildungselement! Es war nicht bloß die elegante Form der Meisterwerke des Alterthums, die ihn begeisterte, er suchte und fand darin die gesunden Grundlagen für den Aufbau der Wissenschaften. Sie wurden ihm zugleich Muster und Zielpunkte des eifrigsten Strebens. Die

[1]) So lautet der vollständige Titel eines solchen geometrischen Compendiums: Das erst buch der Geometria. Ein kurtze unterweisung, was, vñ warauff Geometria gegründet sey, vnd wie man, nach anweisung derselben, mit dem Circkel vnd Richtscheydt, allerley Lini, Flech, vnd Cörper außtheylen, vnd in fürgegebner proportion machen soll. Aus bewerten leren gemelter freyen kunst allen liebhabern derselben zu einem eingang, vnd allen künstlichen wercklewten zu sonderm nutz vnd vorteyl zusamen geordnet durch Wolffgang Schmid Rechenmeyster zu Bamberg. Am Ende: Getruckt zu Nürnberg durch Johan Petreium im jar M.D.XXXIX.

glühende Begeisterung Peuerbach's und Regiomontan's, die kostbaren Wissensschätze des Alterthums zu besitzen, haben wir bereits kennen gelernt; weniger bekannt ist, daß sie beide zuerst an der Wiener Universität öffentliche Vorträge über lateinische Klassiker hielten[1]). Sicherlich wollten sie so Geschmack und Liebe für das Studium der ausgezeichneten Schriftwerke des Alterthums hervorrufen und dadurch eine Grundlage für weitere Bildung gewinnen. Eine in der That bemerkenswerthe Thatsache, daß die Koryphäen der deutschen Mathematiker des 15. Jahrhunderts den philologischen Studien in Deutschland die Bahn eröffnen! Aber schon nach Verlauf eines halben Jahrhunderts widerrathen die Humanisten an der Universität Erfurt die Anstellung von Docenten der Mathematik. War es geistige Superiorität, war es der Glanz der Wissenschaften, die der Mathematiker beherrschte, war es der weitere, nicht bloß auf das Alterthum beschränkte Gesichtskreis, in welchem er sich bewegte — kurz eine Art eifersüchtiger Kampf zwischen den Vertretern der mathematischen und sprachlichen Disciplinen zeigte sich schon damals. — Der erwachende Verstand der deutschen Nation, der mit jugendlicher Kraft nach Wahrheit strebte und durch dieses Streben endlich das ganze Volk in Bewegung brachte, erzeugte auf kirchlichem Gebiet die Reformation. Daher denn auch die Sorge der Reformatoren, daß durch die Pflege der wissenschaftlichen Erkenntniß die Cultur des Geistes immer mehr gefördert werde. Ihre Aufmerksamkeit war deshalb ganz besonders auf die Verbesserung der Schulen gerichtet, und in der Organisation derselben verabsäumten sie nicht in dem Kreise der Lehrfächer den mathematischen Disciplinen die gebührende Stelle anzuweisen. „Die Kinder sollen nicht allein Sprachen und Historien hören, sondern auch singen und die Musika mit der ganzen Mathematika lernen," schreibt Luther an die Rathsherrn aller Städte Deutsch-

[1]) Peuerbach las 1454 und 1460 über Virgil's Aeneide, 1456 über Juvenal's Satiren; Regiomontan über Virgil's Bucolica 1461. Vergl. Aschbach, Geschichte der Wiener Universität, S. 481. 538.

lands. Indeß zeigen die vorhandenen Lehrpläne der höheren Schulen aus dem 16. Jahrhundert noch sehr wenige Spuren, daß in der Mathematik unterrichtet wurde; hier und da wurde Rechenunterricht in Nebenstunden gegeben. Einzelne Mathematiker, wie Riese, hielten besondere Rechenschulen. Auch sorgten umherziehende Lehrer für die Unterweisung im Rechnen und in den elementarsten Operationen der Algebra. Bloß an einigen größeren bevorzugten Anstalten, deren Einrichtung an die Universitäten streifte, wie in Nürnberg, waren Lehrer der Mathematik angestellt. Trotz dem war es mit dem mathematischen Wissen in Deutschland noch viel besser bestellt, als z. B. in Frankreich [1]). Mächtiger zeigte sich der Einfluß der durch die Reformation geförderten wissenschaftlichen Bewegung auf die Universitäten. Hier war es besonders Melanthon, der durch Wort nnd Schrift unablässig für die Berücksichtigung der mathematischen Fächer wirkte. In akademischen Reden, in Vorreden zu neuen mathematischen Schriften, in Briefen, durch Herausgabe älterer bewährter Lehrbücher in verbesserter Form zeigte er fort und fort die Wichtigkeit des Studiums der mathematischen Disciplinen, durch das namentlich gründliche Bildung gewonnen, Wahrheit und Gerechtigkeit erforscht werden [2]).

[1]) Nach dem Zeugniß des bekannten Petrus Ramus, der um 1570 mehrere Jahre iu Deutschland lebte; er berichtet: Cum itaque de mundi nobilibus scholis studiose mortales omnes, qui alicunde peregre ad nos rediissent, percunctarer, nulla in gente tam multas mathematici studii scholas comperiebam publicis stipendiis ornatas, quam in Germania, unica mathematum schola ut militum officina. — Sed illud de civitate (Nürnberg) singulare est atque apud omnes civitates praedicandum: stipendium dare de publico mathematum professori, qui vernacula lingua Latinae Graecaeque ignaros opifices erudiat: hinc etiam nobiles sine literis artifices: imo mathematicae disciplinae etiam apud posteros doctores. Sieh. Petri Rami Scholarum mathematicarum libri unus et triginta. Francof. 1599, pag. 62. 61.

[2]) Vergl. Bernhardt, Philipp Melanchthon als Mathematiker und Physiker, Wittenberg 1865, worin sehr ansführlich über Melanthon's Verdienste um die Beförderung der mathematischen Studien gehandelt wird.

Zweites Buch.

Von der Mitte des siebzehnten Jahrhunderts bis zum Ende des achtzehnten Jahrhunderts.

Durch den dreißigjährigen Krieg, den unheilvollsten, der Deutschland je betroffen, wurden die Keime wissenschaftlicher Bildung, welche das Reformationszeitalter gepflanzt und die die Stürme desselben überdauert hatten, bis auf geringe Spuren vernichtet, der Wohlstand seiner Bewohner, Gewerbe und Handel waren verschwunden, große Strecken Landes in Einöden verwandelt. Wer nach höherer Bildung strebte, mußte sie im Auslande suchen; besonders blühten die mathematischen Wissenschaften auf den Universitäten Hollands, in Frankreich und England.

In dieser trüben Zeit wurde Gottfried Wilhelm Leibniz zu Leipzig geboren (21. Juni a. St. 1646). Weder auf dem Gymnasium noch auf der Universität seiner Vaterstadt erhielt er Unterricht in der Mathematik; auch erwähnt er nirgends, daß er durch Erhard Weigel, den er ein Halbjahr in Jena hörte, darin gefördert worden wäre; er war, wie in manchen andern Dingen, in der Mathematik Autodidact[1]). Daher erstreckte sich denn auch sein mathematisches Wissen während seiner Studienzeit nur über die ersten Elemente der Algebra. Insbesondere

---

[1]) Am ausführlichsten verbreitet sich Leibniz über seine erste mathematische Bildung in einem von ihm unterdrückten Postscriptum zu einem Briefe an Jacob Bernoulli (April. 1703): Cum Parisios appulissem anno Christi 1672, eram ego Geometra autodidactos, sed parum subactus, cui non erat

wurde Leibniz durch logische Studien sehr früh auf die Combinatorik geführt; indeß ist die im Jahre 1666 erschienene Dissertatio de arte combinatoria in Betreff ihres mathematischen Inhaltes unbedeutend, sie geht nicht über die einfachsten Sätze dieser Disciplin hinaus. Hervorzuheben sind jedoch die Ideen, die bereits in diesem Erstlingsversuch von Leibniz niedergelegt sind, daß nämlich, wenn es gelänge die zusammengesetzten Begriffe auf wenige einfache zurückzuführen und für die letzteren passende Charaktere aufzufinden, durch Combination dieser Charaktere nicht allein alle bereits bekannten Wahrheiten sofort für jeden verständlich ausgedrückt, sondern auch neue Wahrheiten entdeckt werden könnten — und ferner, daß es eine „Erfindungskunst", „methodus ordinata" oder „filus meditandi" giebt, wodurch es möglich sei, aus den mit Hülfe der Combinatorik verbundenen einfachen Begriffen alle möglichen Wahrheiten zu Tage zu fördern. In diesen Ideen wurzeln die großen Probleme, mit deren Realisirung Leibniz sich sein ganzes Leben hindurch beschäftigt hat: die allgemeine Charakteristik und die Erfindungskunst (ars inveniendi et dijudicandi). Der von ihm so glücklich gewählte Algorithmus der höheren Analysis, die zweckmäßige Bezeichnung der Coefficienten zur Lösung algebraischer Gleichungen, wobei die ersten Spuren der Lehre von den De-

---

patientia percurrendi longas series demonstrationum. Algebram Lanzii cujusdam puerilem, deinde Clavii puer consulueram; Cartesii implicatior visa erat. Videbar tamen ipse mihi nescio qua satis credo temeraria ingenii fiducia par et his faturus si vellem. Audebamque inspicere libros profundiores, ut Cavalerii Geometriam et Leotaudi amoeniora curvilineorum elementa, quae forte Noribergae inveneram, et similia quaedam plane sine cortice nataturus. Nam pene legebam ut Historias Romanenses. Interim quendam calculum mihi Geometricum fingebam, per quadratilla et cubillos incertis numeris exprimendos, ignarus haec omnia Vietam et Cartesium melius elaborasse. In hac pene dixerim superba Matheseos ignorantia ego historias et jura circumspiciebam, quod illis studiis me destinassem. Ex mathesi jucundiora libabam, Machinas inprimis cognoscere atque invenire amans, nam et Arithmetica mea Machina illius temporis partus fuit.

terminanten sich zeigen, die Characteristica geometrica d. h. die Zeichensprache der Arithmetik und Algebra dahin zu vervollkommnen, daß wenn den allgemeinen Zeichen geometrische Bedeutung beigelegt wird, die algebraischen Formeln sofort auch die Eigenschaften der dadurch ausgedrückten geometrischen Gebilde erkennen lassen, überhaupt die Erkenntniß, daß die Vervollkommnung und Erweiterung einer Wissenschaft von einer passend gewählten Zeichensprache abhängt, sind als Ergebnisse dieser Bemühungen zu betrachten.

Leibniz verließ im Herbst 1666 Leipzig. Während eines kurzen Aufenthalts in Nürnberg fielen ihm zuerst Schriften über höhere Mathematik in die Hände: Cavalieri's Geometria indivisibilium und Leotaud's Amoenior curvilineorum contemplatio, Lugd. 1654. Er nahm aber nur flüchtige Kenntniß davon, seine Aufmerksamkeit war damals vorzugsweise auf die Wissenschaften für seinen Lebensberuf gerichtet; nur für Maschinen hatte er ein besonderes Interesse, vielleicht noch die Folge seines Umgangs mit Weigel in Jena; unter andern führt er die erste Idee seiner Rechenmaschine auf diese Zeit zurück.

Erst während seines Aufenthalts zu Paris, wohin Leibniz im März 1672 sich begab, begann er das Studium der höheren Mathematik. Anfangs durch diplomatische und andere Geschäfte in Anspruch genommen, wurde er auf einem Ausfluge nach London (von Januar bis März 1673) durch eine zufällige Begegnung mit dem englischen Mathematiker Pell auf seine früheren Untersuchungen über Zahlreihen zurückgeführt. Er erfuhr hier, was auf diesem Gebiet bisher geleistet war, namentlich erhielt er Kenntniß von Nicolaus Mercator's 1668 erschienener Logarithmotechnia, in welcher derselbe die Quadratur der von einer gleichseitigen Hyperbel und den Asymptoten begränzten ebenen Figur durch Summirung unendlicher Reihen gezeigt hatte. Als Leibniz nach Paris zurückkehrte, war seine Stellung eine freiere geworden; er konnte ganz nach Wunsch seinen Studien obliegen. Wie es scheint, ist er in dieser Zeit Hugens van Zulichem näher getreten und von ihm, wie Leibniz stets dankbar bekannt hat, in die höhere Mathematik eingeführt worden. Hugens schenkte ihm ein Exemplar seines eben (1673) erschienenen Werkes: Horologium oscillatorium; hierdurch sowie durch die mündliche Unterredung wurde Leibniz für die Mathematik gewonnen. Mit Feuereifer ging er daran, seine Unwissenheit auf diesem Gebiete zu verbessern. Er studirte die Analysis des Cartesius, die er nur oberflächlich kannte, die Synopsis Geometrica des Honoratus Fabri, die Schriften des Gregorius a St. Vincentio und Pascal's. Bisher war man gewohnt, zum Behuf der Quadratur die krummlinig begränzten Ebenen durch parallele Ordinaten in Rechtecke zu theilen, deren Summe die gesuchte Quadratur darstellte; Leibniz verfiel darauf, eine krummlinig begränzte Ebene von einem Punkte aus in Dreiecke zu theilen, die in Rechtecke oder Paralleltrapeze verwandelt (was auf sehr verschiedene Weise geschehen konnte) durch Zusammensetzung eine solche andere ebene Figur hervorbrachten, daß deren Inhalt mittelst der damals üblichen Methode gefunden werden konnte. Dies Verfahren nannte Leibniz die Methode der Transmutation[1]). Als erste Frucht dieser Studien ergab sich ihm, daß wenn der Durchmesser des Kreises = 1 gesetzt, der Inhalt desselben durch die unendliche Reihe $\frac{1}{1} - \frac{1}{3} + \frac{1}{5} - \frac{1}{7} + \frac{1}{9}$ ꝛc. ausgedrückt wird. Diese Entdeckung wurde von Hugens mit besonderem Beifall begrüßt, und Leibniz dadurch zu weiteren Forschungen angeregt. Die erwähnte Reihe war auf demselben Wege, auf dem Mercator die seinige für die Quadratur der Hyperbel erhalten, gefunden; durch die Uebereinstimmung beider wurde Leibniz sofort darauf geführt, dies Ergebniß für alle Kegelschnitte, die einen Mittelpunkt haben, zu verallgemeinern; auch zog er die Cycloide und die logarithmische Linie in Betracht. So kam es, daß Leibniz Veranlassung nahm, das ganze Gebiet der Quadraturen der Curven zu durchforschen, und er wurde dadurch mit den Me-

[1]) Sieh. Leibnizens Brief an Oldenburg vom 27. Aug. 1676.

thoden der höheren Mathematik aufs genaueste vertraut. Aus diesen Studien entstand die Schrift über die arithmetische Quadratur des Kreises, die vollständig für den Druck ausgearbeitet unter seinen Papieren noch vorhanden ist; sie hat den Titel: De Quadratura Arithmetica Circuli, Ellipseos et Hyperbolae, cujus corollarium est Trigonometria sine Tabulis. Autore G. G. L. L. Leibniz übergab, als er 1676 Paris verließ, das Manuscript einem Agenten, welcher den Druck in Paris überwachen sollte. Der sofortigen Ausführung traten indeß, wie es scheint, Hindernisse entgegen, so daß der Beginn des Druckes sich verzögerte. Da nun auch der darin behandelte Gegenstand in Folge des von Leibniz entdeckten Algorithmus der höheren Analysis von Tag zu Tag an Umfang zunahm, besonders aber weil die ursprüngliche Anlage der ganzen Schrift und die darin zu Grunde gelegte Behandlung sich noch auf die alten, durch die Entdeckung des Algorithmus der höheren Analysis beseitigten Methoden stützte, so hielt Leibniz sehr bald es nicht mehr an der Zeit, die in Rede stehende Schrift durch den Druck zu veröffentlichen. Er hat, als die Acta Eruditorum Lipsiensia zu erscheinen anfingen, den wesentlichen Inhalt in den Abhandlungen: De vera proportione Circuli ad quadratum circumscriptum in numeris rationalibus, und: Quadratura Arithmetica communis Sectionum Conicarum, quae centrum habent, indeque ducta Trigonometria Canonica ad quantamcunque in numeris exactitudinem a Tabularum necessitate liberata etc. niedergelegt.

Die Entdeckung des Algorithmus der höheren Analysis durch Leibniz.

Ueber den ersten Erfinder der höheren Analysis ist ein langer, erbitterter Streit geführt worden. Unklarheit in Betreff der Sache, um die es sich handelte, Parteileidenschaft, Nationaleitelkeit haben sogleich anfangs die Frage verwirrt, bis endlich durch Untersuchung der hinterlassenen Papiere Leibnizens entschieden worden ist, daß Leibniz zuerst und selbstständig den Algorithmus der höhern Analysis gefunden hat.

Bereits in den ersten Zeiten der wissenschaftlichen Behandlung mathematischer Probleme haben die griechischen Geometer für die Quadratur krummlinig begränzter ebener Figuren ein Verfahren geschaffen, das hinsichtlich seiner Evidenz und Strenge stets als mustergültig betrachtet worden ist. Dasselbe wurde später mit dem Namen der Exhaustionsmethode bezeichnet, in neuerer Zeit auch Gränzmethode genannt. Um es leichter anwendbar zu machen, wurde es durch Cavalieri mit Hülfe des Begriffs der Bewegung modificirt (methodus indivisibilium), und in dieser Form blieb es die Grundlage für Untersuchungen von Problemen der höheren Mathematik. Als Hauptschwierigkeit stellte sich aber dabei stets entgegen, den Begriff des Continuirlichen von der geometrischen Anschauung loszulösen und so zu fassen, daß damit gerechnet werden konnte. Dies geschah entweder durch convergente unendliche Reihen, die summirt wurden, oder durch den Gebrauch von unendlich kleinen Größen, welche man in Vergleich zu andern endlichen Größen als verschwindend klein d. h. als Null betrachtete. So gelang es in einzelnen Fällen, in jedem auf andere Weise, zum Ziele zu kommen; ein allgemein anwendbares Verfahren war nicht vorhanden. Ein solches wurde zuerst von Leibniz geschaffen.

Als Leibniz in das Studium der Cartesianischen Geometrie sich vertiefte, konnte es nicht fehlen, daß seine Aufmerksamkeit vorzüglich auf die beiden Probleme gelenkt wurde, die von Descartes obenan gestellt worden waren: das directe und umgekehrte Tangentenproblem. Von dem erstern hatte Descartes nur für die einfachsten Curven (von ihm geometrische genannt) eine Lösung gegeben, das zweite überstieg die Kräfte seiner Analyse. Ohne die von Descartes gemachte Eintheilung der Curven in geometrische und mechanische zu beachten, untersuchte Leibniz beide Probleme ganz allgemein für jede Curve; er construirte das von ihm als triangulum characteristicum bezeichnete unendlich kleine Dreieck zwischen einem unendlich kleinen mit der Tangente zusammenfallenden Curvenstücke und den Differenzen der Ordinaten und Abscissen, welches dem angebbaren zwischen Tangente, Ordinate des Berührungspunktes und Subtangente, sowie dem zwischen Ordinate des Berührungspunktes, Normale und Subnormale ähnlich ist. Damit war ihm auch der Zusammenhang gegeben, in welchem die beiden erwähnten Probleme zu einander stehen, und aus der Aehnlichkeit des triangulum characteristicum mit den angebbaren Dreiecken erkannte er, daß das sogenannte umgekehrte Tangentenproblem auf die Quadratur der Curven zurückgeführt werden könne. Alles dieses ist bereits in den aus der Mitte des Jahres 1673 vorhandenen Manuscripten Leibnizens enthalten. Das umgekehrte Tangentenproblem, das wie erwähnt noch ungelöst war, mußte Leibnizens Aufmerksamkeit ganz besonders auf sich ziehen; er studirte deshalb die bisherigen Methoden zur Quadratur der Curven. Ein Ergebniß dieser Untersuchungen war die oben erwähnte Reihe für die Quadratur des Kreises, welches in das Jahr 1674 fällt. Zunächst beschäftigte ihn die Ausarbeitung der in Folge dessen entstandenen Schrift, und es scheint, daß er erst nach Vollendung derselben den früheren Untersuchungen über die Quadratur der Curven sich wieder zuwandte. Leibniz berichtet bei verschiedenen Gelegenheiten übereinstimmend[1]), daß ihm, als er Pascal's Demonstration des Archimedeischen Satzes über die Oberfläche der Kugel und ihrer Theile durcharbeitete, plötzlich ein Licht aufgegangen sei. Er fand als einen für alle Curven gültigen Satz, daß die Quadratur der Curven durch Summirung der Rechtecke aus jeder Ordinate in ein Element der Curve (d. h. ein un-

[1]) In einem Briefe an de l'Hospital aus dem Jahre 1694, in dem bereits oben erwähnten Postscriptum zu einem Briefe an Jacob Bernoulli aus dem Jahre 1704, in der Historia et origo calculi differentialis, die Leibniz in den letzten Lebensjahren verfaßt hat.

endlich kleines Curvenstück) bewirkt werden könne. Einen andern Zugang dazu gewann Leibniz, indem er von der Subnormale ausging: das Rechteck aus der Subnormale in das Element der Abscisse ist dem Rechteck aus der Ordinate in das zugehörige Element der Ordinate gleich, oder in Zeichen, wenn p die Subnormale, y die Ordinate, l das Element der Ordinate, a das der Abcisse ausdrückt, $pa = yl$; diese letzteren Rechtecke von Anfang an d. i. von Null an summirt bilden aber ein rechtwinkliges Dreieck, welches dem halben Quadrat der Ordinate gleich ist. Man erhält also die Gleichung, nach Cavalieri's Bezeichnung ausgedrückt, $\text{omn.}\,pa = \text{omn.}\,yl = \frac{y^2}{2}$. Wird nun hier die Ordinate y als Summe ihrer sämmtlichen Elemente l aufgefaßt, so daß nach Cavalieri $y = \text{omn.}\,l$, so hat man die Gleichung $\text{omn.}\,\overline{\overline{\text{omn.}\,l}\,\frac{l}{a}} = \frac{\overline{\text{omn.}\,l}^2}{2a}$. Auf diese Gleichung wendet Leibniz zuerst seine neue Bezeichnung an, die er mit den einfachen Worten einführt: Utile erit scribi $\int$ pro omn., ut $\int l$ pro omn. l, id est summa ipsorum l; er schreibt $\frac{\overline{\int l}^2}{2a} = \int \overline{\int l \frac{l}{a}}$. Hieraus ergeben sich ihm sofort die einfachsten Sätze der Integralrechnung: $\int x = \frac{x^2}{2}$, $\int x^2 = \frac{x^3}{3}$, und wenn a und b unveränderliche Größen bezeichnen, $\int \frac{a}{b} l = \frac{a}{b} \int l$; weiter findet er, daß $\int (x + y) = \int x + \int y$. Mit Recht ruft Leibniz aus: Satis haec nova et notabilia, cum novum genus calculi inducant. Zugleich hat Leibniz erkannt, daß das Summenzeichen $\int$ die Dimensionen erhöht, es wird demnach, so schließt er, der entgegengesetzte Calcul, der mittelst der Differenz, die durch d bezeichnet wird, die Dimensionen erniedrigen, was bekanntlich in gewöhnlicher Rechnung durch Division geschieht; ist also $\int l = ya$, so wird $l = \frac{ya}{d}$ [1]). Auf diese Weise führt Leibniz zuerst das Differentialzeichen ein. Das Manuscript, in dem das Vorstehende sich findet, ist vom 29. October 1675 datirt. Dies ist demnach der denkwürdige Tag, an welchem der Algorithmus der höheren Analysis entstand, dem sie Wachsthum und ihre staunenswerthe Vervollkommnung zu verdanken hat.

Dieses „novum calculi genus", die neu gewonnenen Resultate mußten auf Leibniz einen tiefen, nachhaltigen Eindruck hinterlassen. Zunächst versuchte er mit Hülfe dieser neuen Ergebnisse eine Lösung derjenigen Probleme, welche damals als die schwierigsten der ganzen Geometrie betrachtet wurden und zu deren Behandlung die vorhandenen Hülfsmittel nicht ausreichten. Es waren dies die Probleme, die unter dem Namen des umgekehrten Tangentenproblems zusammengefaßt wurden. In einem Manuscript vom 11. November 1675 mit der Aufschrift: Methodi tangentium inversae exempla, untersucht Leibniz zuerst das Problem: diejenige Curve zu finden, in welcher die Theile der Axe zwischen Ordinate und Normale eines Curvenpunktes den Ordinaten reciprok proportional sind. Er findet, daß die gesuchte Curve die cubische Parabel ist. Leibniz prüft die Richtigkeit des Resultats rückwärts mittelst der Tangentenmethode de Sluze's und überzeugt sich, daß seine neuen Rechnungszeichen zu einem richtigen Ziele führen. In dem folgenden Problem kommt Leibniz auf $\int \frac{a^2}{x}$ und bemerkt, daß der Werth dieses Ausdrucks nur mit Hülfe der logarithmischen Curve be-

[1]) Es heißt im Manuscript: Datur *l.* relatio ad *x.* quaeritur $\int l.$ Quod fiet jam contrario calculo, scilicet si sit $\int l \sqcap ya.$ ponamus $l \sqcap \frac{ya}{d}.$ Nempe ut $\int.$ augebit, ita *d.* minuet dimensiones. $\int.$ autem significat summam, *d.* differentiam. Ex dato *y.* semper invenitur $\frac{ya}{d}$ sive *l.* sive differentia ipsarum *y.*

stimmt werden kann Bei der Untersuchung des nächsten Problems die Curve zu finden, für welche sich die Abschnitte der Axe bis zu den Fußpunkten der Normalen wie die Ordinaten verhalten, läßt Leibniz die Abscissen x in arithmetischer Progression fortschreiten; dadurch wird $\frac{x}{d}$ d. i. dem Obigen zufolge die Differenz der Abscissen, eine Constante. Im Verlauf der Untersuchung kommt er darauf — vielleicht durch die Annahme der arithmetischen Progression bestimmt — für die bisherige Bezeichnung $\frac{x}{d}$ die seitdem übliche dx zu setzen, nachdem er vorher schon, ohne etwas dabei zu bemerken, aus der Gleichung $\frac{x^2}{2} + \frac{y^2}{2} = \int \frac{a^2}{y}$ geschlossen hat, daß $d\overline{x^2 + y^2} = \frac{2a}{y}$. Es verdient hervorgehoben zu werden, daß Leibniz in allen diesen Untersuchungen sich nur einmal über die Bedeutung von dx und dy ausspricht; in einer Randbemerkung sagt er: Idem est dx et $\frac{x}{d}$, id est differentia inter duas x proximas. Vor allem kommt es ihm nur darauf an, zu erforschen, welche Veränderungen mit einem Ausdruck vorgehen, wenn derselbe einem der Zeichen $\int$ oder d unterworfen wird. Daher legt er sich auch am Schluß des Manuscripts die Frage vor: Videndum an $dx\,dy$ idem sit quod $d\overline{xy}$, et an $\frac{dx}{dy}$ idem quod $d\frac{x}{y}$, und er überzeugt sich, daß $dx\,dy$ etwas anderes ist als $d\overline{xy}$, und ebenso daß $\frac{dx}{dy}$ mit $d\frac{x}{y}$ nicht gleiche Bedeutung hat. Zehn Tage später, in einem Manuscript vom 21. November 1675, findet Leibniz den Ausdruck für $d\overline{xy}$ durch die Gleichung $y\,d\overline{x} = d\overline{xy} - x\,d\overline{y}$, und erkennt in ihm sofort ein allgemeines, für alle Curven gültiges Theorem. Zugleich gelingt es ihm, aus einer Differentialgleichung das eine Differential dx zu eliminiren, so daß sie nur dy enthält, und bewirkt so die Lösung des vorgelegten Problems. Da ruft er aus: Ecce elegantissimum specimen, quo problemata Methodi Tangentium inversae solvuntur aut saltem reducuntur ad Quadraturas! und fährt einige Zeilen weiter so fort: Quandocunque in vinculo (d. h. unter dem Differentialzeichen) relictae unius incognitae formulae sunt tales, ut incognita non contineatur in irrationalitate aut (de)nominatore, semper absolute solvi potest problema, reducitur enim ad quadraturam, quae est in potestate; idem est in nominatoribus et irrationalibus simplicibus. At in compositis casus evenire potest, ut ad quadraturam redeamus, quae non est in potestate. Sed quidquid sit, quandocunque problema ad quadraturam reduximus, semper describi potest curva quaesita motu Geometrico, qui exacte in potestate est nec materialem curvam supponit. Haec porro methodus analytice exhibebit quadraturarum a se invicem dependentias, et viam sternet ad absolvendam tetragonisticen. Demnach hat Leibniz deutlich erkannt, daß das umgekehrte Tangentenproblem mittelst der Quadraturen d. i. der Integralrechnung gelöst werden kann; auch hat er bereits einen guten Schritt vorwärts in der Behandlung von dergleichen Problemen gemacht. Hierauf deutet er offenbar hin, wenn er an Oldenburg schreibt (28. December 1675): Sed et ad aliud Problema Geometricum, hactenus pene desperatum, nuper aditum reperi felicem. De quo pluribus loquar, ubi otium erat absolvendi. Haec vero omnia, setzt er hinzu, ubi ita in ordinem redegero ut mitti possint, singulatim tibi spondeo. Ex quibus agnoscetis, credo, non tantum soluta a me Problemata, sed et nova methodo (hoc enim ego unice aestimo) detecta esse.

Nach Verlauf eines halben Jahres ist Leibniz zu der Erkenntniß gelangt, daß auch das directe Tangentenproblem mittelst seiner neuen Rechnung allgemein aufgelöst werden kann. In einem Manuscript vom 26. Juni 1676, überschrieben: Nova Methodus Tangentium, beginnt er so: Circa Methodum tangentium directam pariter et inversam multa praeclara habeo. Cartesii methodus tangentium nititur duabus radicibus aequalibus, nec locum habet nisi cum omnes quantitates indeterminatae calculum ingredientes explicabiles sunt per unam, nempe abscissam. At vera methodus tangentium generalis est per differentias, ut scilicet ordinatarum (directarum vel convergentium) quaeratur differentia. Unde fit, ut etiam quantitates alioqui calculo non subjectae, subjiciantur calculo tangentium, modo earum differentiae sint cognitae. — Aber nicht allein darin bestand der Vorzug des neuen Verfahrens, daß Leibniz mittelst desselben eine allgemeinere Auflösung des Tangentenproblems geben konnte, als es Descartes vermocht hatte, er bewältigte auch alle die Probleme, namentlich die des umgekehrten Tangentenproblems, woran die Kräfte Descartes' gescheitert waren. Unter andern findet sich in einem Manuscript, datirt Juli 1676, die Lösung des bekannten de Beaune'schen Problems[1]).

Das ist im Allgemeinen der Umfang, welchen die höhere Analysis unter Leibnizens Händen während seines Aufenthalts in Paris gewonnen hatte. Wenn er auch noch nicht in ihr das wichtige Instrument erkannte, das einen ungeheuern Umschwung in den gesammten mathematischen Disciplinen zu bewirken bestimmt war, so war er doch von der Vorzüglichkeit seiner neuen Rechnung vor allen bisherigen Methoden überzeugt; er hatte mit ihrer Hülfe die bis dahin ungelösten Probleme be-

[1]) Florimond de Beaune (1601—1652) war einer der eifrigsten Verehrer von Descartes. Er gab die Veranlassung zur Entstehung des sogenannten umgekehrten Tangentenproblems, als er Descartes im Jahre 1641 folgende Aufgabe vorlegte: diejenige krumme Linie zu finden, deren Ordinaten sich zu den Subtangenten verhalten, wie eine gegebene Linie zu demjenigen Stück der Ordinate, welches zwischen der Curve und einer unter einem gegebenen Winkel geneigten Linie enthalten ist. Die Lösung dieser Aufgabe überstieg die Kräfte der Methode von Descartes; indessen wußte er doch einige Eigenschaften der gesuchten Curve nebst der Construction derselben anzugeben, ohne aber die Art und Weise, wie er dazu gelangt war, bekannt zu machen

wältigt. Alle die gewonnenen Ergebnisse hatte Leibniz der Einführung des so höchst glücklich gewählten Algorithmus, der Zeichen ∫ und *d*, zu danken; sie geschah, wie aus seinen Manuscripten hervorgeht, ohne irgend welche äußere Einwirkung, und entsprang lediglich aus den Ideen, die Leibniz seit dem Beginn seiner wissenschaftlichen Thätigkeit bewegten, für die Bezeichnung der Begriffe die möglichst passenden Charaktere zu wählen[1]). Auch in Betreff der Rechnungsregeln, die Leibniz für seinen neuen Algorithmus aufstellte, lassen sich nicht die leisesten Spuren eines Einflusses von außen her nachweisen. Bemerkenswerth ist, daß Leibniz sich sehr selten über die Bedeutung von dx, dy, dz ausspricht. Es ist bereits oben erwähnt, daß er dx als „differentia inter duas x proximas" bezeichnet; auf einem Blatte, datirt 26. März 1676, sagt er unter andern: Videndum an exacte demonstrari possit in quadraturis, quod differentia non tantum sit infinite parva, sed omnino nulla, quod ostendetur, si constet eousque inflecti semper posse polygonum, ut differentia assumta etiam infinite parva minor fiat error. Quo posito sequitur non tantum errorem non esse infinite parvum, sed omnino esse nullum, quippe cum nullus assumi possit.

Ende Juli des Jahres 1676 erhielt Leibniz den ersten Brief Newton's in einer Abschrift, die ihm durch Oldenburg's Vermittelung zukam[2]). Es finden sich darin Mittheilungen über die

---

[1]) Auf einem Blatte, welches 26. Mart. 1676 datirt ist, hat Leibniz bemerkt: Illustribus exemplis quotidie disco, omnem solvendi pariter problemata et inveniendi theoremata artem, tunc cum res ipsa imaginationi non subjacet aut nimis vasta est, eo redire, ut characteribus sive compendiis imaginationi subjiciatur, atque quae pingi non possunt, qualia sunt intelligibilia, ea pinguntur tamen hieroglyphica quadam ratione, sed eadem et philosophica. Quod fit, si non ut pictores, mystae aut Sinenses similitudines quasdam sectemur, sed rei ipsius ideam sequamur. — Fast 20 Jahre später äußert Leibniz in einem Briefe an de l'Hospital (28. Avril 1693) denselben Gedanken: Une partie du secret de l'analyse consiste dans la caracteristique, c'est à dire dans l'art de bien employer les notes dont on se sert.

[2]) Die Abschrift ist vom 26. Juli 1676 datirt.

von Newton eingeführten Potenzen mit negativen und gebrochenen Exponenten, über den Gebrauch des Binomialtheorems zur Wurzelausziehung, über die Darstellung der Wurzeln von Gleichungen in Reihen; außerdem wird kurz erwähnt, daß mit Hülfe von Reihen der Flächeninhalt und die Rectification der Curven, der Inhalt und die Oberfläche von Körpern u. s. w. ermittelt werden können, wozu eine Anzahl Beispiele beigebracht sind. In seiner Antwort vom 27. August 1676 bemerkt Leibniz, daß seine Methode die Wurzeln der Gleichungen und den Flächeninhalt der Figuren darzustellen eine andere sei als die Newton's; die seinige beruhe auf Transformation einer Figur in eine andere, deren Gleichung den zweiten oder dritten Grad nicht übersteigt. Nachdem er dies durch Beispiele erläutert, fügt er gegen das Ende seines Schreibens hinzu: Quod dicere videmini, plerasque difficultates (exceptis Problematibus Diophanteis) ad Series Infinitas reduci, id mihi non videtur. Sunt enim multa usque adeo mira et implexa, ut neque ab Aequationibus pendeant neque ex Quadraturis. Qualia sunt (ex multis aliis) Problemata methodi Tangentium inversae, quae etiam Cartesius in potestate non esse fassus est. Er habe, fährt er fort, das de Beaune'sche Problem in kürzester Zeit gelöst, und setzt hinzu: Fateor tamen nondum me quicquid in hoc genere desiderari potest consecutum, quamquam maximi momenti esse sciam.

Leibniz verließ im October 1676 Paris, um nach Deutschland zurückzukehren. Er nahm seinen Weg über London, wo er eine Woche verweilte und die persönliche Bekanntschaft von Collins machte, der ihm, wie er selbst gesteht, einen Theil seiner Correspondenz zur Einsicht mittheilte[1]). Es ist nun stets be-

[1]) Leibnizens Worte lauten in den beiden Briefen an Conti aus dem Jahre 1715 und 1716: Mais à mon second voyage, M. Collins me fit voir une partie de son commerce; und: Je n'ay jamais nié qu'à mon second voyage en Angleterre j'aye vû quelques Lettres de M. N. chez Monsieur Collins.

hauptet worden, daß derselbe Collins auch im Besitz einer Abschrift von Newton's Abhandlung: De Analysi per aequationes numero terminorum infinitas, gewesen sei und daß Leibniz davon Kenntniß genommen hätte. Die Möglichkeit kann nicht bestritten werden, zumal unter den Leibnizischer Papieren auf der Königlichen Bibliothek in Hannover ein Manuscript (ohne Datum) vorhanden ist mit der Aufschrift: Excerptum ex tractu Neutoni Msco. De Analysi per aequationes numero terminorum infinitas. Leibniz hat darin Folgendes angemerkt; er beginnt: $AB \sqcap x$; $BD \sqcap y$; a, b, c quantitates datae; m, n numeri integri. Si $a x^{\frac{m}{n}} \sqcap y$, erit $\frac{na}{m+n} x^{\frac{m+n}{n}} \sqcap \left[\int y\right]$[1]) areae. Darauf notirt er das Beispiel $\frac{1}{x^2} = y$, ferner die Entwickelung von $\frac{1}{1+x^2}$ in einer Reihe und die Wurzelausziehung Newton's; dagegen ist der Abschnitt: De Resolutione aequationum affectarum, fast vollständig ausgeschrieben. Faßt man das Letztere mit dem vorher aus den ersten zwischen Newton und Leibniz gewechselten Briefen Mitgetheilten zusammen, so ergiebt sich ganz unzweideutig, daß Leibniz die Ergebnisse, die Newton mittelst Reihen erhalten hatte, nicht als das Höchste betrachtete was zu erreichen möglich sei; er war überzeugt, daß das Instrument das er besaß, der von ihm eingeführte Algorithmus das mit einem Schlage leistete, was durch die Reihenentwickelung auf einem Umwege erlangt wurde. Auch beweist der Brief, in dem Collins über diesen zweiten Aufenthalt Leibnizens in London an Newton berichtete, daß letzterer von ihm keine weiteren mündlichen Mittheilungen, namentlich nicht über den Algorithmus Newton's, erhalten hat. Ueberhaupt scheinen die wissenschaftlichen Mittheilungen, die Leibniz in London diesmal

---

[1]) In seinen Excerpten pflegte Leibniz die eigenen Bemerkungen durch Klammern einzuschließen.

zukamen, keinen nachhaltigen Eindruck hinterlassen zu haben, denn unter seinen Manuscripten findet sich eine ziemlich umfangreiche Abhandlung mechanischen Inhalts in dialogischer Form, mit dem Vermerk: Scripta in navi qua ex Anglia in Hollandiam trajeci. 1676 Octobr.[1]).

In Amsterdam verkehrte Leibniz mit Hudde, der durch seine amtliche Stellung zur Stadt verhindert war, seine ausgezeichneten mathematischen Studien zur Veröffentlichung vorzubereiten. Er gestattete ihm Einsicht in seine Papiere und bewies ihm, daß er mehrere Jahre früher, bereits seit 1662 dieselbe Methode zur Quadratur der Hyperbel gekannt habe, welche Mercator in seiner Logarithmotechnia 1668 veröffentlichte, daß er ferner im Besitz eines Verfahrens die Tangenten der Curven zu bestimmen gewesen wäre, bevor de Sluze das seinige bekannt machte, und daß das seinige allgemeiner sei, namentlich daß es sogar sehr oft angewandt werden könne, ohne daß vorher Brüche und irrationale Ausdrücke beseitigt würden. Durch diese Mittheilungen wurde Leibniz, wie es scheint, veranlaßt, sein Verfahren die Tangenten der Curven „mittelst der Differenzen" zu bestimmen, zu prüfen. Unter seinen Papieren finden sich zwei Manuscripte, von denen das eine eine Zusammenstellung der Mittheilungen Hudde's enthält, das andere, datirt Novembr. 1676, das also entweder noch zu Amsterdam oder auf der Reise geschrieben ist, hat die Aufschrift: Calculus Tangentium differentialis. Letzteres ist von

[1]) In dem letzten Briefe den Leibniz von Paris aus an Oldenburg schrieb (27. August 1676) berührt er am Schluß denselben Gegenstand; es heißt daselbst: Ego id agere constitui, ubi primum otium nactus ero, ut rem omnem Mechanicam reducam ad puram Geometricam, Problemataque circa Elateria et Aquas et Pendula et Projecta et Solidorum Resistentiam et Frictiones etc. definiam. Quae hactenus attigit nemo. Credo autem rem omnem nunc esse in potestate, ex quo circa Regulas Motuum mihi penitus perfectis demonstrationibus satisfeci, neque quicquam amplius in eo genere desidero. Tota autem res, quod mireris, pendet ex Axiomate Metaphysico pulcherrimo, quod non minoris est momenti circa Motum, quam hoc, Totum esse majus parte, circa Magnitudinem.

Leibniz offenbar entworfen, um über die Eigenthümlichkeiten seiner Tangentenmethode sich Klarheit zu verschaffen; er überzeugt sich, daß sein Verfahren zur Construction der Tangenten nicht nur dasselbe leiste als die Tangentenmethode de Sluze's sondern auch auf mehr als zwei Veränderliche ausgedehnt werden könne, so daß er im Stande sei, auch die Berührungsebenen krummer Flächen dadurch zu finden; besonders aber ständen weder Brüche noch irrationale Ausdrücke der unmittelbaren Anwendung desselben durchaus nicht entgegen.

Im December 1676 traf Leibniz in Hannover ein. Um die Mitte des folgenden Jahres erhielt er durch Oldenburg's Vermittelung eine Abschrift des zweiten Briefes von Newton. Da Leibniz daraus ersah, daß Newton ebenfalls im Besitz einer Tangentenmethode sei, die vollkommener als die de Sluze's, so glaubte er eine nähere Mittheilung über sein Verfahren nicht zurückhalten zu dürfen, und er spricht sich in seinem Antwortschreiben an Oldenburg über die Differentialrechnung und die mittelst derselben gewonnene Bestimmung der Tangenten zum ersten Male ausführlich und ohne Rückhalt aus. Außerdem aber ist dieses Schreiben insofern noch von Wichtigkeit, als Leibniz sich hier über das gesammte Gebiet der höheren Analysis, soweit er es in seiner Gewalt hatte, verbreitet und die Probleme bezeichnet die noch zu lösen sind. Namentlich legt er auf die Behandlung des umgekehrten Tangentenproblems ein besonderes Gewicht, dessen Lösung nach seinem Dafürhalten Newton mittelst Reihen ausführe, er aber auf andere Weise bewerkstellige, so daß die Curven geometrisch construirt werden könnten. Eine nähere Mittheilung über sein Verfahren hält jedoch Leibniz sorgfältig zurück, namentlich jede Andeutung über seinen Algorithmus.

Da Leibniz voraussetzen durfte, daß der Inhalt seines zuletzt erwähnten Schreibens an Newton in England bekannt werden würde, so scheint er um diese Zeit einen Augenblick den Plan gefaßt zu haben, mit seiner Entdeckung, soweit er sie an Newton mitgetheilt hatte, öffentlich hervorzutreten. Unter seinen

Papieren findet sich nämlich ein Manuscript vom 11. Juli 1677 mit der Aufschrift: Methode generale pour mener les touchantes des Lignes Courbes sans calcul et sans reduction des quantités irrationelles et rompues, welches die Differentialrechnung in demselben Umfang enthält, wie er sie später bekannt machte; es ist jedoch insofern interessant, als die Fassung desselben ursprünglicher ist, namentlich ist der Hinweis auf die neuen Charaktere die dazu nothwendig sind zu beachten. Leibniz gab aber den Plan auf, ehe es vollständig ausgearbeitet war.

Leibniz hielt seine Erfindung noch länger zurück; er folgte darin der Sitte seiner Zeit, neue Methoden nicht zu veröffentlichen, um den möglichsten Vortheil daraus zu ziehen; er meinte, es sei ausreichend an einzelnen Beispielen zu zeigen, daß man im Besitz derselben sei, besonders auch um zu verhüten, daß andere, wenn sie sich der neuen Methode bemächtigt hätten, sie als ihr Eigenthum ausgäben[1]). Hierzu kam, daß fortgesetzte Studien ihn immermehr die Vorzüge und Tragweite seiner Entdeckung erkennen ließen; es war nicht allein die von ihm eingeführte Bezeichnung der Summen und Differenzen und die damit äußerst bequeme Rechnung, worin seine Methode alle bisher bekannten übertraf, sondern ein Hauptvorzug bestand auch in ihrer allgemeinen Anwendbarkeit, daß durch sie sowohl das Tangentenproblem als das der Quadraturen gelöst werden konnte. Andrerseits verhehlte Leibniz sich nicht, daß seine Entdeckung noch der Vervollkommnung bedürfe, namentlich in Betreff der Probleme, die auf transcendente Gleichungen führten. Alles dies erhellt ganz besonders aus seiner Correspondenz mit Tschirnhaus in den Jahren 1678 bis 1684. Dieser, sein Freund und

[1]) Nam cum intelligerem, schreibt Leibniz an Tschirnhaus im Jahre 1683 oder 1684, ex tuis literis Te Methodum quadraturarum edere velle, dissuasi tum quod esset adhuc imperfecta, tum quod aliquid mihi quoque in ipsam juris esset, tum quod satius esset specimina quam Methodos publicare ad continendos in officio nonnullos qui origine inventorum intellecta jactant hoc se quoque potuisse.

Studiengenosse während seines Aufenthalts in Paris, hatte die genaueste Kenntniß von den Ergebnissen der wissenschaftlichen Studien Leibnizens, die seine Papiere noch unveröffentlicht enthielten[1]). Zugleich giebt aber auch diese Correspondenz die Veranlassung, durch welche Leibniz endlich vermocht wurde, sein Stillschweigen zu brechen. Tschirnhaus nämlich mißbilligte den von Leibniz eingeführten neuen Algorithmus; er glaubte ebenfalls eine allgemeine Methode zur Quadratur gefunden zu haben, die dergleichen nicht bedürfe. Leibniz bestritt sowohl die Neuheit als die Allgemeinheit derselben und theilte ihm die Grundzüge einer andern mit, die auf algebraische Curven ohne seinen Algorithmus zu gebrauchen anwendbar ist. Nachdem über diese Methode längere Zeit zwischen beiden nicht verhandelt worden war, veröffentlichte Tschirnhaus in den Actis Erudit. Lips. 1683 mens. Octobr. die Abhandlung: Methodus datae figurae, rectis lineis et Curva Geometrica terminatae, aut Quadraturam aut impossibilitatem ejusdem Quadraturae determinandi. Die darin entwickelte Methode war im Grunde das von Leibniz an Tschirnhaus mitgetheilte Verfahren zur Quadratur algebraischer Curven. Ersterer rügte dies in dem Aufsatz: De dimensionibus figurarum inveniendis (Act. Erudit. Lips. 1684. mens. Maj.) und gab zugleich eine Kritik der weiteren von Tschirnhaus aufgestellten Behauptungen. Nach den Verhandlungen, die hieran sich knüpften, durfte Leibniz befürchten, daß Tschirnhaus auch mit dem, was er von den Entdeckungen Leibnizens wußte, auf ähnliche Weise vorgehen könnte; er glaubte ihm zuvorkommen zu müssen, um Prioritätsstreitigkeiten aus dem Wege zu gehen, und entschloß sich zunächst die Differentialrechnung, soweit sie Tschirn-

[1]) Ausdrücklich mag hier bemerkt werden, daß in dieser Correspondenz nicht die leiseste Andeutung gefunden wird, daß Leibniz durch irgend welche Hülfe von außen her in seiner Entdeckung gefördert worden wäre; Tschirnhaus würde sicherlich nicht unterlassen haben dergleichen zu bemerken, zumal als zwischen ihm und Leibniz eine Differenz über den Inhalt der Abhandlungen ausbrach, die Tschirnhaus in den Act. Erudit. Lips. veröffentlichte.

haus aus dem Briefe Leibnizens an Newton kannte, zu veröffentlichen. Er wollte aber seinen Schatz nicht leichten Kaufs hingeben, er wählte aus mehreren noch vorhandenen Entwürfen denjenigen, der in einer äußerst abstracten und wenig durchsichtigen Form gefaßt ist. Dies ist die für alle Zeiten denkwürdige Abhandlung: **Nova methodus pro maximis et minimis, itemque tangentibus, quae nec fractas nec irrationales quantitates moratur, et singulare pro illis calculi genus (Act. Erudit. Lips. 1684. mens. Octobr.).** Sie macht sofort den Eindruck, daß sie so recht aus dem Vollen geschöpft ist, daß das was sie giebt, nicht eben erst gefunden, daß vielmehr der Verfasser vieles andere noch besitzt was er nicht mittheilt. Offenbar will Leibniz seine Erfindung sich sichern, aber er will auch zeigen, was durch ihren Besitz zu leisten möglich ist. Deshalb geht er über den Algorithmus und die Rechnungsregeln, die ohne Beweis hingestellt werden, rasch hinweg; auch über die Bedeutung seiner neuen Bezeichnung läßt er sich nur andeutungsweise aus, woraus man hat schließen wollen, daß er sich selbst nicht darüber klar gewesen sei[1]). Dagegen zeigt Leibniz in den Anwendungen der Differentialrechnung, inwieweit er sein Instrument zu gebrauchen versteht; er differentiirt eine ziemlich verwickelte Gleichung, giebt die Lösung der Aufgabe, welchen Weg ein durch zwei verschieden brechende Medien gehender Lichtstrahl verfolgen muß, um von einem Punkte zu einem andern auf die leichteste Weise zu gelangen, und zeigt zuletzt, daß die Lösung der von de Beaune dem Cartesius vorgelegten Aufgabe durch die Differentialrechnung mit wenigen Worten bewirkt wird.

---

[1]) **Demonstratio omnium,** lautet die oft angeführte Stelle, **facilis erit in his rebus versato et hoc unum non satis expensum consideranti, ipsas** dx, dy, dv, dw, dz, **ut ipsarum** x, y, v, w, z **(cujusque in sua serie) differentiis sive incrementis vel decrementis momentaneis proportionales haberi posse.** Hiermit will Leibniz doch offenbar nichts weiter sagen als daß an die Stelle der veränderlichen die unendlich kleinen Differenzen, die aus dem **triangulum characteristicum** sich ergeben, gesetzt werden können.

— Zwei Jahre später (1686) nahm Leibniz Gelegenheit in der Abhandlung: De Geometria recondita et Analysi indivisibilium atque infinitorum, die ersten Andeutungen zur Integralrechnung, die er „Methodus Tangentium inversa“ nannte, zu veröffentlichen; er zeigt, daß der Satz Barrow's, daß die Summe der Rechtecke aus dem Intervall der Axe zwischen Ordinate und Normale jeden Curvenpunktes in das Element der Axe dem halben Quadrat der letzten Ordinate gleich ist, mit Hülfe seines Algorithmus ohne Schwierigkeit zu beweisen sei $\left(\int x\,dx = \frac{1}{2}x^2\right)$ An diesem Beispiel will Leibniz zugleich darthun, wie man in allen übrigen Fällen mittelst Anwendung seiner neuen Rechnung zu verfahren hat. Auch bemerkt er, daß namentlich durch den Gebrauch seiner Bezeichnungsweise die Eigenschaften der Curven aufs vollständigste in Gleichungen ausgedrückt werden könnten, wie durch die Gleichung $y = \sqrt{2x - xx} + \int \frac{dx}{\sqrt{2x - xx}}$ die Cykloide charakterisirt wird. Leibniz beschließt diese Andeutungen mit einem raschen Ueberblick über die bisherigen Entdeckungen in der höheren Mathematik, wobei er besonders die Leistungen Newton's hervorhebt, und giebt zuletzt eine kurze Notiz, wie er zur Entdeckung seiner neuen Rechnung gelangt ist.

So trat die große Entdeckung Leibnizens, die eine gänzliche Umgestaltung der Mathematik bewirken sollte, in die Oeffentlichkeit. Nach dem Bisherigen ist nicht zu verwundern, wenn sie von dem großen Haufen der Mathematiker nicht verstanden wurde und unbeachtet blieb. Zuerst erhoben sich zwei Stimmen außerhalb Deutschlands: der Schotte Joh. Craige rühmte in seiner Schrift: Methodus figurarum lineis rectis et curvis comprehensarum quadraturas determinandi, Lond. 1685, die Differentialrechnung als die vorzüglichste Methode zur Bestimmung der Tangenten der Curven; zwei Jahre später (1687) wandte sich Jacob Bernoulli aus Basel brieflich an Leibniz, um in die Geheimnisse der neuen Rechnung eingeweiht zu werden [1]. Letzterer hatte bereits eine größere Reise angetreten, die ihn mehrere Jahre von Hannover entfernt hielt, so daß Bernoulli's Brief bis zum Jahre 1690 unbeantwortet blieb. Dieser war indessen durch eigene Kraft und beharrliches Studium in das Mysterium eingedrungen; die Lösung des von Leibniz den Cartesianern 1687 vorgelegten Problems der isochronischen Curve, d. i. diejenige Curve zu finden, auf welcher ein schwerer Körper mit gleichförmiger Geschwindigkeit herabfällt, gab ihm Veranlassung dazu [2]. In Deutschland schenkte niemand der großen

[1]) Der erste Brief Jac. Bernoulli's an Leibniz ist vom 15. Decbr. 1687.

[2]) Jac. Bernoulli veröffentlichte die Lösung dieses Problems in den Act. Erudit. Lips. 1690. mens. Maj. Bemerkenswerth ist, daß darin zuerst das Wort Integral vorkommt. Es muß dies hervorgehoben werden, da später sein Bruder Joh. Bernoulli nicht allein den Ausdruck, sondern auch die ganze Integralrechnung gefunden zu haben sich anmaßte, während es feststeht, daß er von seinem ältern Bruder Jacob in der höheren Mathematik unterrichtet wurde. Leibniz nannte die Integralrechnung calculus summatorius; aus seiner Correspondenz mit Joh. Bernoulli geht hervor, daß beide sich im Jahre 1696 dahin einigten, daß Leibniz den Ausdruck summatio aufgab und dafür die von Joh. Bernoulli vorgeschlagene Bezeichnung calculus integralis sich gefallen ließ, dieser dagegen das von ihm angewandte Zeichen I mit dem Leibnizischen $\int$ vertauschte. — Da das Geschlecht der Bernoullier die Ausbildung der höheren Mathematik so mächtig gefördert hat, und da in der Folge öfters Mitglieder dieser Familie erwähnt werden, so dürfte eine Geschlechtstafel der Bernoullier hier eine passende Stelle finden.

Nicolaus Bernoulli, der Vater

Jacob 1654—1705	Nicolaus	Johann 1667—1748
	Nicolaus 1687—1759	Nicolaus 1695—1726 Daniel 1700—1782 Johann 1710—1790

Söhne des Johann (1710—1790):

Daniel	Johann 1744—1807	Jacob 1758—1789

Entdeckung Leibnizens Beachtung; der einzige der sie verstand, der Leibniz befreundete Tschirnhaus, verhielt sich indifferent.

Durch das Problem der isochronischen Curve hatte Leibniz die in der Geschichte der Mathematik öfters wiederkehrende Sitte, Aufgaben zur Lösung öffentlich zu stellen, wieder ins Leben gerufen; sie hat ganz besonders zur Förderung der höheren Mathematik beigetragen, indem dadurch die Kräfte der Mathematiker in vereinter Thätigkeit auf bestimmte Punkte gerichtet wurden. Leibniz selbst legte am Schluß der Abhandlung, in welcher er die Lösung des Problems der isochronischen Curve bekannt machte, eine neue Aufgabe vor: diejenige Curve zu finden, auf welcher ein fallender Körper von einem gegebenen Punkte gleichförmig sich entfernt oder ihm sich nähert (isochrona paracentrica). Sie war erheblich schwieriger als die erste, insofern die Trennung der Veränderlichen in der auf gewöhnliche Weise erhaltenen Differentialgleichung sich nicht ausführen ließ. Erst 1694 gelang es Jac. Bernoulli diese Schwierigkeit zu beseitigen; er fand als Gleichung der Curve $2\sqrt{t} = \int \frac{a\,dz}{\sqrt{aaz - z^3}}$. Hierauf machte auch Leibniz seine Lösung bekannt; er führte die Construction der Curve auf die Rectification einer algebraischen Curve zurück und bemerkte zugleich daß unendlich viele Curven der Aufgabe entsprächen. Bald flogen von allen Seiten Probleme herbei; Leibniz erschien regelmäßig mit den Koryphäen Hugens, Newton, den beiden Bernoulli, Marquis de l'Hospital auf dem Kampfplatz. Von diesen Problemen ist hier zuerst das der Kettenlinie zu erwähnen: die Curve zu finden, welche ein an beiden Enden aufgehangener gleichförmig schwerer, unausdehnsamer Faden bildet. Es war bereits von Galilei den Geometern vorgelegt worden, aber man hatte eine richtige Lösung nicht gefunden; jetzt wurde es wiederum von Jac. Bernoulli zur Sprache gebracht, um die Kräfte der neuen Rechnung daran zu prüfen. Ehe das Jahr abgelaufen war, das Jac. Bernoulli als Termin für die Behandlung bestimmt hatte, erschienen die Lösungen von

Leibniz, Hugens und Joh. Bernoulli (Act. Erudit. Lips. 1691. mens. Jun.). Die erste und letzte waren mit Hülfe der neuen Analysis vollbracht; dagegen hatte Hugens, der bisher noch kein rechtes Vertrauen dafür gewinnen konnte, seine Auflösung nach eigener Methode bewerkstelligt. Die Uebereinstimmung sämmtlicher drei Lösungen in den Resultaten bewirkte, daß die Zweifel über die Zuverlässigkeit der Leibnizischen Methode schwanden, und daß selbst Hugens die Vorzüge derselben vor dem bisherigen Verfahren anerkannte. Deshalb macht das Problem der Kettenlinie Epoche in der Geschichte der höheren Mathematik; es wurde der Prüfstein für die Richtigkeit der neuen Analysis; die früheren Methoden wurden verlassen, die neue Analysis hatte sich unwiderleglich bewährt. Dadurch daß Leibniz die Lösungen des Problems der Kettenlinie in den Journalen Frankreichs und Italiens veröffentlichte, wurde das Resultat allgemein bekannt. — Wenige Jahre später (1696) wurde von Joh. Bernoulli das Problem der Brachistochrone vorgelegt: es ist zwischen zwei Punkten in einer verticalen Ebene die Curve zu finden, auf welcher ein schwerer Körper in kürzester Zeit von einem Punkte bis zum andern gelangt. Leibniz, obwohl körperlich leidend, wurde von der Schönheit des Problems so ergriffen, daß er sofort nach Empfang von Bernoulli's Aufforderung die Lösung zu Stande brachte; er fand daß die Curve eine Cycloide ist die durch die Gleichung $\frac{dy}{dx} = \sqrt{\frac{x}{2b-x}}$ bestimmt wird. Die Analyse dieses Problems ist unter seinen hinterlassenen Manuscripten noch vorhanden; sie ist insofern von höchstem Interesse als Leibniz mit der einfachsten Betrachtung beginnend allmälig zu dem Problem aufsteigt und so seine Meisterschaft in der von ihm angelegentlichst empfohlenen „ars inveniendi" zeigt. Noch mehr als dies aber ist die Bemerkung hervorzuheben, die Leibniz seiner Untersuchung hinzufügt: Methodus hic a me adhibita etiam pro aliis lineis Maximum aut Minimum aliquid praestare debentibus est profutura, nempe si maximum vel minimum praecedentis sit pars maximi vel minimi sequentis. Es ist dasselbe Princip, das auch Jac. Bernoulli an die Spitze der Behandlung dieses Problems stellte[1]; es wurde der Ausgangspunkt, von dem aus Euler und Lagrange einen neuen Zweig der höheren Analysis, die Variationsrechnung, geschaffen haben. Die prophetischen Worte, mit denen Leibniz die Untersuchung dieses Problems schließt: Est in his novae cujusdam Analyseos materies, sind zur Wahrheit geworden[2]).

---

[1]) Das Lemma Jac. Bernoulli's lautet: Si curva $ACEDB$ talis sit quae requiritur, hoc est, per quam descendendo grave brevissimo tempore ex A ad B perveniat, atque in illa assumantnr duo puncta quantumlibet propinqua C et D: dico portionem curvae CED omnium aliarum punctis C et D terminatarum curvarum illam esse quam grave post lapsum ex A brevissimo quoque tempore emetiatur. Si dicas enim, breviori tempore emetiri aliam CFD, breviori ergo emetietur $ACFDB$ quam $ACEDB$, contra hypothesin.

[2]) Ausführlicher spricht Leibniz hierüber sich aus in der Abhandlung: Communicatio suae pariter duarumque alienarum ad edendum sibi primum a Dn. Joh. Bernoullio, deinde a Dn. Marchione Hospitalio communicatarum solutionum problematis curvae celerrimi descensus a Dn. Joh. Bernoullio Geometris publice propositi, una cum solutione sua problematis alterius ab eodem postea propositi (Act. Erudit. Lips. 1697): Est autem in hoc problematum genere, circa *maxima* et *minima* tali modo proposita, aliquid inusitatum et longe superans vulgares de maximis et minimis quaestiones, quibus solis Fermatius (primus aliqualis circa ipsa Methodi Autor) Cartesius, Huddenius, Slusius aliique methodos suas (de quibus quidem constat) aptavere. Nam in ipsorum quaestionibus res fere eo redit, ut quaeratur maxima vel minima ordinata alicujus curvae datae, quod non nisi corollarium est Methodi tangentium vulgaris seu directae. Sed hoc loco curva ipsa aliquid *optime* praestans quaeritur, cujus saepe adeo recondita est natura, ut ex datis conditionibus ne tangentium quidem proprietas appareat, adeoque nec ad methodum tangentium altiorem seu inversam facile quaestio reduci possit. Et ipsum problema Curvae Catenariae talis naturae foret, nisi praeparatione facta ad methodum tangentium inversam reducatur. Quaeritur enim ibi, quae sit forma curvae inter duo data puncta magnitudine data sic interceptae, ut ipsius centrum gravitatis maxime descendat. Unde apparet, quam longe hactenus Analysis a perfectione abfuerit, quicquid aliqui de Methodis suis jactarint. — Sieh. auch Leibnizens Correspondenz mit Joh. Bernoulli im Jahre 1695.

Alle diese Probleme nebst ihren Lösungen, durch die das Interesse für die Wissenschaft immer von neuem angeregt und der Fortschritt der höheren Analysis mächtig gefördert wurde, erschienen in den wissenschaftlichen Zeitschriften der damaligen Zeit und erhielten so eine allgemeinere Verbreitung; daneben bestand aber noch das frühere einzige Mittel des wissenschaftlichen Verkehrs unter den Gelehrten, der Briefwechsel, und namentlich hat Leibniz, seitdem er seinen Wohnsitz in Hannover genommen, auf seine wissenschaftliche Correspondenz eine ganz besondere Aufmerksamkeit verwandt. Durch sie vermochte er den mündlichen Ideenaustausch, nach dem er sich so oft sehnte, wenigstens zum Theil zu ersetzen. Er stand mit allen bedeutenden Mathematikern seiner Zeit in Correspondenz. Unter diesen ist die umfangreichste und wichtigste die mit Joh. Bernoulli; sie dauerte von 1693 bis zu seinem Tode.

An die Correspondenz zwischen Leibniz und Joh. Bernoulli knüpft sich der Ausbau der höheren Analysis und besonders der Integralrechnung, der Disciplin die Joh. Bernoulli die namhaftesten Erweiterungen zu verdanken hat. Leibniz, der in dieser Zeit sehr vielseitig beschäftigt war, benutzte diese Gelegenheit über früher Gefundenes, was in seinen Papieren ruhte, sich auszusprechen und namentlich die Lücken zu bemerken, die zur Vervollkommnung der Wissenschaft noch auszufüllen waren. Er verfolgte damals den Plan, über das gesammte Gebiet der höheren Analysis ein Werk unter dem Titel: Scientia infiniti abzufassen, wobei er auf die Mitwirkung der Brüder Bernoulli rechnete; leider kam zum größten Nachtheil für die Wissenschaft dieser Plan nicht zur Ausführung. Leibniz gab ihn vollständig auf, als de l'Hospitals Analyse des infiniment Petits pour l'intelligence des lignes courbes im Jahre 1696 erschien. — Sogleich in seinem ersten Schreiben an Joh. Bernoulli bezeichnet Leibniz zwei Punkte, worin die Integralrechnung noch mangelhaft sei, daß es erstens für die Construction der Curven besser sei, nicht die Quadratur, wie es gewöhnlich geschähe, als vielmehr die Rectification zu finden, und zweitens daß die Integrale auf gewisse nicht weiter reducirbare Formen zurückgeführt werden müßten. Da Joh. Bernoulli in seiner Antwort die Curven, die durch die Gleichung $a^x = y$ ausgedrückt werden, erwähnt und demnach die Integration logarithmischer Ausdrücke zur Sprache kommt, so zeigt Leibniz daß er $\int x^m (lx)^e dx$ finden könne. Er nimmt ferner Veranlassung, als ihm Joh. Bernoulli meldet, daß $\int y dx = xy - \frac{1}{1.2} x^2 \frac{dy}{dx} + \frac{1}{1.2.3} x^3 \frac{ddy}{dx^2} - \ldots$, einen ähnlichen Ausdruck für $\int x^e d^m y$ zu suchen. In einem folgenden Schreiben macht Leibniz Joh. Bernoulli auf die Uebereinstimmung aufmerksam, die zwischen den Potenzen eines Binoms und den Differentialen eines Products zweier von einander unabhängigen Veränderlichen stattfindet, und fordert ihn auf, etwas dem ähnliches für die Integrale aufzustellen. Er selbst giebt endlich einen Ausdruck für das $n$fache Integral eines Products zweier unabhängigen Veränderlichen, den er aus der Formel für das n^{te} Differential eines solchen Products herleitet. Damit wird diese Frage verlassen, die zuletzt gegen die Discussion über das Princip der Dynamik, wie es Leibniz in dem Streit mit den Cartesianern aufgestellt hatte, in den Hintergrund getreten war. Ein großer Theil der Correspondenz in den Jahren 1695 und 1696 wird von dieser Discussion in Anspruch genommen, erst gegen Ausgang des letzten Jahres kommt wiederum die Integration logarithmischer Ausdrücke zur Sprache. Das Jahr 1697 brachte Jac. Bernoulli's Auflösung des Problems der Brachistochrone; er legte zugleich zwei neue Probleme vor. Das erste war die berühmte isoperimetrische Aufgabe, das zweite lautete: von den unendlich vielen Cycloiden, die durch einen festen Punkt gehen und über derselben Basis beschrieben sind, diejenigen zu finden, auf welcher ein von dem festen Punkt herabfallender Körper in der kürzesten Zeit eine der Lage nach gegebene Linie erreicht. Joh. Bernoulli bestimmte die verlangte

Curve durch eine geometrische Construction, einen analytischen Ausdruck dafür konnte er jedoch nicht finden. Dies gelang Leibniz durch einen von ihm schon öfter angewandten Kunstgriff, indem er den constanten Parameter der Curve als eine Veränderliche betrachtete und dadurch den Uebergang von einer Curve zur andern möglich machte[1]). Er nannte dies Verfahren „differentiatio de curva in curvam". Leibniz erkannte sofort den wichtigen Fortschritt, der dadurch in der Behandlung der Probleme mittelst der höheren Analysis geschah; in der That die Auflösung des später so viel behandelten Problems der Trajectorien konnte so bewerkstelligt werden. Als Leibniz an Joh. Bernoulli hiervon Mittheilung machte (3. Aug. 1697), wurde dieser von Freude und Bewunderung so hingerissen, daß er seine unbegränzte Eitelkeit und Selbstüberschätzung einmal ganz vergaß und das offene Bekenntniß ablegte: Incredibili gaudio perfusus sum, cum viderem eundem genium Tibi totum mysterium pandisse; sed indignor quod Te altius admiserit quam me. — Quam vero ingeniose, quam acute illum (transitum a curva ad curvam) huic negotio accommodaveris, satis mirari nequeo; profecto nihil elegantius est neque excogitari potest quam modus ille Tuus differentiandi curvam per summam differentiuncularum numero infinitarum. Leibniz kam mit Joh. Bernoulli überein dieses neue Verfahren geheim zu halten; er selbst hat es auch niemals bekannt gemacht. Beide behaupteten dadurch ein Uebergewicht über die englischen Mathematiker; Leibniz hat es noch ein Jahr vor seinem Tode in dem großen Streit über den ersten Entdecker der höheren Analysis zur Geltung gebracht. Um diesen, wie er sagt, den Puls zu fühlen (ut pulsum Anglorum Analystarum nonnihil tentemus)

[1]) Daß der Parameter einer Curve als veränderlich betrachtet werden könnte, hatte Leibniz schon in der Abhandlung: De linea ex lineis numero infinitis ordinatim ductis inter se concurrentibus formata easque omnes tangente, ac de novo in ea re Analyseos Infinitorum usu (Act. Erudit. Lips. 1692) bemerkt.

legte er ihnen das Problem der rechtwinkligen Trajectorien vor (Invenire lineam quae ad angulos rectos secet omnes curvas determinati ordinis ejusdem generis, exempli causa omnes hyperbolas ejusdem verticis et ejusdem centri, idque via generali). Es wird erzählt, daß Newton, obwohl er sehr ermüdet um 4 Uhr Nachmittags nach Hause kam, die Lösung des Problems zu Stande brachte, bevor er sich zur Ruhe legte; aber sie war, wie Joh. Bernoulli zeigte, ungenügend, er besaß eben nicht das Instrument das die Mathematiker des Continents dem Genie Leibnizens verdankten. Es berührt unangenehm, daß nach dem Tode Leibnizens Joh. Bernoulli als Miterfinder desselben sich brüstete.

Wir kehren zu den Abhandlungen zurück die Leibniz selbst veröffentlicht hat. Durch die Uebereinstimmung der Lösungen, welche Leibniz, Hugens, die Bernoulli's von dem Problem der Kettenlinie gegeben hatten, und daß alle die Fragen, die sich an diese Curve knüpften, die Bestimmung der Tangenten, der Wendepunkte, Rückkehrpunkte, Krümmungskreise, Größtes und Kleinstes, Quadratur, Lage des Schwerpunktes, sich leicht und ohne Mühe mit Hülfe der neuen Analysis erledigen ließen, bewies diese letztere ihre Ueberlegenheit über die bisherigen alten Methoden aufs glänzendste. Dies zeigte sich namentlich auch in Betreff der Aufgabe, die der italienische Geometer Viviani den Analysten vorlegte; sie ist unter dem Namen der florentinischen Aufgabe bekannt, und verlangte die Quadratur der Oberfläche eines halbkugeligen Gewölbes, in dem vier gleiche Oeffnungen so eingebrochen sind, daß der Rest quadrirbar ist. Viviani besaß eine besondere Gewandtheit in dem Gebrauch der ältern Methoden und verstand die Hülfsmittel der Geometer des Alterthums zu verwenden. Seine Aufgabe machte den Analysten keine Schwierigkeit; Leibniz löste sie an demselben Tage (27. Mai 1692) an dem er sie erhielt; desgleichen Jac. Bernolli, der außerdem noch zeigte, daß es unendlich viele Auflösungen gäbe.

Leibniz fuhr fort das Gebiet der höheren Analysis zu erweitern. Nachdem er mit Jac. Bernoulli über die Auffassung des Krümmungskreises der Curven sich auseinandergesetzt und diesem gegenüber sein Versehen, daß die Krümmung nicht durch Zusammenfassen von vier Durchschnittspunkten, sondern nur von dreien zu bestimmen sei, zugestanden, zeigte er in der Abhandlung: Supplementum geometriae practicae sese ad problemata transcendentia extendens, ope novae methodi generalissimae per series infinitas (Act. Erudit. Lips. 1693), wie die Integration von logarithmischen und Kreisfunctionen durch Reihen mittelst der Methode der unbestimmten Coefficienten zu bewerkstelligen sei. Im folgenden Jahre 1694 erschien in den Act. Erudit. Lips. die Abhandlung: Nova calculi differentialis applicatio et usus ad multiplicem linearum constructionem ex data tangentium constructione. Sie ist bemerkenswerth, als darin zuerst das Beispiel einer singulären Auflösung vorkommt. Leibniz sucht nämlich darin die Lösung des Problems, die Curve zu finden, die unendlich viele der Lage nach gegebene (durch dieselbe Gleichung bestimmte) Curven berührt. Indem er die Constanten der Gleichung der Curve als veränderlich setzt, erhält er eine Reihe von einander durchschneidenden Curven; die Durchschnittspunkte bestimmen die gesuchte Curve. Dadurch daß er die Normalen dieser Durchschnittspunkte construirt, werden die letztern Punkte von einander durchschneidenden Kreisen deren Radien die Normalen sind. So ist es möglich die Gleichung der Curve mit der des Kreises in Verbindung zu bringen und eine der Constanten zu eliminiren; die andere wird als Function der Coordinaten der Curve bestimmt. Durch Substitution des Werthes derselben ergiebt sich die Gleichung der gesuchten Curve, die sich durch Abwesenheit einer willkührlichen Constanten von den durch Integration gewonnenen Gleichungen unterscheidet, was eben das charakteristische Merkmal einer singulären Auflösung ist[1]).

[1]) Joh. Bernoulli hat dasselbe Problem gelöst; er gelangte auf einem andern Wege zu demselben Resultat (Joh. Bernoulli Lect. calcul. integral. lectio XIV in ejusd. op. omn. Tom. III). Taylor gebraucht zuerst die

— Im Jahre 1696 löste Leibniz das von Jac. Bernoulli vorgelegte Problem, die Gleichung $ady = ypdx + by^n qdz$, wo p und q gegebene Functionen von x bezeichnen, durch Trennung der Veränderlichen zu integriren, indem er sie auf die Form $Zdv + Z'vdz + Z''dz$ brachte, wo Z, Z', Z'' Functionen von z darstellen. — Ganz besonders ist noch hervorzuheben, daß Leibniz zuerst ein Verfahren veröffentlicht hat, Brüche deren Nenner aus einer rationalen Function einer Unbekannten bestehen, in einfache Brüche zum Behuf der Integration zu zerlegen. Angeregt durch ein Problem Joh. Bernoulli's[1]) stellte Leibniz in zwei Abhandlungen, die in den Act. Erudit. Lips. 1702 und 1703 erschienen, zusammen was über diesen Gegenstand seine Papiere enthielten; er zeigt daß Brüche von der Form $\frac{\alpha + \beta x + \gamma x^2 + \delta x^3 + \cdots}{\lambda + \mu x + \xi x^2 + \pi x^3 + \cdots}$ in eine Summe von Brüchen, ein jeder von der Form $\frac{a}{x + b}$, zerlegt werden können; dagegen vermag er nicht, Ausdrücke wie $\int \frac{dx}{x^4 + a^4}, \int \frac{dx}{x^8 + a^8} \cdots$ zu bestimmen. Auch über die Integration irrationaler Ausdrücke hat Leibniz Untersuchungen angestellt; unter seinen Manuscripten fand sich eine Abhandlung mit der Aufschrift: Quadraturae irrationalium simplicium, aus dem Jahre 1705; er behandelt darin das Integral $\int X \sqrt[e]{P}\, dx$, wo X und P rationale Functionen derselben Unbekannten bezeichnen.

Neben diesen Erweiterungen des Gebietes der höheren Analysis, durch die Leibniz seine Meisterschaft bewies und den ersten

Bezeichnung „singularis quaedam solutio problematis“ (Meth. increment. p. 27). Später hat Clairaut die erste Erfindung der singulären Auflösungen sich angemaßt (dessen Mémoire sur les courbes dont la nature est exprimèe par une relation donnèe entre leurs branches in Mémoires de l'Académie des sciences pour 1734 p. 213). Vergl. Lagrange, Leçons sur le calcul des fonctions. Leç. XVII. — Bossut, Hist. des mathémat. Sec. édit. Tom. II. p. 126 sqq.

1) Sieh. dessen Schreiben vom 10. Jun. 1702 und die Beilage dazu.

Mathematikern seiner Zeit zur Seite trat, forderten die Angriffe, die auf die Sicherheit des Fundaments der Differentialrechnung gemacht wurden, ihn auf, auch darüber abwehrend und belehrend sich auszusprechen. Leibniz hatte — das lehrt die obige Darstellung der Erfindung des Algorithmus der höheren Analysis — durch Einführung des Summenzeichens und demzufolge des Zeichens für die Differenz eine neue Zeichensprache und dadurch die Grundlage für eine neue Rechnung gewonnen: sie war außerordentlich glücklich und passend zur Bezeichnung der dadurch ausgedrückten Begriffe gewählt. Er erkannte sofort, daß er hiermit einen speciellen Fall des großen Problems, das er bereits in seiner ersten Schrift ausgesprochen, daß nämlich wenn es möglich sei für einfache Begriffe die passenden Zeichen zu finden, dadurch neue Begriffe auf dem Wege der Rechnung aufgestellt werden könnten, gelöst habe. Leibniz operirte zunächst mit den neuen Zeichen, um die Rechnungsregeln der neuen Rechnung zu gewinnen; bekannte Lehrsätze, sowie die Combination seiner früheren Studien über die Zahlreihen waren ihm dabei behülflich. Besonders waren es die letzteren, die ihm feste Anhaltspunkte in formaler Hinsicht über den Zusammenhang der ursprünglich gegebenen Größen mit ihren Differenzen (oder Differentialen), über das umgekehrte Verhältniß zwischen Summen und Differenzen, über das Vorhandensein höherer Differentiale und vielfachen Summen (Integrale) gaben. Wenn nun auch dadurch Leibniz Gewißheit in Betreff der Richtigkeit und Zuverlässigkeit seiner neuen Rechnung erlangte, so erhoben sich doch Schwierigkeiten über die Auffassung des Werthes der durch die neue Bezeichnung dargestellten Größen, als es sich um die Anwendung derselben auf Geometrie handelte. Daß die Größen dx, dy, dz, dv ... jeden beliebigen Werth annehmen könnten, ergab sich Leibniz sofort aus der Betrachtung der Zahlreichen; dem kam entgegen die seit Archimedes übliche geometrische Vorstellung, daß wenn einer krummlinig begränzten ebenen Figur ein Polygon eingeschrieben und seine Seitenzahl fortwährend verdoppelt wird, der Umfang desselben sich dem Umfang jener ins Unbegränzte nähert, so daß der Unterschied verschwindend klein wird; auch hier nehmen die Seiten nach und nach verschiedene Werthe an; sie werden zuletzt „quantitates inassignabiles“. Leibnizens Vorgänger, wie Fermat, hatten sie, nachdem sie dieselben als Hülfsmittel zur Rechnung gebraucht hatten in Vergleich zu andern bestimmten Größen geradezu vernachlässigt oder = 0 gesetzt. Diesen Widerspruch mußte Leibniz vermeiden, insofern sonst die Existenz der höheren Differentiale auf dem Spiele stand. Er kam deshalb darauf, an die Stelle des von den quantitatibus inassignabilibus, den Differentialen der Abscisse und Ordinate und dem unendlich kleinen als gerade Linie betrachteten Curvenstück gebildeten Dreieck (triangulum characteristicum) ein proportionales Dreieck, das mit Hülfe von „quantitates assignabiles“ gebildet war, zu setzen und die Ergebnisse aus dem letzteren auf das erstere zu übertragen. Dies ist offenbar der Sinn jener Stelle in der Abhandlung von 1684: Nova methodus pro maximis et minimis etc., in welcher es heißt: Demonstratio omnium facilis erit in his rebus versato et hoc unum non satis expensum consideranti, ipsas dx, dy, dv, dw, dz, ut ipsarum x, y, v, w, z (cujusque in sua serie) differentiis sive incrementis vel decrementis momentaneis proportionales haberi posse. Und an dieser Vorstellung hat Leibniz immer festgehalten. Freilich war dieser Uebergang von den quantitates assignabiles zu den quantitatibus inassignabilibus mathematisch nicht ohne Schwierigkeit zu demonstriren, denn wenn auch Leibniz erkannte, daß dies mit Hülfe der Archimedischen Exhaustionsmethode möglich sei, so war doch die Loslösung derselben von geometrischen Anschauungen mit ganz besondern Abstractionen verknüpft. Bietet doch noch gegenwärtig dieser Uebergang erhebliche Schwierigkeiten. Aus diesem Grunde unterließ Leibniz höchst wahrscheinlich die Begründung der Rechnungsregeln in seiner ersten Bekanntmachung des Algorithmus der Differentialrechnung. Unter seinen hinterlassenen Manuscripten finden sich mehrere Entwürfe dieser ersten Bekanntmachung, in welchen er auch die Begründung der Rechnungsregeln versucht hat; da sie aber mit Hülfe der unendlich kleinen Größen geschieht, wobei offenbar Widersprüche hervortreten, so legte er sie wiederum bei Seite. Erst nachdem durch die Lösungen des Problems der isochronischen Curve und besonders des Problems der Kettenlinie, die zum Theil nach der alten Methode behandelt übereinstimmende Resultate ergaben, Sicherheit über die Zuverlässigkeit der neuen Methode gewonnen war und sie von den ersten Mathematikern seiner Zeit anerkannt wurde, sprach sich auch Leibniz über das Wesen der Differentiale aus, wobei er allerdings in seinen Ausdrücken sich nicht sehr wählerisch zeigte, wie in der Abhandlung: Tentamen de coelestium causis, vom Jahre 1689. Er gebraucht daselbst die Bezeichnung „quantitates incomparabiliter parvae“, welche er durch Beispiele, wie die Vergleichung zwischen Erde und Himmel, deutlich zu machen sucht, und deren Gebrauch keinen erheblichen Irrthum, wenigstens einen kleineren als irgend eine angebbare Größe hervorbringt. Die Differenzen solcher Größen sind „infinities infinite parvae“; daher giebt es, wie Leibniz weiter bemerkt „infiniti gradus tam infinitorum quam infinite parvorum“. Er meint, daß die Anwendung solcher Größen keinen Schwierigkeiten unterliegt, insofern an die Stelle der von ihnen gebildeten Dreiecke „triangula communia inassignabilibus illis similia“ gesetzt werden könnten. Solche Ausdrücke und Wendungen mochten wohl dem genialen Mathematiker genügen, der die Lösung eines Problems mit sicherer Hand zu Stande brachte, schwerlich aber dem großen Haufen, der nur in gewohnten Bahnen auf sicherster Grundlage sich bewegte. Und wie sollte der zur klaren Einsicht kommen, der eben in die Elemente der höheren Analysis sich hineinarbeiten wollte?

Den Ansprüchen, welche die strenge formale Wissenschaft erhebt, gab der holländische Mathematiker Nieuwentiit Ausdruck in der Schrift: Considerationes circa Analyseos ad quantitates infinite parvas applicatae principia et calculi differentialis usum in resolvendis problematibus geometricis, Amstelod. 1694, auf welche er im nächsten Jahre eine nach seinen Ideen verfaßte Analysis infinitorum folgen ließ. Da die darin enthaltenen Angriffe rein im Interesse der Wissenschaft geschahen, so beschloß Leibniz zu antworten. Nieuwentiit's Ausstellungen bezogen sich wesentlich auf drei Punkte: 1) daß die Differential- und Integralrechnung ebenso wie andere Methoden die unendlichkleinen Größen vernachlässige, und sie = 0 setze; 2) daß die Rechnung nicht auf die Curven angewandt werden könne, in deren Gleichungen die Unbekannte im Exponenten vorkommt; 3) daß wenn auch die Existenz der Differentiale ersten Grades zugegeben würde, die höheren Grade nicht vorhanden wären. Hierauf antwortete Leibniz in der Abhandlung: Responsio ad nonnullas difficultates a Dn. Bernardo Nieuwentiit circa methodum differentialem seu infinitesimalem motas (Act. Erudit. Lips. 1695), daß eine neue Methode von der man die Ueberzeugung habe, daß sie zu Richtigem führe, nicht zu verwerfen sei, insofern sonst der Fortschritt der Wissenschaft aufgehalten und der Weg zu neuen Entdeckungen versperrt würde. In Betreff der unendlichkleinen Größen stützt er sich auf das was bereits oben aus dem Jahre 1689 erwähnt ist, und deckt sich durch die Autorität Archimed's, der in der Anwendung der Exhaustionsmethode ebenso verfahren wäre und durch die deductio ad absurdum den strengen Anforderungen genügt hätte. Bei weiterer Ueberlegung konnte Leibniz sich nicht verhehlen, daß zur gründlichen Beseitigung der erhobenen Einwürfe das Beigebrachte nicht ausreiche; er ließ deshalb noch in demselben Jahre 1695 einen Zusatz zu der oben erwähnten Abhandlung in die Act. Erudit. Lips. einrücken, in dem er, um die Existenz der Differentiale aller Ordnungen zu zeigen, auf das zurückgeht was er in seiner ersten Abhandlung vom Jahre 1684 als Grundlage gegeben hatte, daß nämlich die quantitates inassignabiles stets durch quantitates assignabiles iis proportionales ausgedrückt werden könnten und daß demnach die Differentialrechnung gewissermaßen als eine Rechnung mit gewöhnlichen Größen aufzufassen sei. Hieran hielt Leibniz auch fest, als einige Jahre später im Jahre 1700 ein neuer ähnlicher Angriff im Journal de Trevoux sich wiederholte. In seinem Nachlaß ist noch die Abhandlung vorhanden, in der er darauf antwortete. Sie ist insofern interessant, als Leibniz darin den Versuch macht, mittelst des Begriffs des Continuirlichen (lex continuitatis) oder nach gegenwärtiger Ausdrucksweise, mittelst des Begriffs der Gränze den Uebergang von den „quantitates assignabiles“ zu den „quantitates inassignabiles, quantitates infinite parvae etc.“ zu erläutern und zu rechtfertigen, indem er von dem Postulat ausgeht: Proposito quocunque transitu continuo in aliquem terminum desinente, liceat ratiocinationem communem instituere, qua ultimus terminus comprehendatur. Auf Grund dessen ist es zulässig und in der Geometrie immer üblich gewesen, die Parabel als eine Ellipse aufzufassen, deren zweiter Brennpunkt in unendlicher Entfernung liegt; zwei Parallelen als convergente Linien zu betrachten die einen unendlichkleinen Winkel bilden, und dadurch sind jene Ausdrücke, wie quantitates infinite parvae etc. entstanden und des bequemen Gebrauches wegen beibehalten worden. Ob aber diese unendlichkleinen und unendlichgroßen Größen wirklich existiren (reales) und streng mathematisch (in sensu rigoroso ac metaphysico) nachzuweisen seien, das läßt Leibniz unentschieden (fateor posse in dubium vocari); er meint, die Discussion darüber verliere sich in metaphysische Dispüte über die Zusammensetzung des Continuums, womit die Geometrie nichts zu schaffen habe. Ja, es sei nicht einmal nöthig zu entscheiden, ob die unendlichkleinen Größen als Null oder als wirkliche Größen aufzufassen seien, da mit denselben ebenso wie in der Algebra mit den imaginären Ausdrücken gerechnet werden könnte. Es genügt ihm, daß er sich hierin in Uebereinstimmung weiß mit allen großen Mathematikern seit Archimedes.

Es ist hier des Streites über den ersten Entdecker der Differentialrechnung, durch den die letzten Lebensjahre Leibnizens beunruhigt wurden, zu gedenken. Es muß zugestanden werden, daß Leibniz durch eine gewisse Ruhmredigkeit und Eitelkeit, womit er seine Entdeckung bei jeder Gelegenheit hervorhob, zum Theil wenigstens dazu Veranlassung gegeben hat. Nachdem der Funke längere Zeit im Geheimen geglimmt[1]), brach die Flamme im Jahre 1699 hell hervor. Der schweizerische Mathematiker Nicolas Fatio de Duillier, seit 1691 in England lebend und mit Newton bekannt, glaubte sich dadurch zurückgesetzt daß er nicht besonders, wie die übrigen namhaften Mathematiker, zur Lösung des Problems der Brachistochrone aufgefordert worden war; noch mehr aber wurde seine Empfindlichkeit gereizt, als Leibniz in den einleitenden Worten, mit welchen er die eingegangenen Auflösungen des genannten Problems in den Act. Erudit. Lips. bekannt machte, bemerkte, daß nur diejenigen das Problem zu lösen vermocht, von denen er es im voraus angenommen hätte. Fatio fühlte sich dadurch aufs schwerste getroffen, daß ihm nun auch die Fähigkeit zur Behandlung des Problems abgesprochen wurde. Er veröffentlichte deshalb zu London im Jahre 1699 die kleine Schrift: Lineae brevissimi descensus investigatio geometrica duplex, cui addita est investigatio geometrica Solidi rotundi, in quod minima fiat resistentia, in welcher er seine Meinung über den wahren Entdecker der höheren Analysis offen ausspricht. Quaeret forsan — so lauten seine Worte — Cl. Leibnitius, unde mihi cognitus sit iste Calculus quo utor. Ejus equidem fundamenta ac plerasque Regulas proprio Marte Anno 1687 circa mensem Aprilem et sequentes aliisque deinceps annis inveni, quo tempore neminem eo Calculi genere praeter meipsum

---

[1]) Sieh. die Correspondenz zwischen Fatio de Duillier und Hugens in Uylenbrock, Ch. Hugenii aliorumque seculi XVII virorum celebrium exercitat. math. Hagae Comit. 1833. Tom. II. p. 99—131.

uti putabam. Nec mihi minus cognitus foret, si nondum natus esset Leibnitius. Aliis igitur glorietur Discipulis, me certe non potest. Quod satis patebit, si olim Literae quae inter clarissimum Hugenium meque intercesserunt, publici juris fiant. Newtonum tamen primum ac pluribus annis vetustissimum hujus Calculi Inventorem ipsa rerum evidentia coactus agnosco: a quo utrum quicquam mutuatus sit Leibnitius, secundus ejus Inventor, malo eorum quam meum sit judicium, quibus visae fuerint Newtoni Literae aliique ejusdem manuscripti Codices. Neque modestioris Newtoni silentium aut prona Leibnitii sedulitas inventionem hujus Calculi sibi passim tribuentis ullis imponet, qui ea pertractarint quae ipse evolvi Instrumenta[1]). Die Zurückweisung des Verdachtes, daß Leibniz möglicherweise in Betreff der Erfindung der Differentialrechnung ein Plagiarius sein könne, ist hier nicht weiter zu erörtern; dieser Vorwurf ist durch die obige Darstellung erledigt. Es bleibt hier nur zu untersuchen, ob Newton früher als Leibniz das geleistet hat, worauf es ankam, den Begriff des Continuirlichen allgemein durch Zeichen auszudrücken und Rechnungsregeln darüber aufzustellen. Die von Newton beigebrachten Documente sind: die Abhandlung De analysi per aequationes numero terminorum infinitas, die Methodus fluxionum, seine beiden Briefe an Leibniz aus dem Jahre 1676, und die Bemer-

---

[1]) In Jos. Raphson's Schrift: The history of fluxions, London 1715, welche mit dem obigen Citat aus Fatio's Abhandlung schließt, ist dazu die folgende Bemerkung gemacht: N. B. Mr. Fatio wrote this as a Witness. He related what he had seen, and his Testimony is the stronger, because it was against himself, and he was no Englishman. He understood the Methods of us all, and by what he had seen and understood, he was able to make a true Judgment. — Diese Bemerkung wird von des Maizeaux in Recueil de diverses pièces sur la philosophie etc., Amsterd. 1720, französisch reproducirt mit der Aufschrift: Remarque de Mr. Newton. Da beide Schriften sowohl die Raphson's als die von des Maizeaux bei Lebzeiten Newton's erschienen sind, so dürfte anzunehmen sein, daß letzterer der Verfasser der in Rede stehenden Bemerkung ist.

fungen, welche Newton zu einem Briefe Leibnizens an Conti vom 9. April 1716 gemacht hat. In den letzteren verbreitet er sich am ausführlichsten über die Erfindung der Fluxionen und über die Zeit, in der sie entstanden ist[1]). Newton versichert,

---

[1]) Der ursprüngliche Text dieser Bemerkungen findet sich in Raphson's The history of fluxions p. 111—119; die betreffende Stelle lautet: And am not I as good a Witness that I invented the Methods of Series and Fluxions in the Year 1665, and improved them in the Year 1666, and that I still have in my Custody several Mathematical Papers written in the Years 1664, 1665, and 1666, some of which happen to be dated; and that in one of them dated the 13th of Novemb. 1665, the direct Method of Fluxions is set down in these Words:

Prob. An Equation being given, expressing the Relation of two or more Lines x, y, z etc. described in the same time by two or more moving Bodies A, B, C etc. to find the Relation of their Velocities p, q, r etc.

Resolution. Set all the Terms on one side of the Equation, that they become equal to nothing. Multiply each Term by so many Times $\frac{p}{x}$ as x hath Dimensions in that Term. Secondly, Multiply each Term by so many Times $\frac{q}{y}$ as y hath Dimensions in it. Thirdly, Multiply each Term by so many Times $\frac{r}{z}$ as z hath Dimensions in it etc. The Some of all these Products shall be equal to nothing. Which Equation gives the Relation of p, q, r etc. And that this Resolution is there illustrated with Examples, and demonstrated, and applied to Problems about Tangents, and the Curvature of Curves. And that in another Paper dated the 16th of May 1666, a general Method of resolving Problems by Motion, is set down in Seven Propositions, the last of which is the same with the Problem contained in the aforesaid Paper of the 13th of Novemb. 1665. And that in a small Tract written in Novemb. 1666 the same Seven Propositions are set down again, and the Seventh is improved by shewing how to proceed without sticking at Fractions or Sourds, or such Quantities as are now called Transcendent. And that an Eighth Proposition is here added, containing the Inverse Method of Fluxions so far as I had then attained it, namely, by Quadratures of Curvilinear Figures, and particularly by the three Rules upon which the Analysis per Aequationes numero terminorum infinitas, is founded, and by most of the Theorems set down in the Scholium to the Tenth Proposition of de Book of Quadratures. And that in this Tract, when

daß er die Methode der Reihen und Fluxionen im Jahre 1665 gefunden und im folgenden Jahre weiter ausgebildet habe. Aus einem Manuscript, welches vom 13. November 1665 datirt ist, führt er die Behandlung des Problems an, zu einer gegebenen Gleichung die Fluxionsgleichung zu suchen, worin die directe Methode der Fluxionen erhalten sei, und bemerkt, daß er auf dieselbe Weise die Tangenten und Krümmungen der Curven bestimmt habe. In einer kleinen Abhandlung, die im November 1666 geschrieben ist, habe er die Methode so weit vervollkommnet, daß sie auf Brüche und Transcendenten anwendbar war. Am Schluß derselben habe er das Verfahren, wie aus der Fluxion die Fluente zu finden sei, soweit er es damals in seiner Gewalt hatte, hinzugefügt. Newton zeigt, daß er bei Abfassung dieser Abhandlung im Stande war, aus einer Fluxionsgleichung die der Fluenten herzuleiten, jedoch nur für die Glieder, die ganze algebraische Functionen enthielten, vor den Gliedern, in welchen Brüche vorkommen, schreibt er zur Bezeichnung des Integrals das Zeichen $\square$[1]); er bemerkt auch, daß er sich zu-

---

the Area arising from any of the Terms in the Valor of the Ordinate cannot be expressed by vulgar Analysis, I represent it by prefixing the Symbol $\square$ to the Term. As if the Abscissa be x, and the Ordinate $ax - b + \frac{bb}{a+x}$, the Area will be $\frac{1}{2}axx - bx + \square\,\frac{bb}{a+x}$. And that in the same Tract I sometimes used a Letter with one Prick for Quantities involving first Fluxions; and the same Letter with two Pricks for Quantities involving second Fluxions. And that a larger Tract which I wrote in the Year 1671, and mentioned in my Letter of the 24th of Octob. 1676, was founded upon this smaller Tract, and began with the Reduction of finite Quantities to converging Series, and with the Solution of these two Problems: 1. Relatione Quantitatum fluentium inter se data, Fluxionum relationem determinare. 2. Exposita aequatione Fluxiones Quantitatum involvente, invenire relationem Quantitatum inter se. And that when I wrote this Tract, I had made my Analysis composed of the Methods of Series and Fluxions together, so universal, as to reach to almost all Sorts of Problems, as I mentioned in my Letter of the 13th of June 1676, and that this is the Method described in my Letter of the 10th of Decemb. 1672.

[1]) Um dieselbe Zeit entstand auch die Abhandlung: De analysi per

weilen (sometimes) der punktirten Buchstaben zur Bezeichnung der Fluxionen bedient habe. Diese kleine Abhandlung führte Newton im Jahre 1671 weiter aus, wie er in dem Schreiben an Leibniz vom 24. October 1676 erwähnt, um sie zugleich mit einer Schrift über die Brechung des Lichtes und die Farben herauszugeben: aber die Vollendung derselben unterblieb[1]). Sie bietet indeß ein vollständiges Bild von dem, worauf es hier ankommt: über den Algorithmus der Fluxionsrechnung und die Anwendung desselben. Newton schickt auch hier die Entwickelung der Quotienten in Reihen mittelst Division, die Ausziehung der Quadratwurzel und die Darstellung der Wurzeln einer Gleichung in unendliche Reihen (reductio affectarum aequationum in series infinitas) als Hülfsoperationen für das Folgende voraus. Er bemerkt, indem er zur Fluxionsrechnung übergeht, daß die Schwierigkeiten die diese Lehre darbietet, in zwei Probleme sich zusammenfassen lassen: 1) Wenn die Länge eines beschriebenen Raumes für jeden Zeitpunkt gegeben ist, die Geschwindigkeit der Bewegung für jeden Zeitpunkt zu finden; 2) wenn die Geschwindigkeit der Bewegung für jeden Zeitpunkt gegeben ist, die Länge des am Ende einer bestimmten Zeit durchlaufenen Raumes zu finden. Er nennt „quantitates fluentes" die Größen die wachsen

---

aequationes numero terminorum infinitas, in der Newton die Fluxionen von ganzen algebraischen Functionen angiebt, Brüche dagegen und irrationale Ausdrücke werden in Reihen entwickelt. Das Integral von gebrochenen Ausdrücken bezeichnet er z. B. durch $\boxed{\frac{aa}{64x}}$. Punktirte Buchstaben finden sich darin nicht. Diese Abhandlung wurde mit Zustimmung Newton's erst im Jahre 1711 veröffentlicht.

[1]) Diese unvollendete Schrift wird gewöhnlich unter dem Titel: Methodus fluxionum angeführt; sie erschien erst längere Zeit nach Newton's Tode im Jahre 1736, von Colson ins Englische übersetzt. Dr. Pemberton (ein junger Arzt, der in den letzten Lebensjahren Newton's viel um ihn war) berichtet, daß er Newton bewogen habe, noch bei seinen Lebzeiten diese Abhandlung herauszugeben. Da der letzte Theil der Abhandlung unvollendet war, so wollte ihm Newton noch andere Papiere mittheilen, um das Fehlende zu ergänzen, aber der Tod Newton's hinderte die Ausführung des Planes.

oder abnehmen, die Geschwindigkeiten, womit diese Zunahme oder Abnahme geschieht, Fluxionen. Bezeichnen x, y die Fluenten, $\dot{x}$, $\dot{y}$ die Geschwindigkeiten (Fluxionen), mit welchen die Fluenten sich bewegen, so sind $\dot{x}o$, $\dot{y}o$ (o bezeichnet irgend einen kleinen Zeittheil) die den Geschwindigkeiten proportionalen Zunahmen oder Abnahmen der Fluenten; die letzteren nennt Newton Momente, an deren Stelle die ihnen proportionalen Geschwindigkeiten gesetzt werden können. Demnach können die wachsenden Fluenten entweder durch $x + \dot{x}o$, $y + \dot{y}o$ .... oder durch $x + \dot{x}$, $y + \dot{y}$ .... dargestellt werden. Die Regel, welche Newton für die Lösung des ersten Problems giebt, ist dieselbe wie die obige aus dem Manuscript vom 13. November 1665; sie ist nur auf ganze rationale Functionen anwendbar, Brüche und irrationale Ausdrücke müssen vorher beseitigt werden. Sie ist demnach keineswegs allgemein, und man sieht, daß Newton in der Zeit von 1665 bis 1671 in der Vervollkommnung der Fluxionsrechnung keine Fortschritte gemacht hat. Noch viel weniger vermag Newton das zweite Problem, aus einer Fluxionsgleichung das Verhältniß der Fluenten zu finden, direct und allgemein zu lösen: er zeigt wie in speciellen Fällen zu verfahren ist, und hilft sich daß er die Ausdrücke in Reihen entwickelt. Ein Algorithmus zur Bezeichnung dessen was das Integralzeichen ausdrückt, fehlt ganz. Demnach muß zugestanden werden, daß die Ausbildung der formalen Seite der Fluxionsrechnung bis zum Jahre 1671 äußerst mangelhaft erscheint; Rechnungsregeln, um die Fluxionen von Producten, Quotienten, Wurzelausdrücken zu finden, sind nicht vorhanden. Dieser Mangel zeigt sich nun ganz besonders in den Anwendungen der Fluxionsrechnung auf die Probleme zur Bestimmung der Tangenten, Maxima und Minima, der Rectification und Quadratur der Curven: Newton vermag diese Probleme entweder nur particulär oder indirect aufzulösen. Hierdurch ist offenbar auch zu erklären, daß er in seinem berühmten Werke: Philosophiae naturalis principia mathematica, das im Jahre 1687 erschien, die Fluxionsrechnung nicht zur Anwendung brachte und sie durch die Methode der ersten und letzten Verhältnisse (methodus rationum primarum et ultimarum) d. i. der Gränzen ersetzte; die Ausbildung der Fluxionsrechnung genügte ihm nicht. Nimmt man hinzu, daß die Herleitungen für die Fluxionen eines Products und einer Potenz, die in diesem Werke vorkommen (Phil. nat. princip. math. Ed. prim. p. 251 sqq.) ziemlich unhaltbar sind und zu der Annahme berechtigen, daß sie den von Leibniz gefundenen Ausdrücken nachgebildet sind; erwägt man ferner daß in demselben Werke (p. 263 der ersten Ausgabe) die Werthe der zweiten, dritten u. s. w. Fluxionen unrichtig angegeben werden, ein Fehler der sich in der von Newton 1704 herausgegebenen Abhandlung De quadratura curvarum wiederholt[1]), so liegt

---

[1]) In dieser Abhandlung sagt Newton: Quantitatum fluentium Fluxiones esse primas, secundas, tertias, quartas, aliasque, diximus supra. Hae Fluxiones sunt ut Termini Serierum infinitarum convergentium. Ut si z^n vit Quantitas fluens et fluendo evadat $\overline{z+o}^n$, deinde resolvatur in Seriem convergentem

$$z^n + noz^{n-1} + \frac{nn-n}{2}ooz^{n-2} + \frac{n^3-3nn+2}{6}o^3z^{n-3} + \text{etc.}$$

Terminus primus hujus Seriei z^n erit Quantitas illa fluens, secundus noz^{n-1} erit ejus Incrementum primum seu Differentia prima, cui nascenti proportionalis est ejus Fluxio prima; tertius $\frac{nn-n}{2}ooz^{n-2}$ erit ejus Incrementum secundum seu Differentia secunda, cui nascenti proportionalis est ejus Fluxio secunda; quartus $\frac{n^3-3nn+2n}{6}o^3z^{n-3}$ erit ejus Incrementum tertium seu Differentia tertia, cui nascenti Fluxio tertia proportionalis est, et sic deinceps in infinitum. — Joh. Bernoulli rügt diesen Fehler in seinem Schreiben an Leibniz vom 11. November 1712, und zieht den Schluß, daß Newton damals noch keine klare Vorstellung über die Werthe der Fluxionen höherer Ordnungen gehabt habe. In einem spätern Schreiben vom 7. Juni 1713 zeigt Joh. Bernoulli, daß Newton in diesem Irrthum bis zum Jahre 1711 geblieben sei, denn um diese Zeit habe sein Neffe, Nicolaus Bernoulli, auf einer Reise durch England von Newton ein Exemplar des eben erschienenen Werkes: Analysis per quantitatum series, fluxiones ac differentias, cum enumeratione linearum tertii ordinis (eine von Jones im Jahre 1711 herausgegebene Sammlung von Newton's kleineren Schriften, darunter die Abhandlung: De quadratura curvarum)

der Vergleich nicht fern, daß die Fluxionsrechnung Newton's zu der Differentialrechnung Leibnizens sich wie ein roher Marmorblock zu der durch Künstlers Hand daraus geschaffenen Statue verhält. Das vornehmste Instrument in den Händen Newton's zur Behandlung der Probleme der höheren Mathematik war die Entwickelung der Ausdrücke in unendliche Reihen; er wurde durch die Entdeckung des binomischen Lehrsatzes darauf geführt. Um den Gebrauch von unendlichkleinen Größen zu vermeiden und den Begriff des Continuirlichen in die Rechnung einzuführen, verband er hiermit die Vorstellung, daß die Größen mittelst Bewegung (fluere) zu- und abnehmen, welche bereits Cavalieri, Napeir, Barrow in die Geometrie eingeführt hatten. So läßt sich der erwähnte Fehler in Betreff der Bestimmung des Werthes der zweiten, dritten u. s. w. Fluxion erklären. — Die einheitliche Durchbildung des Algorithmus, welche die höhere Analysis Leibniz verdankt, fehlt der Fluxionsrechnung; deshalb gilt Leibniz als der erste Entdecker des Algorithmus der höheren Analysis.

Der von Leibniz so glücklich gewählten Charakteristik sind alle die großen Fortschritte zu verdanken, die seitdem auf dem Gebiet der höheren Analysis gemacht worden sind. Die Einführung derselben war aber nicht etwa ein zufälliger günstiger Griff, es war vielmehr ein Ausfluß des Bewußtseins, daß von einer passend gewählten Zeichensprache der Fortschritt der Wissenschaft abhängt. Dasselbe Mittel hat Leibniz auch in andern mathematischen Disciplinen, in der Algebra und Geometrie, zur Anwendung gebracht und dadurch Erfolge erzielt.

Sogleich beim Beginn seiner mathematischen Studien während

---

zum Geschenk erhalten, in welchem bei den Stellen „tertius $\frac{nn - n}{2} oo z^{n-2}$ erit ejus incrementum secundum", und „quartus $\frac{n^3 - 3nn + 2n}{6} o^3 z^{n-3}$ erit ejus incrementum tertium" das Wort „ut" beigeschrieben sei, so daß es nun heiße „erit ut ejus" 2c. Deshalb vermuthet Joh. Bernoulli, daß Newton entweder kurz vor dieser Zeit den Fehler bemerkt habe, oder auch von seinem Neffen eines Besseren belehrt worden sei.

seines Aufenthalts in Paris zeigte Leibniz, daß zur Auflösung der cubischen Gleichungen die Cardanische Formel in allen Fällen, was noch nicht nachgewiesen war, ausreiche[1]). Durch das Eintreffen von Tschirnhaus in Paris (September 1675), der sich damals besonders um die allgemeine Auflösung der Gleichungen bemühte, und durch die gemeinsamen Arbeiten mit ihm wurde auch Leibnizens Aufmerksamkeit auf das eben erwähnte Problem gelenkt. Aus einem Briefe Leibnizens an Tschirnhaus, der im Jahre 1678 oder 1679 geschrieben und in der Correspondenz beider abgedruckt ist, ersieht man, welche Wege sie einschlugen, um zur Lösung dieses Problems zu gelangen; zugleich zeigt Leibniz darin, warum diese Methoden nicht zum Ziele führen konnten. Da nämlich die Schwierigkeiten hauptsächlich darin bestanden, daß die für die Coefficienten erhaltenen Ausdrücke in Betreff ihrer Entstehung und Zusammensetzung sich schwer übersehen ließen und Rechnungsfehler nur mit Mühe aufgefunden werden konnten, so ersann Leibniz um dieselbe Zeit ein Mittel, durch eine besondere Bezeichnung der Coefficienten die bei der Elimination der Unbekannten gewonnenen Ausdrücke übersichtlicher darzustellen und den Gang der Rechnung einer schnellen Controle zu unterwerfen. Er führte nämlich an die Stelle der Buchstabencoefficienten fingirte Zahlen ein, so daß z. B. in den Gleichungen

$$10 + 11x + 12y = 0$$
$$20 + 21x + 22y = 0$$
$$30 + 31x + 32y = 0$$

von den fingirten Zahlen 10, 11, 12, 20, 21, 22, 30, 31, 32 jede Ziffer rechts anzeigte, zu welcher der Unbekannten sie gehört, und jede Ziffer links, in welcher Gleichung, ob in der ersten, zweiten, dritten, sie ursprünglich vorkommt. Dadurch wurde es Leibniz zunächst möglich, einen Canon für die Elimination der Unbekannten aus Gleichungen, die den ersten Grad nicht

[1]) Sieh. Leibnizens erstes Schreiben an Hugens, worin er sich darüber ausführlich verbreitet.

übersteigen, aufzustellen, welchen er sofort auf zwei Gleichungen von höheren Graden, die nur eine Unbekannte enthalten, ausdehnte. Mit Recht hat Leibniz darin eine „Nova Algebrae promotio“ erkannt[1]); die erste Entdeckung der Determinanten, die den Fortschritt der Wissenschaft in neuerer Zeit so ungemein gefördert haben, ist auf ihn zurückzuführen[2]).

Auch auf dem Gebiet der Geometrie hat Leibniz mittelst einer Charakteristik eine neue Bahn eröffnet. Die Behandlung geometrischer Probleme mit Hülfe der Algebra, wie sie durch Viète und Descartes üblich geworden war, genügte insofern nicht allen Anforderungen, als die Darstellung der algebraisch gewonnenen Resultate durch Construction in Vergleich zu den durch Einfachheit und Eleganz mustergültigen Leistungen der Geometer des Alterthums weit zurückstand. Da bei dieser Behandlung nicht alle Beziehungen, welche die geometrische Figur darbietet, sondern nur die Quantität der geometrischen Größen in Betracht gezogen wurde, so kam Leibniz auf die Idee, daß die bemerkten Schwierigkeiten beseitigt werden könnten, wenn außer der Quantität auch die Qualität d. h. die Form der geometrischen Größen berücksichtigt würde; denn das sei die wahre geometrische Analysis, die nicht bloß die Gleichheit und Proportionalität in Betracht ziehe, sondern auch die Aehnlichkeit, die aus der Form der Figur entspringt, und die Congruenz, die durch die Verbindung der Gleichheit und Aehnlichkeit hervorgeht. Insofern nun nach der allgemein angenommenen Sitte, die Eckpunkte der Figuren zu bezeichnen, durch die dazu gebrauchten Buchstaben allein theilweise schon Eigenschaften der Figuren ausgedrückt werden, so wurde Leibniz hierdurch veranlaßt, darüber nachzudenken, ob nicht lediglich durch bloße Nebeneinanderstellung und Umstellung dieser Buchstaben alle Eigenschaften, der ganze Charakter

[1]) Die aus seinem Nachlaß veröffentlichte Abhandlung mit dieser Aufschrift findet sich im VIII. Bande der mathematischen Schriften.

[2]) Sieh. Leibnizens Schreiben an den Marquis de l'Hospital vom 28. April 1693.

der Figuren dargestellt werden könnten; möglicherweise würde sich alsdann ein Calcul ergeben, der mit und an den Buchstaben allein ausgeführt, nicht nur die Definitionen producirte, sondern auch die Auflösungen der Probleme finden ließe, und zwar nach einer bestimmten Methode und nicht wie bisher regellos und nach Willkühr. Da bisher niemand dergleichen versucht hatte, so sah sich Leibniz genöthigt, den Gegenstand von den ersten Anfängen an zu erörtern. Er geht von dem absoluten Raum aus; ein in demselben angenommener Punkt drückt lediglich seine Lage aus; werden dagegen zwei Punkte gleichzeitig betrachtet, so ist durch sie die zwischen ihnen gezogene gerade Linie nicht allein der Lage sondern auch der Größe nach bestimmt; sie drücken demnach die Beziehungen der Linie vollständig aus, und es genügt, anstatt der Linie die beiden bestimmenden Punkte in Betracht zu ziehen. Sind also zwei Punkte A, B zweien andern C, D congruent, so sind auch die dadurch bestimmten Linien congruent, und sind die drei nicht in einer geraden Linie liegenden Punkte A, B, C drei andern D, E, F congruent, so ist auch die durch die drei ersten Punkte bestimmte Kreisperipherie der durch die drei letzten bestimmten congruent. Allgemein drückt Leibniz das hierbei zu Grunde liegende Axiom so aus: Wenn das Bestimmende congruent ist, so wird es auch das dadurch Bestimmte sein, vorausgesetzt daß ein und derselbe Modus des Bestimmens bleibt (Si determinantia sint congrua, talia etiam determinata, posito scilicet eodem determinandi modo). Was nun die Rechnung mit diesen Charakteren anlangt (calculus situs), so hat sich Leibniz vorzugsweise auf die Bestimmungsform der Congruenz beschränkt, indeß, wie es scheint, nur um zu zeigen, was sich mittelst dieses Begriffs für die in Rede stehende Disciplin gewinnen läßt. Er reicht für die einfachsten Relationen aus, namentlich wenn es sich nur um die Bestimmung eines Punktes oder einer Ebene handelt, dagegen ist er für complicirtere Fälle zu eng. Leibniz hat dies selbst erkannt, denn er wollte außerdem noch die Aehnlichkeit und die Bewegung in Betracht ziehen. — Leibniz selbst hat über diese neue geometrische Analysis nichts veröffentlicht; unter seinen Papieren finden sich nur Anfänge davon. Er hat aber den Gedanken an die Möglichkeit einer vollständigen Ausführung derselben niemals aufgegeben, wenn auch das Urtheil von Hugens, das Leibniz nach der ersten Durcharbeitung seiner Ideen einholte, ungünstig ausfiel. Wiederholt hat er in der spätern Zeit seines Lebens Mathematiker, mit denen er in Correspondenz stand, dafür zu gewinnen gesucht, ohne jedoch Anklang und Verständniß für die Sache zu finden. Es braucht kaum erwähnt zu werden, daß diese Disciplin in neuerer Zeit die glänzendste Ausbildung erlangt hat.

In Deutschland stand neben Leibniz als Mathematiker allein der ihm befreundete Ehrenfried Walther von Tschirnhaus (geb. 1651 zu Kießlingswalde unweit Görlitz, gest. 1708)[1]. Von

[1]) Tschirnhaus zeigte frühzeitig ein lebhaftes Interesse für die mathematischen Wissenschaften. Er ging zu seiner weitern Ausbildung 1668 nach Holland, wo er auf der Universität Leyden unter den Schülern des Descartes die gründlichsten Studien in der Philosophie und Mathematik machte. 1675 kehrte er nach Deutschland zurück, trat aber noch in demselben Jahre eine große wissenschaftliche Reise an. Tschirnhaus ging über Holland — er hatte bei dieser Gelegenheit eine Unterredung mit Spinoza — nach England. Von Oldenburg, dem Secretäir der Königlichen Societät in London, mit einem Empfehlungsschreiben an Leibniz versehen, kam er im September 1675 nach Paris. Er wurde sehr bald mit Leibniz aufs innigste befreundet, denn beide beseelte dieselbe Vorliebe für mathematische und philosophische Studien. Die Leibnizischen Manuscripte aus der zweiten Hälfte des Jahres 1675 und aus dem Jahre 1676 zeigen zahlreiche Spuren von den gemeinsamen Arbeiten beider. Nach dem Weggange Leibnizens verließ auch Tschirnhaus sehr bald Paris, um seine Reise durch Frankreich und Italien fortzusetzen. Gegen Ende des Jahres 1679 traf er wieder in seine Heimath ein und begann sofort seine äußerst weitgehenden wissenschaftlichen Pläne ins Werk zu setzen. Um unabhängig und nur seinen Studien leben zu können, versuchte Tschirnhaus nach dem Beispiel anderer deutschen Gelehrten z. B. Hermann Conring's eine Pension von Ludwig XIV sich zu verschaffen; er begab sich deshalb 1682 noch einmal nach Paris. Er wurde zwar Mitglied der Akademie der Wissenschaften, aber in Betreff der Pension erhielt er nur leere Versprechungen. Tschirnhaus wandte sich an den sächsischen Hof und es gelang ihm endlich, daß drei Glashütten, die ersten in Sachsen, angelegt und seiner Leitung anvertraut wurden, was für ihn in Betreff seiner Untersuchungen über Brennspiegel und Brenn-

seinen Untersuchungen in Betreff der allgemeinen Auflösung der Gleichungen, worauf frühzeitig seine Aufmerksamkeit gerichtet war, hat er nur das Verfahren bekannt gemacht, mittelst dessen beliebig viele Glieder der Gleichung entfernt werden können, so daß man entweder zu einer reinen oder zu einer durch bereits bekannte Methoden auflösbaren Gleichung gelangt[1]). Er hat dasselbe an einer cubischen Gleichung erläutert, wobei sich aber schon herausstellt, daß die gewöhnliche Auflösungsmethode der Gleichungen dritten Grades einfacher ist. Leibniz und namentlich

gläser von hoher Wichtigkeit war. Er erfand neue Polir- und Schleifmaschinen und ließ sie auf seine Kosten ausführen, wodurch er Spiegel von bisher nie erreichter Größe verfertigen konnte. Dadurch und daß er seit 1700 fast ununterbrochen in Dresden in der Nähe des Hofes lebte, wurde nach und nach der gänzliche Ruin seines Vermögens herbeigeführt; auch mag er durch den Einfall der Schweden (1706), der namentlich die Lausitz betraf, empfindliche Verluste erlitten haben. Indeß mitten in den Zerstreuungen des Hoflebens unterließ Tschirnhaus nicht mit mathematischen Problemen sich zu beschäftigen; nach seinem eigenen Bekenntniß fühlte er sich nur in den Stunden glücklich, welche er ungestört seinen Studien widmen konnte. Er starb den 11. October 1708. — Tschirnhaus' Hauptwerk ist: Medicina Mentis, sive Tentamen genuinae Logicae, in qua disseritur de methodo detegendi incognitas veritates. Cui annexa est Medicina corporis, seu Cogitationes admodum probabiles de conservanda sanitate. Amstelod. 1686. 4. Es wurde bis in die Mitte des vorigen Jahrhunderts noch dreimal gedruckt. Ferner ist von ihm in mehreren Ausgaben vorhanden: Gründliche Anleitung zu nützlichen Wissenschaften, absonderlich zu der Mathesi und Physica, wie sie anitzo von den Gelehrtesten abgehandelt worden. A. 1700. Diese Schrift enthält nur eine Anleitung zum Studium der Mathematik und Physik, auf die Wissenschaft selbst wird nicht eingegangen. Alles übrige was Tschirnhaus geschrieben hat, findet sich in den Act. Erudit. Lips. seit dem Jahre 1682; ein einziger Aufsatz in der Bibliothèque universelle et historique de l'année 1687, tom. dixième, p. 497, worin Tschirnhaus Fatio de Duillier's Einwendungen auf seine in der Medicina mentis veröffentlichte Tangentenmethode erwidert. — Vergl. Weissenborn, Lebensbeschreibung des Ehrenfried Walther von Tschirnhaus und Würdigung seiner Verdienste. Eisenach 1866. Darin sind die Briefe Tschirnhaus' und Hugens nicht benutzt, welche die Schrift: Ad Benedicti de Spinoza opera quae supersunt omnia supplementum. Amstelod. 1862, enthält; sie bieten interessante Beiträge zur Kenntniß seiner Lebensverhältnisse.

[1]) Methodus auferendi omnes Terminos intermedios ex data aequatione. Act. Erudit. Lips. an. 1683.

Lagrange (Mémoires de l'Académie de Berlin, an. 1770 und 1771) haben gezeigt, daß wenn Tschirnhaus' Verfahren auf höhere Gleichungen angewandt wird, höchst beschwerliche und verwickelte Rechnungen entstehen, die auf höhere Gleichungen als die aufzulösende führen. Trotzdem bleibt dieser Gedanke Tschirnhaus' bemerkenswerth; in neuester Zeit hat derselbe zur Auflösung der Gleichungen fünften Grades geführt. — Durch den Umgang mit den ersten Mathematikern Englands und namentlich mit Leibniz während seines Aufenthalts in Paris wurden Tschirnhaus' Studien auf die großen Probleme der Quadratur und der Construction der Tangenten gelenkt. In Betreff des ersten hatte Tschirnhaus sich vorgenommen, ein eigenes Verfahren zu erfinden; er meinte, der von Leibniz eingeführte Algorithmus der höheren Analysis sei dazu nicht nöthig. Die von ihm in den Act. Erudit. Lips. 1683 bis 1697 veröffentlichten Abhandlungen enthalten indeß weder eine Lösung des Problems, die auf Allgemeinheit Anspruch machen könnte[1]), noch ist das darin Gegebene vollständig sein Eigenthum, denn Leibniz beklagte sich, daß Tschirnhaus das ihm Mitgetheilte nur in anderer Form publicire. Es ist jedoch zu bemerken, daß einzelne neue Sätze von Tschirnhaus darin bekannt gemacht werden, unter andern daß in zwei Parabeln, welche denselben Brennpunkt haben, die durch den Radius vector abgeschnittenen Bogen sich wie die Parameter der beiden Parabeln verhalten. Dieser Satz gab Joh. Bernoulli Veranlassung zur Behandlung der Aufgabe[2]), einen Parabelbogen zu finden, der n mal so groß ist als ein gegebener; dadurch gelang es ihm auch, zu einem Parabelbogen einen zweiten zu finden, daß die Summe oder Differenz beider einer algebraischen Größe

[1]) Tschirnhaus stellte oft Behauptungen allgemein auf, die er höchst wahrscheinlich aus einzelnen Fällen abstrahirt hatte, die sich aber als allgemein nicht haltbar bewiesen, was er selbst den Bemerkungen der Bernoullier gegenüber zugeben mußte.

[2]) Joh. Bernoulli, Investigatio algebraica arcuum Parabolicorum assignatam inter se rationem habentium. Act. Erudit. Lips. an. 1698.

gleich ist, mithin als eine gerade Linie dargestellt werden kann. Man hat darin mit Recht den ersten Keim der Lehre von den elliptischen Functionen erkannt; ihn geweckt zu haben, ist Tschirnhaus zu verdanken.

Die erste Abhandlung, welche Tschirnhaus in den Act. Erudit. Lips. veröffentlichte, enthielt ein neues Verfahren, Tangenten an krummen Linien zu ziehen (Nova methodus tangentes curvarum expedite determinandi, Act. Erudit. Lips. 1682). Er zeigt an einem Beispiel, wie man aus der Gleichung der Curve mittelst der Subtangente den Ausdruck für die Tangente finden könne. Die Formel ist für das gewählte Beispiel richtig, aber die Regel ist nicht allgemein, sie ergiebt in andern Fällen ein unrichtiges Resultat. Auch ist sie nur auf Gleichungen anwendbar, die rationale Ausdrücke enthalten. Dasselbe gilt von der Regel, die Maxima und Minima zu bestimmen (Nova methodus determinandi Maxima et Minima, Act. Erudit. Lips. 1683). In der Medicina mentis gab Tschirnhaus ein Verfahren, an Curven die um feste Punkte beschrieben werden, Tangenten geometrisch zu construiren; auch dieses leidet an demselben Fehler, daß es nämlich nur in einzelnen einfachen Fällen richtig ist, wie von Fatio de Duillier nachgewiesen wurde.

Durch Versuche mit Brennspiegeln wurde Tschirnhaus auf die Entdeckung der Brennlinien geführt. Er legte sich nämlich die Aufgabe vor: welche Curve entsteht durch den Durchschnitt von Lichtstrahlen, die parallel einfallend von einer Kreislinie reflectirt werden? Er fand, daß sie nach der von Descartes gemachten Eintheilung eine geometrische sei; auch erkannte er, daß wenn eine geometrische Curve als die reflectirende angenommen wird, die durch den Durchschnitt der reflectirten Strahlen entstehende von derselben Art ist. Tschirnhaus fand ferner in Betreff der durch den Durchschnitt der zurückgeworfenen Lichtstrahlen entstandenen Curve das bemerkenswerthe Theorem, daß der einfallende und der zurückgeworfene Strahl zusammen genommen gleich sind dem Bogen der Brennlinie zwischen dem

Berührungspunkt des zurückgeworfenen Strahles und dem Endpunkt der Brennlinie. Dagegen war die geometrische Construction, die er von der Brennlinie des Kreises gab, unrichtig, wie de la Hire und Joh. Bernoulli zeigten. Tschirnhaus fand den Fehler und verbesserte ihn (Methodus curvas determinandi quae formantur a radiis, quorum incidentes ut paralleli considerantur, Act. Erudit. Lips. an. 1690). Nachdem so ermittelt war, daß die Brennlinie des Kreises zu den Epicycloiden gehört, gab Tschirnhaus noch eine mechanische Construction derselben, durch Bewegung eines Kreises auf der Peripherie eines andern (Curva geometrica quae seipsam sui revolutione describit, aliasque insignes proprietates obtinet, Act. Erudit. Lips. 1690). Zugleich untersuchte er die weiteren Eigenschaften der Brennlinie des Kreises; er zeigte, daß dieselbe zu den Curven gehört, deren Evoluten von derselben Beschaffenheit sind wie die erzeugenden Curven, daß also die Brennlinie des Kreises eine Brennline als Evolute hat. Dadurch führte Tschirnhaus die Untersuchungen von Hugens weiter, der in seinem berühmten Werke Horologium oscillatorium gezeigt hatte, daß die Cycloide ebenfalls eine Cycloide als Evolute hat.

Tschirnhaus hat sich nicht an der Lösung der Probleme betheiligt, wobei seine Zeitgenossen, Leibniz, die Brüder Bernoulli, Newton, Hugens, de l'Hospital, die eminente Kraft ihres Geistes erglänzen ließen und wodurch der Fortschritt der Wissenschaft mächtig gefördert wurde. Sein Streben ging vorzugsweise auf Universelles; er wollte allgemeine Methoden finden, durch die ein ganzes Gebiet von Aufgaben bewältigt werden könnten. Diesen Zug hatten philosophische Studien seinem Geiste aufgeprägt. Hierbei schlug er nicht immer die rechten Wege ein, mochten die Sucht, durch außerordentliche Leistungen Aufsehen zu erregen, oder eine gewisse Ungeduld, die ihn zu einer ins Einzelne gehenden, sorgfältigen Prüfung seiner Behauptungen nicht kommen ließ, ihn treiben. Dessenungeachtet hat Tschirnhaus durch die Resultate, die er auf zwei wissenschaftlichen Gebieten, in der Mathematik und in der Physik, gewann, einen Platz neben den Koryphäen seiner Zeit sich errungen. Dafür sprechen auch die freundschaftlichen Beziehungen, die Leibniz trotz mancher Differenzen mit ihm bis an das Ende seines Lebens unterhielt, sowie die Achtung, in der Tschirnhaus bei Hugens stand.

Als Leibniz starb (14. November 1716), gab es in Deutschland keinen Mathematiker, der seinen großen Zeitgenossen sich würdig zur Seite stellen konnte. Joh. Bernoulli, seine Söhne Nicolaus, Daniel, und sein Neffe Nicolaus, Hermann, Schüler von Jac. Bernoulli, später Leonhard Euler übernahmen die Führung in der Wissenschaft. Der letztere wurde, als der große Friedrich die fast verkommene Akademie der Wissenschaften in seiner Hauptstadt wieder zu beleben beschloß, als Hauptvertreter der Mathematik im Jahre 1741 nach Berlin berufen; er lebte daselbst als Director der mathematischen Klasse bis 1766. Ihm folgte in derselben Stellung der berühmte Lagrange von 1766 bis 1787. Beide haben die Memoiren der Berliner Akademie mit zahlreichen wichtigen Abhandlungen über alle Theile der Mathematik bereichert; sie selbst blieben Ausländer, von ihrer Wirksamkeit in Betreff der Förderung der Wissenschaft in Deutschland zeigen sich während des 18. Jahrhunderts kaum Spuren.

Als Nachfolger des großen Leibniz wollte **Christian Wolf** (geb. 1679 zu Breslau, gest. 1754 zu Halle) gern gelten[1]).

[1]) Wolf war bis 1707 Docent an der Universität zu Leipzig, darauf von 1707 bis 1723 Professor der Mathematik und Physik an der Universität zu Halle. Im letztern Jahre wurde er der Irreligiosität angeklagt, seiner Stelle entsetzt und aus Preußen verwiesen. Wolf wandte sich nach Hessen und erhielt eine Stelle an der Universität in Marburg. Friedrich der Große rief ihn 1740 wieder zurück und ernannte ihn zum Professor der Mathematik, des Natur- und Völkerrechts an der Universität in Halle. — Sein Leben in „Historische Lobschrift des weiland hoch- und wohlgebohrnen Herrn Herrn Christians, des H. R. R. Freyherrn von Wolf u. s. w." Halle 1755. 4. Verfasser derselben ist Joh. Chr. Gottsched. Am Schluß findet sich ein vollständiges Verzeichniß von Wolf's Schriften. Vergl. ferner: Christian Wolf's eigene Lebensbeschreibung, herausgegeben von H. Wuttke. Leipzig 1841.

Ueberblickt man indeß das Verzeichniß seiner Schriften, so ist zwar ein gewisser Anlauf nicht zu verkennen, um in der Mathematik auf die Höhe der Wissenschaft sich zu schwingen, namentlich so lange Leibniz lebte; er stand aber davon ab, und befleißigte sich, ebenso wie in der Philosophie, die Erfindungen Anderer in eine systematische Ordnung zu bringen. Durch seine „Anfangsgründe aller mathematischen Wissenschaften“ (4 Bände, Halle 1710; bis 1775 erschienen wiederholt neue Auflagen davon), die er als Grundlage für seine Vorlesungen herausgab, durch sein „Mathematisches Lexikon“ (Leipzig 1716), sowie durch seine „Elementa matheseos universae“ (5 voll. Hall. 1713—41) mag er für die Verbreitung mathematischer Lehren in weitere Kreise, vielleicht im Sinne Leibnizens, dem die Ausbreitung mathematischer Kenntnisse im Interesse der Förderung der allgemeinen Bildung ganz besonders am Herzen lag, gewirkt haben. Hierin war Abraham Gotthelf Kästner (geb. 1714 zu Leipzig, gest. 1800 in Göttingen) gewissermaßen sein Nachfolger[1]). Durch seine weit verbreiteten Lehrbücher über fast alle mathematische Disciplinen, welche in wiederholten Auflagen erschienen, beherrschte er in der zweiten Hälfte des 18. Jahrhunderts den mathematischen Unterricht in Deutschland. Die Geschichte der Wissenschaft kann aber nicht berichten, daß er in irgend einer mathematischen Disciplin einen Fortschritt bewirkt habe. Nur das bleibt hervorzuheben, daß Kästner in seinen Arbeiten die Leistungen vorausgegangener Mathematiker berücksichtigte und verwerthete und so der historischen Seite der Wissenschaft genügte. Seine „Geschichte der Mathematik seit der Wiederherstellung der Wissenschaften bis an das Ende des achtzehnten Jahrhunderts“ (4 Bände, Göttingen 1796 bis 1800), die aber nur bis zur Mitte des 17. Jahrhunderts fortgeführt ist, hat noch gegenwärtig Werth, insofern darin der Inhalt einer großen Anzahl seltener, schwer zugänglicher Bücher

[1]) Kästner studirte in Leipzig die Rechte. Er wurde 1739 Docent an der dortigen Universität, 1746 außerordentlicher Professor. 1756 ging er an die Universität Göttingen als ordentlicher Professor der Mathematik und Physik.

aus eigener Anschauung, freilich oft auf eine barocke, wenig genießbare Weise, besprochen wird. Kästner's Meinung[1]), Bücher seien die Quellen der gelehrten Geschichte, kann nicht bestritten werden; wenn er aber hinzusetzt: „aus ihnen zu schöpfen und Nachricht von ihnen zu geben, ist der Vortrag der Geschichte, den ich für gut halte, ohne damit zu sagen, daß es der einzige gute ist", so hält die Gegenwart diese Weise der Behandlung der Geschichte einer Wissenschaft für gänzlich veraltet.

Höher als die zuletzt genannten Mathematiker stehen Lambert und Pfaff.

Johann Heinrich Lambert (geb. 1728 zu Mühlhausen im Ober-Elsaß, gest. 1777 in Berlin) hat den größten Theil seines Lebens in Deutschland zugebracht und ist mehr Deutscher geworden als seine großen Zeitgenossen Euler und Lagrange; er verdient deshalb einen Platz in der Geschichte der Mathematik in Deutschland[2]). Seine ersten rein mathematischen Arbeiten beziehen

---

[1]) Gesch. der Math. Bd. 1. Einleitung S. 15.

[2]) Lambert's Bildungsgang war ein sehr eigenthümlicher. In seiner Jugend wurde er von seinem Vater, einem armen Schneider, zu diesem Handwerk angehalten. So, unter den drückendsten äußern Verhältnissen erlernte er ohne irgendwelche Anleitung die ersten Elemente der Mathematik. Dadurch daß es ihm, 30 Jahr alt, gelang in die Familie des Grafen Peter von Salis in Chur als Lehrer und Erzieher einzutreten, wurde es ihm möglich seine gelehrte Bildung durch angestrengten Fleiß zu vollenden. Eine Reise mit seinen Zöglingen durch Deutschland, die Niederlande, Frankreich, Oberitalien in den Jahren 1756 bis 1758 machte ihn persönlich mit den bedeutendsten Mathematikern und Physikern bekannt. Nachdem sich Lambert in verschiedenen Städten Deutschlands und der Schweiz während der Jahre 1759 bis 1764 aufgehalten hatte, fand er endlich eine feste Stellung in Berlin; er wurde 1765 Mitglied der Berliner Akademie und zum Oberbaurath ernannt. Er lebte hier im Umgang mit Euler und Lagrange. — Lambert besaß einen schöpferischen Geist und eine ungemeine Arbeitskraft. Man hat ihn wohl wegen der Vielseitigkeit seines Wissens und seiner Arbeiten mit Leibniz verglichen. Seine Studien erstreckten sich auf Mathematik, Astronomie, Physik, Philosophie; sicherlich hätte er, wenn er der ersteren ausschließlich sich gewidmet, Bedeutendes geleistet. Die Optik verdankt Lambert Erweiterungen; seine **Photometria sive de mensura et gradibus luminis, colorum et umbra (Aug. Vind. 1760)** handelt von den Gesetzen über die Stärke des Lichts, des Schattens und der Farben. Seine

sich auf die Auflösung der Gleichungen. Indem er die Gränzen einer Wurzel nach den bekannten Methoden bestimmte, ergab sich ihm dadurch daß er diese Gränzen immermehr verengerte, eine Reihe für die Wurzel. Diese Reihen waren für Gleichungen des zweiten und dritten Grades sehr einfach, und da sie für die Wurzeln einer dreigliedrigen Gleichung dieselbe Form behielten, so fand er, daß die Wurzel einer Gleichung wie $x^m + px = q$ durch die Reihe $x = \frac{q}{p} - \frac{q^m}{p^{m+1}} + m \cdot \frac{q^{2m-1}}{p^{2m+1}} - m \cdot \frac{3m-1}{2} \cdot \frac{q^{3m-2}}{p^{3m+1}} + m \cdot \frac{4m-1}{2} \cdot \frac{4m-2}{3} \cdot \frac{q^{4m-3}}{p^{4m+1}} - m \cdot \frac{5m-1}{2} \cdot \frac{5m-2}{3} \cdot \frac{5m-3}{4} \cdot \frac{q^{5m-4}}{p^{5m+1}} + m \cdot \frac{6m-1}{2} \cdot \frac{6m-2}{3} \cdot \frac{6m-3}{4} \cdot \frac{6m-4}{5} \cdot \frac{q^{6m-5}}{p^{6m+1}} - \ldots$ dargestellt werden könne. Da nun jede Gleichung von der Form $ax^{\varkappa} + bx^{\lambda} = d$ sich auf die obige $x^m + px = q$ auf zwei verschiedene Weisen zurückführen ließ, so ergaben sich für die Wurzel dieselben zwei Reihen, von denen die eine nothwendig convergent war[1]). Von diesem Ergebniß machte Lambert, als er 1764 nach Berlin kam, Euler Mittheilung; er bemerkte zugleich, daß da die obige Reihe von einfacher Form wäre, es möglich sein müsse ihre Summe und dadurch einen endlichen Ausdruck für die Wurzel der in Rede stehenden Gleichung zu finden. Diese Mittheilung

---

„Pyrometrie oder vom Maaße des Feuers und der Wärme" (Berlin 1779), ein Werk das Lambert als eine Lebensaufgabe betrachtete, das aber erst nach seinem Tode erschien, enthält eine vollständige Behandlung der Lehre vom Maß der Wärme. In der Schrift: Die freye Perspective oder Anweisung jeden perspectivischen Aufriß von freyen Stücken und ohne Grundriß zu verfertigen (Zürich 1759, 2. Auflage Zürich 1774 in 2 Bänden) hat Lambert die sogenannte Linearperspective auf eine leichtere und bequemere Weise dargestellt. Unter seinen philosophischen Schriften sind hervorzuheben: Neues Organon oder Gedanken über die Erforschung und Bezeichnung des Wahren und dessen Unterscheidung vom Irrthum und Schein (2 Bände, Leipzig 1764), und: Anlage zur Architectonic oder Theorie des Einfachen und Ersten in der philosophischen und mathematischen Erkenntniß (2 Bände, Riga 1771). — Vergl. Huber, Joh. Heinrich Lambert nach seinem Leben und Wirken, Basel 1829.

[1]) Die ersten die Auflösung der Gleichungen betreffenden Arbeiten Lambert's finden sich in der Abhandlung: **Observationes variae in mathesin puram**

erregte Euler's Interesse; er fand für die obige Reihe einen Beweis den Lambert bisher nicht gegeben hatte, und zeigte zugleich, daß auch die Wurzel einer viergliedrigen Gleichung $x^m + ax^n + bx^p + c = 0$ durch eine ähnliche Reihe ausgedrückt werden könne, die aber nicht so einfach war[1]). Euler verließ 1766 Berlin, und Lagrange trat an seine Stelle. Auch dieser hielt Lambert's Reihe seiner Beachtung werth. Er untersuchte den Gegenstand in größter Allgemeinheit für ein beliebiges Polynom, und fand so für eine dreigliedrige Gleichung von der Form ‚ $-x+\varphi(x)=0$, daß eine Function der Wurzel dieser Gleichung durch die Reihe ausgedrückt wird, welche seinen Namen trägt[2]). Dies ist die Entstehung dieses wichtigen Theorems. Die Geschichte der Wissenschaft hat zu registriren, daß zu dessen Erfindung die Reihe Lambert's Veranlassung gegeben hat, wovon in den Lehrbüchern nicht die geringste Notiz gefunden wird. — Auch Lambert nahm die Untersuchung von neuem auf; er zeigte in der oben erwähnten Abhandlung: Observations analytiques, daß die Gleichung $ax^{\varkappa} + bx^{\lambda} = d$ auf die noch einfachere Form $x = q + x^m$ gebracht und daß die n^{te} Potenz einer Wurzel derselben durch die Reihe $q^n + nq^{n-1+m} + n \cdot \frac{n-1+2m}{2} q^{n-2+2m} + n \cdot \frac{n-1+3m}{2} \cdot \frac{n-2+3m}{3} q^{n-3+3m} + \ldots$ dargestellt werden kann. Außerdem gab er noch

(Acta Helvetica physico-mathematico-anatomico-botanico-medica, vol. III. Basil. 1758. Diese Zeitschrift war mir nicht zugänglich). Er hat später den Inhalt derselben reproducirt in der Abhandlung: Observations analytiques, die in den Nouveaux mémoires de l'Académie de Berlin, an. 1770, gedruckt ist.

1) Euler hat diese Untersuchungen später in zwei Abhandlungen: Observationes circa radices aequationum (Nov. Comment. Acad. Petropolit. an. 1771, tom. XV, und: De serie Lambertiana plurimisque ejus insignibus proprietatibus (Nov. Act. Acad. Petropolit. an. 1779, tom. III) veröffentlicht.

2) Lagrange's Untersuchungen finden sich in der großen Abhandlung: Nouvelle méthode pour résoudre les équations littérales par le moyen des séries (Mémoires de l'Acad. de Berlin, an. 1768).

mit Hülfe einer geometrischen Construction eine sehr einfache Herleitung von Lagrange's Lehrsatz, den dieser durch eine äußerst verwickelte und mühsame Rechnung gefunden hatte[1]).

Auf ähnliche Weise erging es Lambert's Leistungen auf den andern Gebieten der Mathematik. Seine Arbeiten über die continuirlichen Brüche, über die Convergenz der Reihen, über die Auffindung der Theiler einer Zahl und über die Kennzeichen der Primzahlen, über die Interpolationsmethode, über die Behandlung der Trigonometrie wurden durch die seiner großen Zeitgenossen Euler und Lagrange überholt und in Schatten gestellt. Er veröffentlichte sie in seinen „Beyträgen zum Gebrauch der Mathematik und deren Anwendung“ (Berlin 1765 bis 1772, 3 Bände in 4 Theilen), durch welche er die Kenntniß der Mathematik einem größern Leserkreis zugänglich machen wollte und die deshalb in einer gewissen populären Form geschrieben sind; in dieser Fassung traten seine Arbeiten erheblich zurück gegen die präcisere und elegantere Behandlung mathematischer Probleme, die besonders durch Lagrange eingeführt wurde.

Noch sind Lambert's Leistungen in der Geometrie, die ihn durch ihre Anschaulichkeit und Klarheit besonders anzog, zu erwähnen. Zwei seiner Schriften kommen hier in Betracht: die freye Perspective, und: Insigniores orbitae cometarum proprietates (Aug. Vindel. 1761). Von der erstern urtheilt Chasles (Aperçu hist. sur l'origine etc. p. 186), daß darin mehrere Sätze enthalten sind, die sich auf die beschreibenden Eigenschaften

[1]) Es existirt noch eine andere bemerkenswerthe Reihe von Lambert. In der Architectonic (Bd. 2. S. 507) wird gezeigt, daß wenn die Reihe

$$\frac{x}{1-x}+\frac{x^2}{1-x^2}+\frac{x^3}{1-x^3}+\frac{x^4}{1-x^4}+\frac{x^5}{1-x^5}+\cdots$$

nach steigenden Potenzen von x entwickelt wird, man die Reihe enthält

$$x+2x^2+2x^3+3x^4+2x^5+4x^6+2x^7+4x^8+3x^9+4x^{10}+2x^{11}+6x^{12}+2x^{13}+\cdots,$$

in welcher jeder Coefficient so viel Einheiten enthält als der Exponent der entsprechenden Potenz Theiler hat; der Coefficient 2 ist stets mit einer Potenz von x verbunden, deren Exponent eine Primzahl ist, so daß nach und nach alle Primzahlen erscheinen.

der Figuren beziehen und gegenwärtig zur Theorie der Transversalen gehören, und daß darin die Elemente desjenigen Theils der Geometrie sich finden, welchen man später Geometrie des Lineals genannt hat. Was die Entstehung der zweiten betrifft, so wird von dem Berichterstatter seines Lebens erzählt, daß Lambert sehr früh für die Astronomie sich interessirte; der Comet von 1744, den er 16 Jahre alt beobachtete, machte auf ihn einen tiefen Eindruck und er unternahm den Lauf desselben zu berechnen. Zur Behandlung dieser damals sehr schwierigen Aufgabe diente Newton's Verfahren, das aber äußerst mühsam war und erst durch viele Versuche zum Ziele führte; andere Methoden, wie die Euler's, waren zu weitschweifig. Lambert beschloß, um zu einer einfacheren Lösung zu gelangen, die Eigenschaften der Kegelschnitte, insbesondere die der Parabel, theoretisch zu erforschen; er fand auf rein geometrischem Wege, daß in einer parabolischen Bahn die Zeit, in der ein beliebiger Bogen durchlaufen wird, nur allein abhängig ist von der Sehne des Bogens und von der Summe der beiden radii vectores nach den Endpunkten der Sehne. Es ist dies das berühmte Theorem, das noch heute nach ihm benannt wird[1]). In der letzten Section der oben genannten Schrift übertägt Lambert diese der Parabel zukommende Eigenschaft auf die Ellipse, und es ergiebt sich das

[1]) Lagrange und Laplace haben versucht dieses Theorem mit Hülfe der Analysis herzuleiten, aber sie konnten nur durch eine sehr verwickelte Reihe von Schlüssen dahin gelangen, so daß der erstere gestand, daß dieses Theorem zu den wenigen gehöre, in Betreff deren die geometrische Betrachtung vor der der Analysis den Vorzug verdiene. — Zur Berechnung der Cometenbahn machte Lambert, ebenso wie es bereits von Newton geschehen war, die der Wahrheit sehr nahe kommende Voraussetzung, daß der mittlere radius vector die Sehne der Cometenbahn im Verhältniß der Zeiten theile; daß man das Gleiche auch für die Erdbahn, daß nämlich die Sehne der Erdbahn in dem ähnlichen Verhältniß geschnitten werde, mit eben dem Vortheil voraussetzen könne, dieser glückliche Gedanke war Olbers vorbehalten. Hierdurch wurde es möglich, auf eine zwar indirecte, aber sehr leichte und bequeme Weise die genäherten Elemente einer Cometenbahn zu berechnen. Sieh. Olbers, Abhandlung über die leichteste und bequemste Methode die Bahn eines Cometen zu berechnen. Neue Ausgabe. Weimar 1847.

bemerkenswerthe Theorem: Wenn man in zwei Ellipsen die den einen Brennpunkt gemeinsam gaben, zwei solche Bogen annimmt daß ihre Sehnen gleich sind und daß die Summen der radii vectores, die beziehungsweise von dem gemeinsamen Brennpunkt nach den Endpunkten der Sehnen gezogen werden, ebenfalls gleich sind, so verhalten sich die von den radii vectores in jeder Ellipse gebildeten Sectoren wie die Quadratwurzeln aus den Parametern der Ellipsen. —

Johann Friedrich Pfaff (geb. 1765 zu Stuttgart, gest. 1825 in Halle) verdient eine besondere Erwähnung, obwohl er zu der sogenannten combinatorischen Schule gehört, von der weiter unten die Rede sein wird[1]). Seine Untersuchungen, die in dem Werke: Disquisitiones analyticae maxime ad calculum integralem et doctrinam serierum pertinentes, Helmst. 1797, vol. I (ein weiterer Band ist nicht erschienen) vereinigt sind, schließen sich zum Theil an die Arbeiten Euler's an.

Unter den vielen Verdiensten, die sich Euler um die Vervollkommnung der Analysis erworben, ist auch das zu rechnen, daß er die goniometrischen Functionen als Zahlen behandelte, so

[1]) Pfaff zeigte bereits auf der von dem Herzog Carl von Württemberg gegründeten und nach ihm benannten hohen Carls-Schule, wo er seine Vorbildung erhielt, ein hervorragendes Talent für die Mathematik. Er vollendete seine Studien unter Kästner's Leitung in Göttingen. 1787 begab er sich nach Berlin, um unter Bode in praktischer Astronomie sich zu üben. Daselbst erschien von ihm im Jahre 1788 die Schrift: Versuch einer neuen Summations-Methode nebst andern damit zusammenhängenden analytischen Bemerkungen. Diese neue Methode besteht darin, daß die Glieder der zu summirenden unendlichen Reihe wiederum in unendliche Reihen aufgelöst werden, deren Glieder anders verbunden neue summirbare Reihen bilden. Noch in demselben Jahre erhielt Pfaff die Professur der Mathematik an der Universität Helmstädt. Als die letztere 1810 aufgelöst wurde, wurde er zum Professor an der Universität Halle ernannt. — Außer den erwähnten Schriften finden sich Abhandlungen von Pfaff in Hindenburg's Archiv der reinen und angewandten Mathematik, in Hindenburg's Sammlung combinatorisch-analytischer Abhandlungen, in Zach's monatlicher Correspondenz zur Beförderung der Erd- und Himmelskunde. — Sieh. Sammlung von Briefen gewechselt zwischen J. F. Pfaff und Herzog Carl von Württemberg und Andern, herausgegeben von Dr. C. Pfaff. Leipzig 1853.

daß man mit denselben ebenso wie mit andern Größen rechnen könnte. Dadurch wurde es ihm möglich, nicht nur Reihen deren Glieder solche Functionen enthielten, zu summiren, sondern auch von solchen Reihen deren Glieder Kreisbogen bildeten von welchen die trigonometrischen Functionen nach einem bestimmten Gesetz fortschritten, die Summe anzugeben. Von den letztern Reihen hatte Euler diejenigen untersucht, deren Glieder Kreisbogen enthielten deren trigonometrische Tangenten nach einem bestimmten Gesetz fortschritten; aber er konnte nur die Summe der einfachsten bestimmen, und zwar auch nur auf einem indirecten Wege [1]). Pfaff untersuchte diese Reihen von neuem; es gelang ihm ein directes Verfahren zu finden, durch das eine große Anzahl solcher Reihen summirt werden konnte. Dies ist der Inhalt der ersten Abhandlung in dem oben genannten Werke: De progressionibus arcuum circularium quorum tangentes secundum datam legem procedunt. — In der zweiten Abhandlung untersucht Pfaff die Integration der Differentialgleichung

$$x^2 (a + b x^n)\, d^2 y + x (c + e x^n)\, dy\, dx + (f + g x^n)\, y\, dx^2 = X\, dx^2,$$

wo X irgend eine Function von x bezeichnet, die auch Null sein kann. Er wurde durch die Summirung der hypergeometrischen Reihe darauf geführt. Selbige Gleichung war bereits wiederholt von Euler behandelt worden, der auch einzelne Fälle bestimmt hatte, in welchen die Integration derselben möglich war. Pfaff unterwirft sie einer zusammenhängenden, ausführlichen Betrachtung. Er untersucht zuerst, wie die Gleichung transformirt und reducirt werden kann, und überzeugt sich, daß es ausreichend ist die Transformation unter der Voraussetzung daß $n = 1$, auszuführen; alsdann erhält er durch die Substitution von $y = x^p (a + b x^n)^q v$ drei der obigen ähnliche Gleichungen, von welchen die dritte bisher noch nicht aufgestellt war. Pfaff

[1]) Die betreffende Abhandlung Euler's: De progressionibus arcuum circularium quorum tangentes secundum certam legem procedunt, findet sich in Nov. Commentat. Acad. Scient. Petropolit. Tom. IX. 1764.

zeigt ferner, daß die obige Gleichung durch die Annahme daß $y = \frac{d^r z}{dx^r}$ auf die Form $x(a + bx) d^2 z + (c + (\varrho - r) a + (e - 2rb) x) dx dz + (g - re + r(r + 1) b) z dx^2 = 0$ reducirt werden kann, wo r und ϱ beliebige ganze Zahlen bezeichnen. Mit Hülfe dieser Transformation und Reduction stellt Pfaff eine Anzahl Fälle auf, in welchen sich die Gleichung integriren läßt; er faßt sie in zwei Gruppen zusammen, von denen die erste die Gleichungen enthält, wenn $f = 0$, $g = 0$, die zweite diejenigen Gleichungen, wenn $c = \frac{1}{2} a$, $e = b$, $f = 0$, $n = 1$. Die letztere enthält namentlich die Gleichungen, welche bisher noch nicht integrirt waren. — Die dritte Abhandlung: Tractatus de reversione serierum sive de resolutione aequationum, hat wesentlich die combinatorische Analysis zum Inhalt; es wird weiter unten davon die Rede sein.

Außerdem ist noch die Abhandlung Pfaff's zu erwähnen, die unter dem Titel: Methodus generalis, aequationes differentiarum partialium, nec non aequationes differentiales vulgares, utrasque primi ordinis, inter quotcunque variabiles, complete integrandi, in den Schriften der Berliner Akademie der Wissenschaften aus den Jahren 1814 und 1815 abgedruckt ist. Sie enthält einen Fortschritt in der Integration der partiellen Differentialgleichungen. Lagrange hatte zuerst die allgemeine Integration dieser Gleichungen gezeigt, und zwar für eine beliebige Anzahl von Veränderlichen, wenn darin die partiellen Differentialquotienten nur linearisch vorkommen, oder abgesehen von dieser Bedingung, für drei Veränderliche überhaupt[1]). Sein Verfahren führte aber auf unauflösliche Schwierigkeiten, wenn es auf Gleichungen von mehr als drei Veränderlichen angewandt wurde[2]). Pfaff suchte deshalb zur Integration solcher Glei-

[1]) Mémoires de l'Académie de Berlin an. 1772, 1774, 1779, 1785. — Leçons sur le calcul des fonctions, leç. 20.

[2]) Pfaff sagt (l. l.): Quod si quidem methodum modo antea laudatam La Grangianam, aequationes differentiarum partialium inter tres

chungen einen andern Ausgangspunkt: er ging von den gewöhnlichen Differentialgleichungen des ersten Grades von mehr als zwei Veränderlichen aus, deren Verständniß zuerst Monge enthüllt hatte, und betrachtete die partiellen Differentialgleichungen als einen besondern Fall von diesen[1]). Da Monge nur die Integration der einfachsten Fälle jener Gleichungen gegeben hatte, so zeigt Pfaff zunächst die allgemeine Integration der gewöhnlichen Differentialgleichungen des ersten Grades von mehr als zwei Veränderlichen, wobei er die allgemeine Integration der Differentialgleichungen von jedem Grade zwischen zwei Veränderlichen voraussetzt[2]).

Pfaff nimmt in der sogenannten combinatorischen Schule, die in den letzten Jahrzehnten des in Rede stehenden Zeitraums in Deutschland entstand, einen hervorragenden Platz ein. Sie wurde von Carl Friedrich Hindenburg (geb. 1741 zu Dresden, gest. 1808 in Leipzig) gegründet[3]). Veranlassung dazu gab die Bearbeitung des polynomischen Lehrsatzes; es sollte dasselbe, was bisher für das binomische Theorem gewonnen war, namentlich die Leichtigkeit, mit der die einzelnen Glieder des letzteren angegeben werden konnten, auch für einen mehrtheiligen Ausdruck erreicht werden. Hindenburg theilte die Polynome in zwei Klassen, die eine von der Form $a + b + c + d + e + f +$ 2c., die

variabiles generatim et complete integrandi, ad plures variabiles extendere conemur, mox ad inextricabiles difficultates delabimur: unde forte accidit, ut Analystae hactenus (quantum equidem sciam) hanc applicationem nondum tentaverint.

[1]) Aequationes differentiarum partialium contemplari licet tanquam aequationes differentiales vulgaris generis truncatas inter plures variabiles quam quae principaliter occurrunt, ipsis scilicet quotientibus differentialibus (p, q etc.) variabilium loco habitis, quarum differentialia (dp, dq etc.) ideo desunt, quoniam ea in zero ducta esse consentur. Worte Pfaff's in der citirten Abhandlung.

[2]) Vergl. die Anzeige von Pfaff's obiger Abhandlung durch Gauß in den Göttingischen gelehrten Anzeigen. 1815. St. 104.

[3]) Hindenburg war seit 1771 Docent, seit 1781 Professor der Philosophie und Physik an der Universität zu Leipzig.

andere von der Form $a + bx + cx^2 + dx^3 +$ ꝛc. In Betreff der erstern hatten bereits Leibniz und namentlich Jacob Bernoulli Regeln aufgestellt, nach welchen die numerischen Coefficienten der einzelnen Glieder für jede Potenz des Polynoms mit Hülfe der Permutationen gefunden werden konnten; auch hatte Jacob Bernoulli die Bildung der einzelnen Glieder auf zwei Weisen, durch Anwendung von Combinationen und mit Hülfe der höhern Analysis, angegeben[1]). Ueber die zweite Form waren nach dem Vorgange Newton's von de Moivre Untersuchungen angestellt worden; er fand den Ausdruck für die n^{te} Potenz des Polynoms durch Anwendung von Combinationen, indem er die Coefficienten jedes Gliedes recurrirend mit Hülfe der vorhergehenden bestimmte[2]). Später hat er auch gezeigt, daß es möglich sei diesen Ausdruck indepedent aufzustellen (Miscellanea Analytica de Seriebus et Quadraturis, Londin. 1730 p. 88). Eine Regel für die independente Darstellung der Coefficienten gab zuerst Boscovich[3]). Alle diese Leistungen waren meistens durch Induction gefunden; auch mangelten die Beweise für die gegebenen Regeln. Erst durch Hindenburg wurde das Fehlende ergänzt und zwar mit Hülfe der Lehre von den Combinationen, die er zuerst wissenschaftlich bearbeitete und dadurch der Schöpfer der combinatorischen Analysis wurde[4]). Ueber seine Verdienste hat einer der competentesten Richter in diesem Punkte, G. S. Klügel, der bekannte Verfasser

---

[1]) Leibniz in seinem Schreiben vom 6/16. Mai und 24. Juni 1695 an Joh. Bernoulli. — Jac. Bernoulli op. tom. II. p. 993 sqq.

[2]) A Method of Raising an infinite Multinomial to any given Power, or Extracting any given Root of the same. By Mr. Ab. de Moivre. Phil. Trans. (1697) vol. XIX. n. 230 p. 619 sq.

[3]) Giornale de' Letterati di Roma, per l'an. 1747 e nel 1748.

[4]) Infinitinomii dignitatum exponentis indeterminati historia, leges ac formulae. Auct. C. F. Hindenburg. Götting. 1779. — Novi systematis permutationum, combinationum ac variationum primae lineae et logisticae serierum formulis analytico-combinatoriis per tabulas exhibendae conspectus et specimina. Auct. C. F. Hindenburg. Lips. 1781. In der letztern Schrift sind die Elemente der Combinationslehre im Zusammenhang entwickelt.

des Mathematischen Wörterbuches, folgendes Urtheil gefällt: Man bekümmerte sich in der Combinationslehre fast nur allein um die Anzahl der Verbindungen und Versetzungen der Dinge, und überging fast gänzlich ihre wirkliche Darstellung, die doch für die Analysis so wichtig ist. Denn die Anwendung der Combinationslehre in der Analysis besteht vornehmlich darin, daß zusammengesetzte Größen als Summen von Combinationen nach gewissen Gesetzen in einem einfachen Ausdruck dargestellt werden. Dabei wird aber erfordert, daß man die Bestandtheile der Summe, wo die Entwickelung nöthig ist, leicht, mit Deutlichkeit und Regelmäßigkeit angeben, gleichsam mechanisch hinschreiben könne. Diesen wichtigen Dienst hat Hindenburg der Analysis geleistet. Er hat gezeigt, wie Combinationen und Variationen an sich (simpliciter) nach sichern und einfachen rein-combinatorischen Gesetzen, in Klassen und Ordnungen vollständig aufgestellt werden, sowohl arithmographisch als lexikographisch und involutorisch; ebenso hat er zuerst die Combinationen und Variationen zu bestimmten Summen, deren Gebrauch in der combinatorischen Analysis am häufigsten vorkommt, auszusondern und aufzuzählen gelehrt, ebenfalls nach einer zweifachen Methode. Dann hat er gewiesen, wie jede ganze Zahl in alle ihre ganzen Theile auf eine regelmäßige Art, mit und ohne Versetzungen zerlegt wird [1]).

Da dieser neue Zweig der Analysis namentlich unter der Aegide Leibnizens, der in seinen Schriften oft auf die hohe Wichtigkeit der Ars combinatoria hingewiesen hatte, in die Wissenschaft eingeführt wurde, so zeigte sich die eigenthümliche, in Deutschland bisher kaum vorgekommene Erscheinung, daß nicht nur die Schüler Hindenburg's, sondern auch eine nicht unbedeutende Anzahl der damaligen Mathematiker der neuen Disciplin ihre Kräfte widmeten. Unter den erstern sind besonders Eschenbach und Rothe [2]) hervorzuheben; beide haben gezeigt, daß

[1]) Klügel, Mathematisches Wörterbuch. Erster Theil, S. 474. f.

[2]) Hieronymus Christoph Wilhelm Eschenbach geb. 1764 zu Leipzig, 1785 Privatdocent an der Universität, seit 1791 Ingenieur-Kapitän im Dienst der

der polynomische Lehrsatz mit dem sogenannten Umkehrungsproblem der Reihen in Zusammenhang steht. Eschenbach zeigte zuerst, daß die indepedente Bestimmung der Glieder der umgekehrten Reihe mittelst des polynomischen Lehrsatzes möglich ist; der Beweis dazu, den er nicht allgemein zu führen vermochte, wurde von Rothe gegeben, welcher auch die Formel fand, durch die jedes Glied der umgekehrten Reihe ermittelt werden kann[1]). Ueberhaupt wurde einer der vornehmsten Angelpunkte, um den sich die Untersuchungen der combinatorischen Analysis gruppirten, das sogenannte Reversionsproblem d. h. falls eine Function durch eine nach Potenzen der ursprünglichen Veränderlichen fortschreitenden Reihe gegeben ist, die letztere oder eine Potenz derselben durch Functionalwerthe auszudrücken. So zeigte Pfaff, daß die von Rothe aufgestellte Reversionsformel auch aus dem Lagrange'schen Lehrsatze hergeleitet werden könnte[2]). Mit der

holländisch-ostindischen Compagnie auf dem Cap, Batavia und Malacca, gest. 1797 zu Madras als englischer Kriegsgefangener. — Heinrich August Rothe, geb. 1773 zu Dresden, 1793 Docent an der Universität Leipzig, 1796 außerordentlicher Professor, seit 1804 Professor an der Universität Erlangen, gest. 1842.

[1]) Eschenbach, Dissertatio de serierum reversione formulis analytico-combinatoriis exhibita. Lips. 1789. — Rothe, Formulae de serierum reversione demonstratio universalis signis localibus combinatorio-analyticorum vicariis exhibita. Lips. 1793.

[2]) In der Abhandlung: Tractatus de reversione serierum sive de reversione aequationum per series; sie ist die dritte in dem bereits oben besprochenen Werke: Disquisitiones analyticae. Diese Abhandlung besteht aus drei Abschnitten. In dem ersten giebt Pfaff eine neue Herleitung des Lagrange'schen Lehrsatzes, zugleich mit einer Analyse der bisherigen Beweise desselben. Hierbei zeigt er zugleich, wie die Rothe'sche Formel entsteht. Der zweite Abschnitt hat die Ueberschrift: De theoremate polynomiali combinatorie tractato ejusque applicatione ad reversionem serierum. Pfaff giebt darin eine gedrängte Darstellung der Combinationslehre zum Behuf der Herleitung des polynomischen Lehrsatzes. Der dritte enthält: Problemata generaliora ad reversionem serierum sive solutionem aequationum per series spectantia. — Die ganze Abhandlung ist dadurch bemerkenswerth, daß Pfaff darin zeigt, wie die Combinationslehre für die Behandlung der Probleme der höheren Analysis zur Anwendung kommt.

vollständigen Auflösung dieses Problems meinten die Anhänger der combinatorischen Analysis, daß auch die allgemeine Auflösung der Gleichungen gegeben sei. Sie übersahen aber dabei ein wichtiges Moment: die Convergenz oder Divergenz der Reihe, die als Werth der Unbekannten erhalten wurde. Mit Recht fordert die neuere Analysis jedesmal die Entscheidung darüber, insofern davon lediglich die Brauchbarkeit der Resultate abhängt.

Obwohl diese combinatorische Schule eine nicht unbedeutende Schaar Anhänger zählte, so daß noch in den ersten Jahrzehnten des folgenden Jahrhunderts fast alle Lehrstühle auf den deutschen Universitäten mit ihnen besetzt waren, und eine ziemlich umfangreiche Literatur hervorgebracht hat, so muß doch die Geschichte der Wissenschaft die eigenthümliche Thatsache berichten, daß alles was die combinatorische Schule geschaffen hat, so elegant auch die gewonnenen Resultate in formeller Hinsicht sein mochten, nicht über die Gränzen Deutschlands sich verbreitet hat und gegenwärtig der Vergessenheit fast vollständig anheimgefallen ist. Zwar mag, um ersteres zu erklären, die mächtige Aufregung und Umwälzung in der damaligen politischen Welt etwas dazu beigetragen haben, auf der andern Seite läßt sich jedoch nicht läugnen, daß durch den äußerst abstracten Formalismus, in dem die Arbeiten der combinatorischen Schule auftraten, und durch die geringe Rücksichtnahme auf die Verwendbarkeit der gewonnenen Resultate die außerdeutschen Mathematiker von der Berücksichtigung derselben zurückgehalten wurden. Durch die großen französischen Mathematiker, Lagrange und Laplace, war eine andere Behandlungsweise der mathematischen Probleme eingeführt worden, welche durch Eleganz und Gewandtheit in formeller Hinsicht ausgezeichnet, sich in der Wissenschaft behauptete und die Arbeiten der gleichzeitigen deutschen Mathematiker so in Schatten stellte, daß sie kaum noch beachtet wurden. Doch mit Unrecht; in neuester Zeit hat die eingehende Bearbeitung des für analytische Untersuchungen so wichtig gewordenen Instruments der Determinanten gezeigt, daß die deutschen Mathematiker die Determinanten wohl kannten und ihren Zusammenhang mit ihren eigenen Bestrebungen richtig zu würdigen im Stande waren[1]).

Wir stehen am Ende des Zeitraums. Ein Rückblick lehrt, daß am Anfang desselben die mächtige Persönlichkeit Leibnizens sämmtliche Fäden der Wissenschaft in den Händen hielt und so den Mittelpunkt bildete, von dem aus der Fortschritt sich bewegte. Der Schluß desselben zeigt in Bezug auf Deutschland die Kehrseite des Bildes: die französischen Mathematiker sind an die Spitze der Wissenschaft getreten.

---

[1]) Günther, Lehrbuch der Determinanten-Theorie für Studirende. Erlangen 1875. Auf S. 21 findet sich eine ausführliche Darstellung der Leistungen der combinatorischen Schule, besonders Rothe's, in Betreff der Determinanten.

Drittes Buch.

Vom Anfang bis zur Mitte des neunzehnten Jahrhunderts.

Wir schlossen den vorhergehenden Zeitraum mit einer wenig erfreulichen Wahrnehmung in Betreff des Zustandes der mathematischen Wissenschaften in Deutschland. Da erschien eben an der Wende des Jahrhunderts die Erstlingsarbeit eines Mannes, dessen gewaltige Geisteskraft den Glanz der Leibnizischen Zeit wieder erneuerte, ja überstrahlte.

„Es sind von Zeit zu Zeit in der Weltgeschichte hochbegabte, selten bevorzugte Naturen aus dem Dunkel ihrer Umgebung hervorgetreten, welche durch die schöpferische Kraft ihrer Gedankenwelt und durch die Energie ihres Wirkens einen so hervorragenden Einfluß auf die geistige Entwickelung der Völker ausgeübt haben, daß sie gleichsam als Marksteine zwischen den verschiedenen Jahrhunderten dastehen, von denen ein neuer Culturzustand unsers Geschlechts seinen Anfang genommen hat.“ Mit diesen Worten beginnen die Blätter, in welchen das Leben des über sein Jahrhundert hoch hervorragenden Mannes, dessen Leistungen wir zunächst betrachten, von befreundeter Hand gezeichnet ist[1]); sie charakterisiren den gewaltigen Geist vollständig, der die Leuchte der Wissenschaft seinem Jahrhundert vorantrug und ihr neue Bahnen zeigte.

---

[1]) Sartorius von Waltershausen, Gauß zu Gedächtniß. Leipzig 1856.

Carl Friedrich Gauß (geb. 30. April 1777 zu Braunschweig, gest. 23. Februar 1855 in Göttingen) gab schon in frühester Jugend die glänzendsten Beweise von außerordentlichen Talenten; namentlich zeigte er eine ganz besondere Fähigkeit in Auffassung von Zahlen und eine bewunderungswerthe Leichtigkeit und Sicherheit im Kopfrechnen, daß er dadurch die Aufmerksamkeit aller die ihm nahe standen erregte. Da seine Eltern wenig bemittelt waren, so erhielt er den damals üblichen ersten Unterricht in einer Volksschule seiner Vaterstadt. In derselben diente zur Unterstützung des Lehrers ein junger Mann, Namens Bartels, der sich für mathematische Studien interessirte und der für den zehnjährigen Knaben, welcher ein so ungewöhnliches Talent für das Rechnen zeigte, eine Zuneigung faßte. Er schaffte einige mathematische Bücher an, die er mit dem kleinen Schüler gemeinsam studirte; dadurch wurde derselbe mit dem binomischen Lehrsatz und mit der Lehre von den unendlichen Reihen bekannt, welche ihm den Zugang zur höheren Analysis eröffnete[1]). Zugleich erwarb sich Bartels um den jungen Gauß noch dadurch ein Verdienst, daß er einflußreiche Männer auf ihn aufmerksam machte. — Von 1788 bis 1792 besuchte Gauß das Gymnasium; auch hier zeichnete er sich durch seine Leistungen in den alten Sprachen so aus, daß Lehrer und Schüler ihn bewunderten. Der Herzog Carl Wilhelm Ferdinand von Braunschweig ließ sich den talentvollen Schüler vorstellen und gewährte ihm die Mittel zu seiner weitern Ausbildung, die er von 1792 bis 1795 auf Collegium Carolinum fortsetzte. Hier studirte Gauß bereits die Meisterwerke Newton's, Euler's und Lagrange's, vornehmlich wurden ihm die Principia des erstern, die nach dem Muster der alten griechischen Mathematiker abgefaßt sind, ein Vorbild für die Behandlung mathematischer Probleme. Kein Wunder, daß, als Gauß 1795 die Universität Göttingen bezog, die Vorlesungen

[1]) Bartels studirte später Mathematik. Er starb als Professor an der Universität Dorpat im Jahre 1836.

Kästner's ihn nicht besonders ansprachen; desto eifriger ging er in seinen mathematischen Studien seinen eigenen Weg, und da ihm schon in den ersten Jahren seines Göttinger Aufenthalts mehrere der wichtigsten Entdeckungen (1795 die Methode der kleinsten Quadrate, 1796 die Theorie der Kreistheilung) gelangen, so entschied er sich, der Mathematik sein Leben zu widmen[1]).

1798 kehrte Gauß nach Braunschweig zurück. Er hatte während seines Göttinger Aufenthalts so viele Ergebnisse allein in der Theorie der Zahlen gewonnen, daß er an die Herausgabe eines selbstständigen Werkes, der Disquisitiones arithmeticae, Hand anlegen konnte. Um die Leistungen früherer Mathematiker kennen zu lernen, begab sich Gauß wiederholt nach Helmstedt, um die dortige, besonders mit Schriften gelehrter Gesellschaften reich ausgestattete Bibliothek zu benutzen. Daselbst kam er in Verkehr mit dem Mathematiker Joh. Friedr. Pfaff.

Gauß hatte kaum sein 20. Jahr vollendet, als er sich bereits in dem Besitz eines reichen Schatzes von wichtigen wissenschaftlichen Entdeckungen sah. „Ein so außerordentlicher Ideenreichthum quoll damals Tag und Nacht aus der Seele dieses jugendlichen Geistes hervor, daß eine Entdeckung gleichsam die andere überstürzte, daß sich kaum Zeit und Muße fand, auch nur die äußern Umrisse derselben zu Papier zu bringen"[2]). — In dieser Hinsicht überstrahlt Gauß den berühmten Newton; während die wichtigen Entdeckungen des letztern in der Optik und in der Analysis erst von dem 24. Lebensjahre datiren, endigte bereits seine Schaffungskraft in neuen wissenschaftlichen Werken mit dem 50. Jahre, Gauß dagegen blieb bis ans Ende seines Lebens für den Fortschritt der Wissenschaft unausgesetzt thätig.

---

[1]) In seinem Exemplar der Disquisitiones arithmeticae p. 662 hat Gauß bemerkt: Circulum in 17 partes divisibilem esse geometrice, deteximus 1796 Mart. 30. Es wird berichtet, daß diese Entdeckung, welche Gauß sehr hoch schätzte, es vornehmlich gewesen ist, die seinem Leben eine bestimmte Richtung gegeben hat; denn von jenem Tage an entschied er sich für die Mathematik.

[2]) Sartorius, Gauß S. 21.

Als erste wissenschaftliche Leistung, die Gauß zur Erlangung der Würde eines Doctors der Philosophie veröffentlichte, erschien die Abhandlung: Demonstratio nova theorematis omnem functionem algebraicam rationalem integram unius variabilis in factores reales primi vel secundi gradus resolvi posse, Helmst. 1799. Dieser in der Theorie der Gleichungen wichtigste Fundamentalsatz, daß jede ganze rationale algebraische Function sich in lauter reelle Factoren des ersten und zweiten Grades zerlegen lasse, war bereits von den ersten Mathematikern des 18. Jahrhunderts, d'Alembert, Euler, Foncenex, Lagrange, zu beweisen versucht worden; sie hatten aber dabei angenommen, daß es lediglich darauf ankäme, die Form der Wurzeln zu bestimmen, indem sie übersahen, daß die Existenz derselben vorher nachgewiesen werden müsse. Nachdem Gauß in dieser Schrift durch eine genaue Analyse der gedachten Beweise diesen Mangel gezeigt hat, giebt er einen vollkommen strengen Beweis, worin er den Gebrauch der damals noch wenig geläufigen imaginären Größen vermeidet und zum Theil geometrische Vorstellungen, namentlich die Geometrie der Lage, zu Hülfe nimmt. Am Schluß dieser Abhandlung bemerkt Gauß, daß er es nicht für unmöglich halte, daß der Beweis des in Rede stehenden Satzes auch rein analytisch geführt werden könne. Zwei solche Beweise hat er 16 Jahre später kurz nach einander bekannt gemacht[1]). Beide unterscheiden sich dadurch von dem zuerst gegebenen, daß sie fremdartige Betrachtungen herbeizuziehen vermeiden und sich lediglich auf den Gebrauch analytischer Hülfsmittel beschränken. Zugleich zeichnet sich der dritte vor den beiden andern durch Einfachheit und Kürze aus. Denselben Gegenstand hat Gauß noch

[1]) Demonstratio nova altera theorematis omnem functionem algebraicam rationalem integram unius variabilis in factores reales primi vel secundi gradus resolvi posse. — Theorematis de resolubilitate functionum algebraicarum integrarum in factores reales demonstratio tertia. Supplementum commentationis praecedentis. Beide Abhandlungen erschienen in Commentat. Societ. reg. scient. Gottingensis recent. vol. III. 1816.

einmal berührt in der Schrift, die er zur Feier seines 50jährigen Doctorjubiläums veröffentlichte: Beiträge zur Theorie der algebraischen Gleichungen (Abhandlungen der Königl. Gesellschaft der Wissenschaften zu Göttingen Bd. IV. 1850). Bisher hatte man sich begnügt, das Vorhandensein eines solchen reellen Factors der betreffenden Functionen nachzuweisen, indem wenn dieser eine Factor von der gegebenen Function abgelöst wird, eine ähnliche Function von niederer Ordnung zurückbleibt, auf welche der Lehrsatz aufs neue angewandt werden kann, so daß durch Wiederholung des Verfahrens zuletzt eine vollständige Zerlegung der ursprünglichen Function in reelle Factoren hervorgeht. Gauß hatte bereits am Schluß des ersten Beweises angedeutet, daß durch ihn das Vorhandensein der sämmtlichen Factoren unmittelbar anschaulich gemacht werden könne. Dies wird in der zuletzt erwähnten Schrift weiter ausgeführt, indem er zugleich den ganzen ersten Beweis in seinen Hauptmomenten wiederholt, wobei er den Gebrauch der complexen Größen nicht ausschließt. Es gewinnt dadurch offenbar dieser Beweis eine höhere Vollendung. Die zweite Abtheilung der gedachten Schrift beschäftigt sich mit den algebraischen Gleichungen, welche aus drei Gliedern bestehen. Diese haben bekanntlich das Eigenthümliche, daß darauf die zur Auflösung der numerischen Gleichungen dienlichen Methoden, namentlich die Auflösung durch unendliche Reihen und die indirecten Methoden, anwendbar sind und auf eine geschmeidige und elegante Weise zum Ziele führen. Das erstere Verfahren, die Auflösung durch unendliche Reihen, wird von Gauß hier nicht weiter verfolgt; er bemerkt lediglich, daß für jede Wurzel einer solchen Gleichung, sie sei reell oder imaginär, eine convergente und nach einem leicht erkennbaren Gesetz fortschreitende Reihe gefunden werden kann. Da man jedoch, falls die Reihe nicht sehr schnell convergirt, immer die indirecten Methoden vorziehen wird, wenn es sich um praktische Anwendung handelt, so zieht Gauß hier die letztern in Betracht. Namentlich handelt es sich um zwei Methoden, die eine für die reellen, die andere für

14*

die imaginären Wurzeln. Für beide werden die zur Auflösung erforderlichen Vorschriften vollständig und in gebrauchsfertiger Gestalt mitgetheilt.

Außerdem verdankt man Gauß noch einen vollständig allgemeinen Beweis des gewöhnlich nach dem englischen Mathematiker Harriot benannten Lehrsatzes, der den Zusammenhang der Anzahl der positiven und negativen Wurzeln einer algebraischen Gleichung mit der Anzahl der Abwechselungen und Folgen in den Vorzeichen der Coefficienten feststellt (Crelle's Journal, Bd. 3. 1828).

Das Vorstehende ist eine Zusammenstellung von dem was Gauß auf dem Gebiet der Algebra geleistet hat. Wir kehren zu seinen Arbeiten in Betreff der Theorie der Zahlen zurück.

In Anschluß an die schon von den griechischen und indischen Mathematikern cultivirte sogenannte unbestimmte Analysis ist namentlich durch die von Fermat aufgestellten Sätze eine neue Disciplin entstanden, welche die Erforschung der Eigenschaften der Zahlen zum Gegenstand hat und die gegenwärtig Theorie der Zahlen genannt wird. Fermat's Sätze finden sich theils in der von seinem Sohne herausgegebenen Ausgabe des Diophantus[1]), theils in seinen Briefen an französische und englische Mathematiker; nur von einigen seiner Sätze hat er die Beweise mitgetheilt, von den meisten fehlen sie; man nimmt an, daß Fermat die von ihm entdeckten Theoreme durch Induction gefunden und darauf die Beweise gesucht habe. Die wichtigsten von Fermat's Sätzen sind die folgenden: Jede ganze Zahl ist entweder eine Triangularzahl oder ist aus 2 oder 3 Triangularzahlen zusammengesetzt; jede Zahl ist entweder eine Quadratzahl oder aus 2 oder 3 oder 4 Quadratzahlen zusammengesetzt; jede Zahl ist entweder eine Pentagonalzahl oder aus 2 oder 3 oder 4 oder 5 Pentagonalzahlen zusammengesetzt u. s. w. — Wenn

---

[1]) Diophanti Alexandrini Arithmeticorum libri sex, et de numeris multangulis liber unus. Cum Commentariis C. G. Bacheti V. Cl. et observationibus D. P. de Fermat Senatoris Tolosani. Tolosae 1670.

p eine Primzahl und a nicht durch p theilbar ist, so ist $a^{p-1} - 1$ durch p theilbar. — Jede Primzahl von der Form $4n + 1$ ist die Summe zweier Quadratzahlen. — Die Gleichung $x^m \pm y^m = z^m$ kann für ganze Zahlen nicht stattfinden, wenn $m > 2$ ist. — Nach Fermat (er starb 1665) wurde die Aufmerksamkeit der Mathematiker fast ausschließlich durch die Ausbildung der höheren Analysis in Anspruch genommen. Erst um die Mitte des 18. Jahrhunderts kamen Euler und Lagrange auf das seit langer Zeit vernachlässigte Gebiet der Zahlenlehre zurück. Zahlreiche Abhandlungen, die Euler in den Commentarien der Petersburger Akademie und in seinen andern Werken veröffentlicht hat, beweisen das lebendige Interesse, welches er der Erforschung der Eigenschaften der Zahlen zuwandte. Er hat zwei der wichtigsten Theoreme Fermat's, das zweite und dritte der oben genannten, zuerst bewiesen; er hat gezeigt, daß die Gleichung $x^m \pm y^m = z^m$ für $m = 3$ und $m = 4$ nicht stattfindet; außerdem verdankt man ihm die Beweise von einer Menge Lehrsätze Fermat's über die Primzahlen, sowie des Wilson'schen Satzes, daß wenn p eine Primzahl ist, $1 . 2 . 3 . 4 \ldots (p-1) + 1$ stets durch p theilbar ist. Euler hat auch den Fundamentalsatz der Theorie der quadratischen Reste, das später sogenannte Reciprocitätsgesetz, zuerst aufgestellt[1]). Man verdankt Euler ferner eine Anweisung, die Anzahl der möglichen Arten zu finden, wie ganze Zahlen in andere ganze Zahlen getheilt werden können (sieh. die Abhandlung: De partitione numerorum in der Introductio in Analysin infinitorum, Tom. I. cap. 26), den Gebrauch der irrationalen oder imaginären Factoren in der Auflösung der unbestimmten Gleichungen, die allgemeine Auflösung der unbestimmten Gleichungen des zweiten Grades, wenn eine besondere Auflösung bekannt ist. — Durch Lagrange wurden die Arbeiten Euler's vervollkommnet und erweitert. Eine Methode, die unbestimmten Gleichungen des zweiten Grades in ganzen Zahlen aufzulösen, war seine erste

[1]) Sieh. Kronecker's Bemerkungen zur Geschichte des Reciprocitätsgesetzes. Monatsberichte der Berliner Akademie 1875 S. 267 ff.

Leistung auf diesem Gebiet. Nächstdem zeigte Lagrange den Gebrauch der Kettenbrüche zur Auflösung der unbestimmten Gleichungen des zweiten Grades und bewies zuerst daß der Kettenbruch, der der Wurzel einer solchen Gleichung gleich ist, periodisch sein müsse; er schloß daraus daß die Gleichung $x^2 - Ay^2 = 1$, wenn A eine positive, nicht quadratische Zahl bezeichnet, stets auflösbar ist. Ferner hat Lagrange zuerst bewiesen, daß jede ganze Zahl der Summe von 4 Quadraten gleich ist. Wichtiger als dies sind jedoch die allgemeineren Methoden, die Lagrange zur Behandlung von dergleichen Problemen zur Anwendung brachte: die Methoden der Transformation, Aequivalenz und Reduction; durch diese wurde die Theorie der quadratischen Reste wesentlich erweitert. Hierdurch gelang es Lagrange, die Form der quadratischen Division des Ausdrucks $t^2 + au^2$ zu ermitteln, wo t und u unbestimmte ganze Zahlen, jedoch relative Primzahlen und a eine gegebene positive oder negative Zahl bezeichnen. Eine Menge von Sätzen über die Primzahlen ergaben sich daraus als Folgerungen. Diese Untersuchungen wurden von Legendre durch die Aufstellung des sogenannten Reciprocitätsgesetzes vervollständigt, dessen erster Entdecker, wie oben bemerkt, Euler ist.

Von allen diesen Entdeckungen auf dem Gebiet der Zahlenlehre, wovon im Vorstehenden ein kurzer Umriß gegeben ist, versichert Gauß nichts gewußt zu haben, als seine Aufmerksamkeit auf die Eigenschaften der Zahlen gerichtet wurde. Wie er in einem Briefe an Encke erwähnt (Gauß' Werke, Bd. II. S. 444 ff.), geschah dies bereits in den Jahren 1792 oder 1793, wo er eben das Gymnasium verlassen und das Collegium Carolinum bezogen hatte; er beschäftigte sich damals mit den Primzahlen und bemerkte die abnehmende Frequenz derselben. Seine ersten feineren zahlentheoretischen Untersuchungen datiren aus dem Anfang des Jahres 1795. Gauß gerieth, wie er in der Vorrede zu den Disquisitiones arithmeticae erzählt, zufällig auf das Theorem, daß -1 quadratischer Rest aller Primzahlen von der Form

$4n+1$, dagegen quadratischer Nichtrest aller Primzahlen von der Form $4n+3$ ist[1]). Von der Schönheit desselben wurde er so angezogen, daß er nicht eher ruhte als bis er das zu Grunde liegende Princip erkannt und einen strengen Beweis davon gefunden hatte. Dieses erste glückliche Ergebniß reizte ihn zu weitern Untersuchungen, und er entdeckte durch eigenes Nachdenken alles das was die vier ersten Sectionen der Disquisitiones arith. enthalten. Erst jetzt wurde ihm Gelegenheit, die Arbeiten Fermat's, Euler's, Lagrange's und Legendre's auf diesem Gebiete kennen zu lernen; er ersah daraus, daß ein großer Theil des von ihm Gefundenen bereits bekannt war. Gauß setzte um so eifriger seine Studien fort; die drei letzten Sectionen der Disquisitiones enthalten zum Theil die damals gewonnenen Ergebnisse. Da ein Werk über die Theorie der Zahlen nicht vorhanden war, so beschloß er das in den Commentarien der gelehrten Gesellschaften zerstreute Material in Verbindung mit seinen eigenen Untersuchungen in einer besondern Schrift zusammenzustellen. Dies ist die Entstehung seines berühmten Werkes: Disquisitiones arithmeticae, das im Jahre 1801 erschien. Bevor der Druck desselben, der vier Jahre hindurch sich verzögerte, vollendet war, veröffentlichte Legendre eine Schrift von gleicher Tendenz mit der Gaußischen: Essai d'une théorie des nombres, Paris an. VI. (1799)[2]). Während der französische Mathematiker mehr die hergebrachte Behandlung der Eigenschaften der Zahlen befolgte und seine Entdeckungen daran anschloß, wurde von Gauß durch die Einführung der Congruenz der Zahlen ein neuer Algorithmus geschaffen. Da sich nämlich jede beliebige ganze Zahl a stets und nur auf eine einzige Weise auf die Form

[1]) In seinem Handexemplar der Disquis. arith. hat Gauß bemerkt: Theorema fundamentale per inductionem detectum 1795 Martio Demonstratio prima quae in hac editione traditur, inventa 1796 Apr.

[2]) Dieses Werk, das unter dem Titel: Théorie des nombres, Paris 1830, in dritter Auflage erschien, ist ein vollständiger Thesaurus der Theorie der Zahlen geworden.

$a = sk + r$ bringen läßt, wo s und k ganze Zahlen (die letztere positiv genommen) und r eine der k Zahlen 0 . 1 . 2 . 3 . . . . (k — 1) bezeichnen, so wird r der Rest der Zahl a in Bezug auf den Modulus k genannt; lassen nun zwei Zahlen a und b in Bezug auf denselben Modulus k denselben Rest r, so sind sie gleichrestig. Gauß nennt sie congruent in Bezug auf den Modulus k, und drückt dies durch die Bezeichnung aus: $a \equiv b$ (mod. k); so ist $65 \equiv 16$ (mod. 7), $-16 \equiv 9$ (mod. 5). Dadurch wurde es möglich, ganze Gruppen von Zahlen unter einem Gesichtspunkt zusammenzufassen oder in Klassen zu theilen. Insofern nun alle Zahlen, welche derselben Klasse angehören, mehrere gemeinschaftliche Eigenschaften haben, so spielen sie in Bezug auf den Modulus fast die Rolle einer einzigen Zahl. Es ergab sich daraus, daß die Beweise vieler Sätze über die Eigenschaften der Zahlen außerordentlich vereinfacht wurden.

Die Disquisitiones arithmeticae bestehen aus 7 Sectionen. Die erste handelt von der Congruenz der Zahlen im Allgemeinen. In der zweiten werden die Congruenzen des ersten Grades mit einer und mehreren Unbekannten betrachtet, jene von der Form $ax \equiv c$ (mod. b), diese von der Form

$$\begin{aligned} ax + by + cz &\equiv f \text{ (mod. m)} \\ a'x + b'y + c'z &\equiv f' \\ a''x + b''y + c''z &\equiv f'' \end{aligned}$$

Diese Congruenzen drücken in kürzerer Form die unbestimmten Gleichungen des ersten Grades mit zwei und mehreren Unbekannten aus, wie $ax + by = c$ u. s. w.; von den mit zwei Unbekannten hatten bereits Bachet de Meziriac, Euler und Lagrange Auflösungen in ganzen Zahlen gegeben. Den Inhalt der dritten Section bilden die Potenzreste d. h. die Reste, die aus den successiven Potenzen einer Zahl hervorgehen. Vor allen ist hier der berühmte, für die gesammte Arithmetik wichtige Fermat'sche Lehrsatz zu erwähnen, daß $a^{p-1} \equiv 1$ (mod. p), wenn p eine Primzahl und a eine durch dieselbe nicht theilbare Zahl bezeichnen. Euler hatte zwei Beweise dieses Satzes gegeben, mit dem zweiten stimmt der hier von Gauß geführte übereint. Nach dem Fermat'schen Satz, der die Basis der Theorie der Congruenzen höherer Ordnungen bildet, wird eine Congruenz von der Form $x^{p-1} - 1 \equiv 0 \pmod{p}$ so viele Wurzeln haben, als sie ihrem Grade nach haben kann. Im Anschluß hieran wird ferner über die Wurzeln der Congruenz $x^n \equiv A \pmod{p}$ gehandelt, speciell über $x^n \equiv 1 \pmod{p}$. Unter den Lehrsätzen, die hier neu bewiesen werden, ist der Satz von Wilson hervorzuheben, daß wenn p eine Primzahl ist, $1.2.3.4 \ldots (p-1) \equiv -1 \pmod{p}$. In der vierten Section, die von den Congruenzen des zweiten Grades handelt, ist zunächst von den quadratischen Resten und Nichtresten die Rede. Ist nämlich $x^2 \equiv b \pmod{c}$ eine Congruenz des zweiten Grades, in welcher c eine Primzahl und b eine beliebige positive oder negative Zahl bezeichnen, so heißt die Zahl b quadratischer Rest der Zahl c, wenn es möglich ist, ein Quadrat x^2 zu finden, welches nach dem Modulus c congruent b ist; giebt es dagegen kein solches Quadrat, so ist b quadratischer Nichtrest von c. Ist nun c eine ungerade Primzahl, so muß $b^{\frac{c-1}{2}} \equiv 1 \pmod{c}$ sein, damit die Congruenz $x^2 \equiv b \pmod{c}$ stattfindet. Da aber $b^{c-1} = \left(b^{\frac{c-1}{2}}\right)^2 \equiv 1 \pmod{c}$, so ist $b^{\frac{c-1}{2}}$ entweder $\equiv +1$ oder $\equiv -1 \pmod{c}$; demnach ist b quadratischer Rest oder Nichtrest von c, je nachdem $b^{\frac{c-1}{2}} \equiv +1 \pmod{c}$ oder $b^{\frac{c-1}{2}} \equiv -1 \pmod{c}$, ein Satz der bereits von Euler als Criterium aufgestellt wurde, zu entscheiden, ob eine Zahl für einen bestimmten Modulus quadratischer Rest oder Nichtrest ist. Es ist jedoch zu bemerken, daß wenn über große Zahlen entschieden werden soll, darnach die Rechnung sehr mühsam wird. Bei weitem schwieriger ist die Frage zu entscheiden: wenn die Zahl b gegeben ist, alle Moduln c zu finden, von denen die gegebene Zahl quadratischer Rest oder Nichtrest ist. Zur Untersuchung dieses Problems beginnt Gauß mit den einfachsten Fällen. Er zeigt daß -1

quadratischer Rest aller Primzahlen von der Form $4n + 1$, und Nichtrest aller Primzahlen von der Form $4n + 3$ ist; ferner daß die Zahl $+2$ quadratischer Rest aller Primzahlen der Formen $8n + 1$, $8n + 7$, dagegen Nichtrest aller Primzahlen der Formen $8n + 3$, $8n + 5$ ist, und die Zahl -2 quadratischer Rest aller Primzahlen der Formen $8n + 1$, $8n + 3$, Nichtrest aller Primzahlen der Formen $8n + 5$, $8n + 7$ ist. Nachdem Gauß ebenso die Untersuchung für ± 3, ± 5, ± 7 fortgesetzt hat, wobei sich ergiebt, daß die angewandten Methoden zur Aufstellung eines allgemeinen Resultates nicht führen, beginnt er die Vorbereitung zur Feststellung des Fundamentaltheorems, in welchen die gesammte Theorie der quadratischen Reste enthalten ist, des sogenannten Reciprocitätsgesetzes[1]), das von Gauß so ausgesprochen wird: Wenn p eine Primzahl von der Form $4n + 1$ ist, so ist $+p$, wenn aber p eine Primzahl von der Form $4n + 3$ ist, so ist $-p$ quadratischer Rest oder Nichtrest einer jeden Primzahl, welche positiv genommen quadratischer Rest oder Nichtrest von p ist. Dieses Gesetz wird hier zum ersten Mal in voller Strenge von Gauß bewiesen[2]). Zuletzt werden mit Hülfe dieses Fundamentaltheorems die linearen Formen aufgestellt, in denen die Primzahlen enthalten sind, von welchen eine gegebene Zahl quadratischer Rest oder Nichtrest ist. — Die bei weitem umfangreichste Section ist die fünfte, welche von den Formen und unbestimmten Gleichungen des zweiten Grades handelt. Um die Auflösung der unbestimmten Gleichungen des zweiten Grades hatten sich Euler und namentlich Lagrange die größten Verdienste erworben; der letztere hatte den Grund zu einer allgemeinen Theorie derselben gelegt. Alle diese Resultate werden hier von Gauß vervollständigt und zu einem Ganzen vereinigt. Unter einer Form des zweiten Grades wird

[1]) So ist es von Legendre benannt worden.

[2]) Es sind von Gauß sechs Beweise dieses Fundamentaltheorems vorhanden; davon finden sich zwei in den Disquisit. arith., vier andere in später veröffentlichten Abhandlungen.

der Ausdruck $axx + bxy + cyy$ verstanden, in welchen a, b, c bestimmte ganze Zahlen, x, y veränderliche ganze Zahlen sind. Eine solche Form drückt Gauß durch das Symbol (a, b, c) aus, insofern die Eigenschaften der Form allein von den Coefficienten abhängen und zwar von dem Ausdruck $b^2 - ac$, der deshalb die Determinante der Form genannt und durch D bezeichnet wird. Diese Form (a, b, c) läßt sich durch Einführung neuer Veränderlichen in eine andere quadratische Form (a', b', c') mit der Determinante D' transformiren, welche der frühern D multiplicirt mit einer Quadratzahl stets gleich ist; beide Determinanten haben also auch dasselbe Vorzeichen. Kann nun die Form (a', b', c') durch eine ähnliche Substitution in die Form (a, b, c) transformirt werden d. h. ist die erste Form in der zweiten und die zweite in der ersten enthalten, was der Fall sein wird, wenn die Quadratzahl = 1, so heißen beide Formen äquivalent. Auf die Unterscheidungen über eigentliche und uneigentliche Aequivalenz, über entgegengesetzte und benachbarte (contiguae) Formen, über ambige Formen (formae ancipites) folgt die allgemeine Untersuchung über die Darstellung der Zahlen durch quadratische Formen. Diese Darstellung läßt sich zurückführen auf die Lösung der beiden Probleme: zu entscheiden, ob zwei gegebene Formen von gleicher Determinante äquivalent sind, und: alle Substitutionen zu finden, durch welche die eine von zwei gegebenen äquivalenten Formen in die andere übergeht. Das erstere erfordert zu seiner Lösung ganz verschiedene Methoden, je nachdem die Determinante positiv oder negativ ist; für den letztern Fall ist die Untersuchung einfacher, sie wird deshalb zuerst verfolgt. Um über die Aequivalenz zweier Formen dieser Art zu entscheiden, werden sie mit sogenannten reducirten Formen verglichen d. h. mit solchen Formen von negativer Determinante (A, B, C), in welchen C nicht kleiner als A und A nicht kleiner als der absolute Werth von 2B ist; es ergiebt sich daß jede Form von negativer Determinante einer reducirten Form äquivalent ist. Als specielle Fälle dieser Theorie ergeben sich die Fermat'schen

Sätze: Jede Primzahl von der Form $4n + 1$ kann in zwei Quadrate zerlegt werden und zwar nur auf eine einzige Weise. Jede Primzahl von den Formen $8n + 1$ und $8n + 3$ kann in ein Quadrat und in ein doppeltes Quadrat zerlegt werden und zwar nur auf eine einzige Weise. Den ersten hatte Euler, den zweiten Lagrange bewiesen. Ferner der Satz: Jede Primzahl von der Form $3n + 1$ läßt sich in ein Quadrat und in ein dreifaches Quadrat und zwar nur auf eine einzige Weise zerlegen, dessen Beweis ebenfalls Euler bereits gegeben hatte. Es folgt die Untersuchung über die Formen mit positiver, nicht quadratischer Determinante. Als specieller Fall dieser Theorie ergiebt sich die Lösung der sogenannten Pell'schen Gleichung $tt - Duu = 1$, um deren Lösung Euler, namentlich aber Lagrange sich besonders verdient gemacht hatten. Hieran reihen sich die Untersuchungen über die Formen mit quadratischer Determinante und über die Formen deren Determinante $= 0$ ist. Als Schluß dieser Untersuchungen folgt die allgemeine Auflösung der Gleichungen des zweiten Grades mit zwei Unbekannten in ganzen Zahlen. In einer besonderen Unterabtheilung dieser Section wird alsdann über die Eintheilung der quadratischen Formen von gegebener Determinante in Klassen, Geschlechter und Ordnungen gehandelt; hieran schließt sich das Capitel über die Zusammensetzung der quadratischen Formen, eine Theorie, die von Gauß geschaffen ist. Die Section endigt mit einer Digression über die ternären Formen des zweiten Grades, wie $Axx + 2Bxy + Cyy + 2Dxz + 2Eyz + Fzz$, insofern aus ihnen mehrere Eigenschaften der binären Formen des zweiten Grades sich ableiten lassen, unter andern die Theorie der Zerlegung der Zahlen und der binären Formen in drei Quadrate, ferner der Beweis des bis dahin unbewiesen gebliebenen Fermat'schen Satzes: Jede positive ganze Zahl kann in drei Trigonalzahlen zerlegt werden. Ein anderer Fermat'scher Satz: Jede ganze positive Zahl kann in vier Quadrate zerlegt werden, welcher von Lagrange und Euler bereits bewiesen war, ergiebt sich ebenfalls aus dieser Theorie.

Hieran reiht sich die Lösung der Gleichung $axx + byy + czz = 0$, und die allgemeine Auflösung der unbestimmten Gleichungen des zweiten Grades mit zwei Unbekannten, wie $axx + 2bxy + cyy + 2dx + 2cy + f = 0$, durch rationale Größen. — Die sechste und siebente Section enthalten Anwendungen der vorausgegangenen Theorien. Aus der großen Fülle derselben hebt Gauß selbst die folgenden hervor: Zerlegung der Brüche in einfachere, Verwandlung der gemeinen Brüche in Decimalbrüche, eine allgemeine Auflösung der Congruenz $xx \equiv A \pmod{m}$ d. h. der unbestimmten Gleichung $xx = A + my$, die früher auf indirecte Weise gelöst wurde; zwei Methoden, zusammengesetzte Zahlen von Primzahlen zu unterscheiden und ihre Factoren zu finden. Die siebente Section ist der Kreistheilung gewidmet. Nachdem Gauß in einer Vorbemerkung darauf aufmerksam gemacht, daß die im Folgenden gegebene Theorie nicht allein auf Kreisfunctionen, sondern auch auf viele andere transcendente Functionen angewandt werden kann, wie z. B. auf die welche von dem Integral $\int \frac{dx}{\sqrt{1-x^4}}$ (lemniscatische Functionen) abhängen, erwähnt er daß die Untersuchung hier auf den einfachsten Fall beschränkt wird, wo die Anzahl der Theile, in welche der Kreis getheilt werden soll, eine Primzahl ist, und zeigt, daß die Aufgabe der Kreistheilung auf die Lösung der Gleichung $x^n = 1$ zurückkommt, in der n eine ungerade Primzahl bezeichnet; hierdurch wird das in Rede stehende Problem ein algebraisches. Diese Gleichung hat nur eine einzige reelle Wurzel $x = 1$, die $n - 1$ übrigen sind in der Gleichung $X = x^{n-1} + x^{n-2} + \cdots + x + 1 = 0$ enthalten und sind sämmtlich imaginär. Der Ausdruck X läßt sich nun in $n - 1$ Factoren des ersten Grades zerfällen, deren Coefficienten zum Theil wenigstens irrational sind, ebenso kann $n - 1$ in Primfactoren $\alpha, \beta, \gamma \ldots$ zerlegt werden, deren Anzahl ν sei; so ist die Auffindung sämmtlicher Wurzeln der Gleichung $X = 0$ auf die Auflösung von ν Gleichungen des α^{ten}, β^{ten}, γ^{ten} .... Grades zurückgeführt. Ist z. B.

n = 17, also n — 1 = 2 . 2 . 2 . 2, so werden 4 quadratische Gleichungen aufzulösen sein, oder allgemein, ist n von der Form $2^k + 1$, so werden alle Hülfsgleichungen vom 2. Grade und ihre Wurzeln sind durch Quadratwurzeln ausdrückbar. Demnach kann die Gleichung X = 0 algebraisch aufgelöst werden. Da man nun jeden Ausdruck, welcher außer Quadratwurzeln keine Irrationalitäten enthält, bekanntlich mit Hülfe von Zirkel und Lineal geometrisch construiren kann, so gilt dasselbe von den Wurzeln der Kreistheilungsgleichung, und es ergiebt sich der Satz: Ist n eine Primzahl von der Form $2^m + 1$, so kann der Kreis in n gleiche Theile geometrisch getheilt werden[1]). Mit dieser berühmten Entdeckung schließen die Disquisitiones arithmeticae. Gauß stellt sie in das rechte Licht durch die Worte: Magnopere sane est mirandum, quod, quum jam Euclidis temporibus circuli divisibilitas geometrica in tres et quinque partes nota fuerit, nihil his inventis intervallo 2000 annorum adjectum sit, omnesque geometrae tamquam certum pronuntiaverint, praeter illas sectiones easque quae sponte inde demanant, nullas alias per constructiones geometricas absolvi posse.

Dies ist ein Gerippe von dem Hervorragenden, das die Disquisitiones arithmeticae enthalten. Es ist aber nicht allein die Menge des Neuen das darin geboten wird, von Wichtigkeit, ganz besonders und vielleicht noch wichtiger sind die neuen, eigenthümlichen Methoden, die zur Behandlung der Probleme mitgetheilt werden. Eben dadurch wurde es Gauß möglich, alles das was bis dahin in der Theorie der Zahlen gefunden war, auf das eleganteste zusammenzufassen und in einem Guße darzustellen. Deshalb beginnt mit dem Erscheinen der Disquisitiones arithmeticae für die Zahlentheorie ein neuer Abschnitt, und sie machen in der Geschichte der Mathematik Epoche. Aber die

[1]) Vergl. Bachmann, die Lehre von der Kreistheilung und ihre Beziehungen zur Zahlentheorie. Leipzig 1872. S. 56. 57.

abstracte, rein synthetische Abfassung bewirkte, daß das Werk anfangs ein Buch mit sieben Siegeln blieb; Gauß selbst hat einmal gesagt, daß es in den ersten 20 Jahren nicht verstanden sei. Allein die letzte darin mitgetheilte Entdeckung über den Fortschritt in der Kreistheilung zog die Aufmerksamkeit auf sich. Erst nach mehreren Jahrzehnten wurde es die Fundgrube, aus welcher fast unerschöpflich die größten Mathematiker unserer Zeit neues funkelndes Material zur Vervollkommnung der Wissenschaft gewannen.

Die Disquisitiones arithmeticae enthalten nicht alles was Gauß um die Zeit ihrer Herausgabe auf dem Gebiet der Zahlentheorie gefunden hatte. Es fehlt darin die ganze achte Section, auf die an mehreren Stellen hingewiesen wird; sie blieb fort, um den Umfang des Werkes nicht allzusehr zu vergrößern. In derselben sollte von den algebraischen Congruenzen eines beliebigen Grades gehandelt werden. Sie ist so wie sie sich in seinem Nachlaß vorfand, zugleich mit andern Bruchstücken im 2. Bande seiner Werke veröffentlicht worden. Gauß selbst hat seit dem Erscheinen der Disquisitiones arith. in mehreren Abhandlungen, die er in den Schriften der Göttinger Akademie publicirte, Ergänzungen und Fortsetzungen seiner Untersuchungen gegeben. Zahlentheoretische Untersuchungen blieben sein Lieblingsstudium: er nannte die Mathematik die Königin der Wissenschaften und die Arithmetik die Königin der Mathematik[1]). In den Anzeigen, die er über die erwähnten Abhandlungen in die Göttinger gelehrten Anzeigen einrücken ließ, spricht er wiederholt von dem „zauberischen Reiz, der die höhere Arithmetik zur Lieblingswissenschaft der ersten Geometer gemacht hat, ihres unerschöpflichen Reichthums nicht zu gedenken, woran sie alle andern Theile der reinen Mathematik so weit übertrifft“. Es ist bekannt, daß die schönsten Lehrsätze dieser Disciplin leicht durch Induction entdeckt werden, ihre Beweise hingegen äußerst versteckt liegen

---

[1]) Sartorius, Gauß S. 79.

und nur durch sehr tief eindringende Untersuchungen und glückliche Combinationen aufgespürt werden können. „Dies merkwürdige Phänomen entspringt aus der oft wunderbaren Verkettung der verschiedenartigen Lehren in diesem Theil der Mathematik, und eben daher kommt es, daß häufig solche Lehrsätze, von denen anfangs ein Beweis Jahre lang vergeblich gesucht war, späterhin sich auf mehreren ganz verschiedenen Wegen beweisen lassen." „Es ist gerade die Einsicht in die wunderbare Verkettung der Wahrheiten der höheren Arithmetik dasjenige was einen Hauptreiz dieses Studiums ausmacht, und nicht selten wiederum zur Entdeckung neuer Wahrheiten führt. Aus diesen Gründen ist hier die Auffindung neuer Beweise für schon bekannte Wahrheiten öfter für wenigstens eben so wichtig anzusehen als die Entdeckung der Wahrheiten selbst. — Man weiß, daß ein großer Theil von Euler's Verdiensten um die höhere Arithmetik in der Auffindung von Beweisen für Lehrsätze besteht, die schon von Fermat wie es scheint durch Induction gefunden waren." Die mehrfachen Beweise die Gauß von dem Fundamentaltheorem, worauf die Lehre von den quadratischen Resten beruht, gegeben hat, lassen sich auf diese Weise erklären. Er hatte bereits zwei davon in den Disquisitiones arith. bekannt gemacht, zwei andere hatte er zurückbehalten; es blieb aber immer noch der Wunsch übrig, daß es möglich sein möchte, einen kürzeren, von fremdartigen Untersuchungen unabhängigen Beweis zu entdecken. Einen solchen gab er in der ersten Abhandlung des Jahres 1808: Theorematis arithmetici demonstratio nova. In demselben Jahre folgte in der Abhandlung: Summatio quarundam serierum singularium, die Ergänzungen zur Kreistheilung enthielt, ein neuer Beweis desselben Fundamentaltheorems, aus einem allgemeineren Theorem hergeleitet. Zur Aufsuchung von weitern neuen Beweisen des erwähnten Fundamentaltheorems wurde Gauß durch den Umstand veranlaßt, daß er seit dem Jahre 1805 angefangen hatte, sich mit der Theorie der cubischen und biquadratischen Reste zu beschäftigen. „Durch Induction ergaben sich ihm sogleich eine Anzahl höchst einfacher Theoreme, die jene Theorien ganz erschöpfen, mit den für die quadratischen Reste geltenden Lehrsätzen eine überraschende Aehnlichkeit haben, und namentlich auch zu dem Fundamentaltheorem das Gegenstück darbieten. Allein die Schwierigkeiten, für jene Lehrsätze ganz befriedigende Beweise zu finden, zeigten sich hier noch viel größer, und erst nach vielen, eine ziemliche Reihe von Jahren hindurch fortgesetzten Versuchen ist es dem Verfasser endlich gelungen sein Ziel zu erreichen. Die große Analogie der Lehrsätze selbst, bei den quadratischen und bei den höheren Resten, ließ vermuthen, daß es auch analoge Beweise für jene und diese geben müsse; allein die zuerst für die quadratischen Reste gefundenen Beweisarten vertrugen gar keine Anwendung auf die höheren Reste, und gerade dieser Umstand war der Beweggrund für jene immer noch andere neue Beweise aufzusuchen." Mit den vorstehenden Worten bezeichnet Gauß selbst die Tendenz der Abhandlung: Theorematis fundamentalis in doctrina de residuis quadraticis demonstrationes et ampliationes novae, die im Jahre 1817 erschien, und als „Vorläuferin der Theorien der cubischen und biquadratischen Reste betrachtet werden soll, die zu den schwierigsten Gegenständen der höheren Arithmetik gehören". Diese Abhandlung besteht aus drei von einander unabhängigen Theilen. Die beiden ersten enthalten den fünften und sechsten Beweis des Fundamentaltheorems für die quadratischen Reste, der dritte „eine neue, mit dem dritten Beweise zusammenhängende Methode, zu entscheiden, ob eine vorgegebene ganze Zahl von einer gegebenen Primzahl quadratischer Rest oder Nichtrest ist".

Da die Theorie der biquadratischen Reste mit der der quadratischen Reste näher verwandt ist als die der cubischen, so wandte Gauß seine Aufmerksamkeit zuerst jener zu. Eine ganze Zahl a heißt nämlich biquadratischer Rest der ganzen Zahl p, wenn es Zahlen von der Form $x^4 - a$ giebt, die durch p theilbar sind; biquadratischer Nichtrest im entgegengesetzten Fall. Offenbar sind alle biquadratischen Reste von p zugleich quadratische

Reste derselben Zahl, und ebenso alle quadratischen Nichtreste auch biquadratische Nichtreste; allein nicht alle quadratischen Reste sind zugleich biquadratische Reste. Gauß hat über die Theorie der biquadratischen Reste zwei Abhandlungen veröffentlicht: Theoria residuorum biquadraticorum. Commentatio prima. 1817, und: Theoria residuorum biquadraticorum. Commentatio secunda. 1831. In beiden ist der überaus reichhaltige Gegenstand noch nicht erschöpft; die Vollendung des Ganzen sollte einer dritten Abhandlung vorbehalten bleiben, die aber nicht erschienen ist. Da die Entwickelung der allgemeinen Theorie der biquadratischen Reste eine ganz eigenthümliche Erweiterung des Feldes der höheren Arithmetik erfordert, so hat Gauß zunächst in die erste der beiden Abhandlungen diejenigen Untersuchungen aufgenommen, welche sich ohne eine solche Erweiterung vollständig darstellen lassen. Diese Untersuchungen zerfallen in zwei Abtheilungen, je nachdem p oder a als gegeben angesehen wird. Es werden hier nur einige specielle Fälle als Vorbereitung für die künftig zu gebende allgemeine Theorie abgehandelt, nämlich für $a = -1$ und $a = \pm 2$. In der zweiten Abhandlung werden für a größere Zahlen (Primzahlen) in Betracht gezogen. Wie schon oben bemerkt, ergab die Induction hier sogleich eine reiche Erndte von Lehrsätzen; es war indeß schwer auf diesem Wege ein allgemeines Gesetz aufzustellen, und noch viel schwerer die Beweise für diese Lehrsätze zu finden. Die in der ersten Abhandlung gebrauchten Methoden waren hier nicht anwendbar. Gauß erkannte, daß man in dieses Gebiet der höheren Arithmetik nur auf neuen Wegen eindringen könnte; er erweiterte das Feld der höheren Arithmetik, indem er die ganze complexe Zahl einführte, welche die reelle und imaginäre Zahl zugleich umfaßt[1]). Er erhielt dadurch außer den bisherigen Einheiten $+1$ und

---

[1]) Die ganze complexe Zahl ist bekanntlich von der Form $a + b\sqrt{-1}$. Die Benennung „complexe Zahl" rührt von Gauß her. Er hat auch für $\sqrt{-1}$ die Bezeichnung i eingeführt (Disquisit. arith. sec. VII. artic. 337).

— 1 zwei neue: + i und — i. Nicht allein die Theorie der biquadratischen Reste, sondern auch die sämmtlichen Untersuchungen, welche die vier ersten Abschnitte der Disquisitiones arith. enthalten, gewannen so eine überraschende Einfachheit. Es ergab sich ein dem Fundamentaltheorem für die quadratischen Reste ganz analoges Fundamentaltheorem für die biquadratischen Reste. Da in der Zeit als die zweite Abhandlung erschien, die Begriffe über die imaginären Zahlen noch wenig geklärt waren, insofern man sie als „Zeichenspiele" ohne irgend welche Bedeutung oder gar als unmögliche Zahlen betrachtete, so benutzte Gauß die sich ihm hier darbietende Gelegenheit, seine Ideen über diese sogenannten imaginären Zahlen kurz zu entwickeln und die wahre Metaphysik derselben in ein neues Licht zu stellen. Er zeigte daß ebenso wie man die positiven und negativen Zahlen geometrisch anschaulich machen kann, auch die imaginären Zahlen geometrisch sich darstellen lassen.

Indem wir nun zu Gauß' Leistungen auf dem Gebiete der höheren Analysis weitergehen, kommen wir zunächst auf die Abhandlung: Disquisitiones generales circa seriem infinitam

$$1 + \frac{\alpha\beta}{1.\gamma} x + \frac{\alpha(\alpha+1)\beta(\beta+1)}{1.2.\gamma(\gamma+1)} xx$$

$$+ \frac{\alpha(\alpha+1)(\alpha+2)\beta(\beta+1)(\beta+2)}{1.2.3.\gamma(\gamma+1)(\gamma+2)} x^3 + \text{etc.}$$ Pars prior, aus dem Jahre 1812[1]). Diese Reihe, welche vorzugsweise die Gauß'sche Reihe genannt und nach ihm durch die Function $F(\alpha, \beta, \gamma, x)$ allgemein bezeichnet wird, ist von sehr umfassender Allgemeinheit. Aus ihr lassen sich sehr viele der Fundamentalreihen der Analysis durch besondere Bestimmung von α, β, γ, x herleiten z. B. die Reihen für $(1+x)^m$, $\log(1+x)$, $\log\frac{1+x}{1-x}$ u. s. w.; ja „man kann behaupten, daß bisher kaum irgend eine

[1]) Ein zweiter Theil dieser Untersuchungen ist unter dem Titel: Determinatio seriei nostrae per aequationem differentialem secundi ordinis, aus Gauß' Nachlaß im 3. Bande seiner Werke abgedruckt.

transcendente Function von den Analysten untersucht sei, die sich nicht auf diese Reihe zurückführen ließe", Gauß selbst zeigt in der Einleitung zu der Abhandlung, daß 23 verschiedene Reihenentwickelungen algebraischer, logarithmischer und trigonometrischer Functionen auf sie zurückgeführt werden können. Dies ist jedoch nicht der Hauptgrund, weshalb Gauß diese Reihe untersucht hat, vielmehr um die Theorie der höheren transcendenten Functionen weiter zu fördern, von welchen eine sehr zahlreiche Gattung in dieser Reihe enthalten ist, wie z. B. die Coefficienten der aus der Entwickelung von $(aa + bb - 2ab\cos\varphi)^n$ entstehenden, nach dem Cosinus der Vielfachen von φ fortschreitenden Reihe mit Hülfe der Function $F(\alpha, \beta, \gamma, x)$ bestimmt werden können. Ueber dieses ungemein ausgedehnte Gebiet gedachte Gauß eine Reihe von Abhandlungen zu veröffentlichen, es ist indeß davon nur die oben genannte Abhandlung erschienen, welche „die Hälfte der allgemeinen Untersuchungen enthält". Es dient darin die Reihe selbst als Ursprung der transcendenten Functionen, und es wird deshalb zunächst die Untersuchung auf die Fälle beschränkt, wo die Reihe convergirt, wo also das vierte Element x, positiv oder negativ, den Werth 1 nicht überschreitet. Die Abhandlung selbst zerfällt in drei Abschnitte. Der erste beschäftigt sich mit den Relationen zwischen den Werthen der Function $F(\alpha, \beta, \gamma, x)$ die entstehen, wenn die Werthe eines der drei ersten Elemente um eine Einheit verschieden, die Werthe der drei übrigen hingegen gleich sind. Es ergiebt sich, daß zwischen je drei dieser Functionen eine lineare Gleichung stattfindet, so daß also aus den Werthen zweier derselben der Werth der dritten abgeleitet werden kann. Dergleichen Reihen nennt Gauß „series contiguae (verwandte Reihen)". — Der zweite Abschnitt betrachtet die Quotienten $\frac{F(\alpha, \beta + 1, \gamma + 1, x)}{F(\alpha, \beta, \gamma, x)}$, $\frac{F(\alpha, \beta + 1, \gamma, x)}{F(\alpha, \beta, \gamma, x)}$, $\frac{F(\alpha - 1, \beta + 1, \gamma, x)}{F(\alpha, \beta, \gamma, x)}$, und zeigt ihre Verwandlungen in continuirliche Brüche und zwar von solcher Form, daß fast alle bis dahin bekannten Entwickelungen in continuirliche Brüche nur als besondere Fälle erscheinen. Speciell wird dargethan, daß die Function $F(\alpha, 1, \gamma, x)$ oder was dasselbe ist, die Reihe $1 + \frac{\alpha}{\gamma}x + \frac{\alpha \cdot \alpha+1}{\gamma \cdot \gamma+1}xx + \frac{\alpha \cdot \alpha+1 \cdot \alpha+2}{\gamma \cdot \gamma+1 \cdot \gamma+2}x^3 +$ rc. sich in einen continuirlichen Bruch verwandeln läßt, mit dessen Hülfe die Potenz eines Binomiums, die Reihen für $\log(1+x)$, $\log\frac{1+x}{1-x}$, für Exponentialgrößen, für den Bogen durch die Tangente oder durch den Sinus u. s. w. in unendliche continuirliche Brüche verwandelt werden können. — Bei weitem den größten Theil der Abhandlung nimmt der dritte Abschnitt ein, welcher von dem Werth der Reihe handelt, wenn das vierte Element $x = 1$ gesetzt wird. Nachdem zunächst bewiesen, daß in diesem Fall die Reihe nur dann zu einer endlichen Summe convergirt, wenn $\gamma - \alpha - \beta$ eine positive Größe ist, führt Gauß diese Summe d. h. $F(\alpha, \beta, \gamma, 1)$ auf den Ausdruck $\frac{\Pi(\gamma-1) \cdot \Pi(\gamma-\alpha-\beta-1)}{\Pi(\gamma-\alpha-1) \cdot \Pi(\gamma-\beta-1)}$ zurück, wo die Charakteristik Π eine eigene Art transcendenter Functionen andeutet, deren Erzeugung durch ein unendliches Product geschieht. Dergleichen Functionen hatte bereits Euler betrachtet; die sogenannte inexplicable Function $\Pi z = 1 \cdot 2 \cdot 3 \cdots z$, die aber nur für ganze positive Werthe von z gilt, ist ein besonderer Fall dieser Functionen, wie sie von Gauß aufgefaßt werden, wonach sie sowohl für imaginäre als reelle Werthe von z gelten. Rücksichtlich dieser Functionen Π zeigt nun Gauß, wie eine Menge sie betreffender eleganter Theoreme mit der größten Leichtigkeit sich aufstellen läßt, unter andern daß das Integral $\int_0^1 x^{\lambda-1}(1-x^{\mu})^{\nu}\,dx$, sowie alle die von Euler für dergleichen Integrale zum Theil mühsam gefundenen Relationen aus den allgemeinen Eigenschaften jener Functionen abgeleitet werden können. Nicht weniger merkwürdig ist die aus der Differentiation von Πz entspringende, gleichfalls transcendente Function oder vielmehr $\frac{d \log \Pi z}{dz} = \frac{d \Pi z}{\Pi z \cdot dz}$, welche Gauß mit Ψz bezeichnet. Sie hat ebenfalls höchst bemerkenswerthe Eigenschaften, unter andern läßt sich $\Psi z - \Psi 0$, wenn z eine rationale Größe ist, auf Logarithmen und Kreisfunctionen zurückführen. Sowohl Πz als Ψz hängen mit mehreren merkwürdigen Integralen für bestimmte Werthe der Veränderlichen zusammen.

Die Ergebnisse der eben besprochenen Abhandlung kommen zum Theil zur Anwendung in der von Gauß vervollkommneten Methode zur genäherten Bestimmung der Integrale (mechanische Quadratur), welche den Inhalt der 1814 erschienenen Abhandlung: Methodus nova integralium valores per approximationem inveniendi, bildet. Bisher hatte man sich zu dem Ende des Newton-Cotesischen Verfahrens bedient, welches die Ordinaten des zu quadrirenden Flächenraums in gleichen Abständen voraussetzte, die mit gewissen Zahlencoefficienten multiplicirt wurden. Dieses Verfahren unterwarf Gauß einer eingehenden Untersuchung, womit die in Rede stehende Abhandlung beginnt, sowohl in Betreff der Theorie der Quadraturcoefficienten, über deren Berechnung weder Newton noch Cotes etwas Näheres veröffentlicht hatten und die in unbeschränkter Allgemeinheit entwickelt werden mußte, als in Betreff des Grades der Genauigkeit des Resultats. In Bezug auf letzteres stellte sich heraus, daß die Anwendbarkeit dieses Verfahrens auf der Voraussetzung beruht, daß die Ordinaten innerhalb des zu quadrirenden Raumes sich durch eine convergirende Reihe darstellen lassen, sowie daß die Genauigkeit des Resultats größer wird, je größer die Anzahl der zu Grunde gelegten Werthe der Ordinaten ist, und daß es im Allgemeinen vortheilhaft ist, eine ungerade Anzahl von Ordinaten zu benutzen. In Betreff der Quadraturcoefficienten ergab sich, daß sie durch unendliche Reihen gefunden wurden, welche sich, wie in der vorhergehenden Abhandlung gezeigt wurde, durch continuirliche Brüche darstellen lassen. — Mit diesen Ergebnissen tritt nun Gauß der Frage näher, ob es für die Genauigkeit des Resultats vortheilhafter ist, Ordinaten in ungleichen Abständen zu Grunde zu legen. „Es zeigt sich, daß die Bedingungen, wovon dieser Grad der Genauigkeit abhängt, von der Art sind, daß man dieselbe durch zweckmäßig gewählte Ordinaten in ungleichen Abständen allerdings verdoppeln kann, so daß man mit einer beliebigen Anzahl gehörig gewählter Ordinaten eben so weit reicht als mit der doppelten Anzahl von Ordinaten in gleichen Abständen". Um die Anwendbarkeit dieser neuen Methode zu erhöhen, hat Gauß alle die nöthigen Größen für eine bis sieben Ordinaten auf 16 Decimalen, zugleich mit ihren Logarithmen, berechnet. Als besonderes Beispiel wird zuletzt die Berechnung von $\int \frac{dx}{\log x}$ von $x = 100000$ bis $x = 200000$ hinzugefügt. — Mit unvergleichlicher Meisterschaft zeigt Gauß, wie groß in jedem Falle der durch die Methode begangene Fehler ist und von welchem Grade der Genauigkeit demnach das Resultat erhalten wird. — Verwandten Inhalts ist die Untersuchung über die Interpolation (Theoria interpolationis methodo nova tractata), die aus Gauß' Nachlaß im 3. Bande seiner Werke abgedruckt ist.

An das eben Besprochene dürften sich am füglichsten die drei Abhandlungen anschließen: Theoria Combinationis observationum erroribus minimis obnoxiae, pars prior (1821), pars posterior (1823) und Supplementum Theoriae combinationis observationum erroribus minimis obnoxiae (1826). — Als praktischer Astronom fand Gauß sich veranlaßt, die Zuverlässigkeit seiner Instrumente zu prüfen, um die damit angestellten Beobachtungen durch die vorhandenen Fehler zu verbessern; er hat hierin wohl das Vorzüglichste geleistet, wodurch eine ganz neue Basis für die Theorie der Instrumente gewonnen worden ist. Wenn diese Fehler gewissermaßen greifbar sind und dem Calcul unterworfen werden können, so entziehen sich andere die an den Beobachtungen haften, jeder nähern Fixirung; „sie lassen sich nicht wegschaffen, und der Beobachter kann sie durch sorgfältige Aufmerksamkeit und durch Vervielfältigung der Beobachtungen nur vermindern: allein nachdem der Beobachter das seinige gethan hat, ist es an dem Geometer, die Unsicherheit der Beobachtungen und der durch Rechnung daraus abgeleiteten Größen nach streng mathematischen Principien zu würdigen, und was das wichtigste ist, da, wo die mit den Beobachtungen zusammenhängenden Größen aus demselben durch verschiedene Combinationen abgeleitet werden können, diejenige Art vorzuschreiben, wobei so wenig Unsicherheit als möglich zu befürchten bleibt". Ehe aber noch Gauß als praktischer Astronom selbstständig thätig war, schon als Student in Göttingen im Jahre 1795 (damals 18 Jahre alt) fand er das Princip, das als das einfachste zur Ermittelung des den Beobachtungen anhaftenden mittleren Fehlers dient[1]). „Man lege jedem Fehler ein von seiner Größe abhängendes Moment bei, multiplicire das Moment jedes möglichen Fehlers in dessen Wahrscheinlichkeit und addire die Producte: der Fehler, dessen Moment diesem Aggregat gleich ist, wird als mittlerer betrachtet werden müssen. Allein welche Function der Größe des Fehlers wir für dessen Moment wählen wollen, bleibt wieder unsrer Willkühr überlassen, wenn nur der Werth derselben immer positiv ist, und für größere Fehler größer als für kleinere. Der Verfasser (Gauß) hat die einfachste Function dieser Art gewählt, nehmlich das Quadrat; diese Wahl ist aber noch mit manchen andern höchst wesentlichen Vortheilen verknüpft, die bei keiner andern stattfinden." In Folge dessen hat man diese Methode „die Methode der kleinsten Quadrate" genannt[2]). — Die glän-

---

[1]) Theoria corporum coelestium etc. p. 221: Sed ex omnibus his principiis nostrum simplicissimum est, dum in reliquis ad calculos complicatissimos deferremur. Ceterum principium nostrum, quo jam inde ab anno 1795 usi sumus etc.

[2]) Diese Bezeichnung rührt von Legendre her, der ohne etwas von Gauß' Arbeiten zu wissen, dieselbe Methode in seiner Schrift: Nouvelles méthodes pour la détermination des orbites des comètes, Paris 1806, zur Anwendung brachte. Legendre hatte sie empirisch gefunden, und verbreitete sich in

zendste Gelegenheit diese Studien zu verwerthen, bot sich Gauß dar, als es sich darum handelte, die Bahn des neu entdeckten Planeten Ceres aus den von Piazzi bekannt gemachten Beobachtungen zu berechnen, um den Planeten wiederaufzufinden. Dieser Vorgang, sowie die nähern Umstände dabei, wodurch Gauß' Name den gefeiertsten Europas, ja der ganzen gebildeten Welt sich anreihte, sind von eminent historischer Bedeutung, so daß eine ausführliche Darstellung derselben hier einen Platz finden mag.

Am 1. Januar 1801 hatte der Astronom Piazzi in Palermo einen neuen Stern entdeckt, den er anfangs für einen Cometen hielt, bald aber als einen kleinen Planeten, von ihm Ceres Ferdinandea benannt, erkannte. Er verfolgte ihn 40 Tage hindurch. Er ließ zwar unter 24. Januar 1801 an Bode in Berlin eine Mittheilung von seiner neuen Entdeckung gelangen, hielt aber aus Eitelkeit, die Bahn des neuen Sternes selbst zuerst zu berechnen, die genauen Oerter desselben zurück. Als nun die Ceres hinter der Sonne zu verschwinden anfing, wurde Piazzi gefährlich krank, und er mußte die Berechnung aufgeben. Er machte deshalb seine genauen Beobachtungen bekannt, und viele Astronomen beschäftigten sich, aus dem kleinen Bogen von 9 Graden die Elemente der Bahn zu berechnen, um den Stern wiederaufzufinden, wenn er hinter der Sonne wieder zum Vorschein käme. Da aber das Problem, aus einigen wenigen, keinen großen Zeitraum umfassenden Beobachtungen die elliptische Bahn eines Planeten zu bestimmen, noch nicht vollständig gelöst war, so versuchten Olbers, Piazzi, Burckhardt in Paris Kreisbahnen, der letztere auch eine elliptische, die aber mit der von ihm berechneten Kreisbahn beinahe zusammenfiel. Alle diese Bahnen

der genannten Schrift über ihre Vortheile. Da Gauß' Theoria motus, worin er seine Methode zuerst veröffentlichte, drei Jahre später erschien, so wurden von Legendre Prioritätsansprüche erhoben. Es giebt indeß Zeugnisse, welche die erste Entdeckung Gauß zusprechen. Sieh. Sartorius, Gauß S. 43. Wenn ich nicht irre, hat auch Jacobi eigens eine Reise nach Göttingen gemacht, um sich aus Gauß' Papieren von seinen Ansprüchen auf die Priorität zu überzeugen.

wichen von den beobachteten Oertern erheblich ab, so daß Olbers die Besorgniß äußerte, daß mit Hülfe der gefundenen Elemente der Planet beim Wiedererscheinen nach seinem Durchgang durch die Sonne wahrscheinlich nicht wiederaufgefunden werden würde, da derselbe wegen seiner Kleinheit von einem Fixstern sich nicht unterscheidet. Es war ziemlich nahe an der Zeit des Wiedererscheinens der Ceres, als Gauß seine Untersuchungen und Berechnungen an Herrn von Zach auf dem Seeberge bei Gotha mittheilte, der sie in der von ihm herausgegebenen Correspondenz für Erd- und Himmelskunde in demselben Jahre 1801 bekannt machte. Mit der von Gauß berechneten elliptischen Bahn, die von den bisher gefundenen erheblich abwich, stimmten die Beobachtungen Piazzi's beinahe genau, und es wurde dadurch möglich, daß die Ceres durch Zach am 7. December 1801 und durch Olbers am 1. Januar 1802, dem Jahrestage der ersten Entdeckung dieses Planeten, wiederaufgefunden wurde. Die Methode von Gauß wurde von den deutschen Astronomen mit dem allgemeinsten Beifall aufgenommen; er selbst wurde dadurch der Astronomie gewonnen. In dem für alle Zeiten classischen Werke: Theoria motus corporum coelestium in sectionibus conicis solem ambientium, Hamburg. 1809 vereinigte Gauß die Ergebnisse seiner Studien auf diesem Gebiet; er zeigte darin, wie die Bahn eines jeden Himmelskörpers unsers Sonnensystems aus der nothwendigen Zahl von Beobachtungen, ohne irgend eine Hypothese über die Beschaffenheit derselben, auf die zuverlässigste, möglichst einfachste Weise bestimmt werden kann. Die völlige Umgestaltung der astronomischen Wissenschaften mit Hülfe der Analysis durch die deutschen Astronomen Gauß, Olbers, Bessel war die Folge davon[1]).

Die Entdeckungen der kleinen Planeten zu Anfang des 19. Jahrhunderts boten zur Anwendung von Gauß' Verfahren

[1]) „Es hat schon damals die allgemeine Bewunderung erregt, und wird sie bei Kennern für alle Zeiten erregen, mit welcher beispiellosen Energie und Hingebung Gauß der allmählichen Verbesserung der Ceresbahn sich gewidmet

in Betreff der Berechnung der Planetenbahnen immer neue Gelegenheit. „Schon den 28. März 1802 fand Olbers den Planeten Pallas. Auch seine Bahn wurde sogleich von Gauß berechnet. Später ist die Pallas der Lieblingsplanet des großen Astronomen geworden, indem er den Störungen desselben langjährige Untersuchungen und umfangreiche Rechnungen gewidmet hat[1]." Aber man blieb nicht bei der Anwendung stehen, auch die Grundlage der Methode der kleinsten Quadrate wurde untersucht. Laplace (Théorie analytique des probabilités, Paris 1812) schlug einen andern Weg ein als Gauß; er ging davon aus, wie die Beobachtungen am zweckmäßigsten combinirt werden müßten, um die genaueste zu erhalten, und er fand das merkwürdige Resultat, daß wenn die Anzahl der Beobachtungen als unendlich groß angenommen wird, die Methode der kleinsten Quadrate allemal und unabhängig von der Function, die die Wahrscheinlichkeit der Fehler ausdrückt, die zweckmäßigste Combination sei. Da aber Laplace's Voraussetzung, daß die Anzahl der Beobachtungen unendlich groß ist, rein hypothetischer Art und keinen Schluß auf eine mäßige Anzahl von Beobachtungen gestattet, da ferner Gauß' Ableitung der Methode der kleinsten Quadrate, die er in der Theoria motus entwickelt hatte, sich auf eine bestimmte Form des Fehlergesetzes beschränkt, so war für letztern Veranlassung vorhanden, über die Begründung der Methode der kleinsten Quadrate neue Untersuchungen anzustellen. Sie bilden den Inhalt der oben erwähnten drei Abhandlungen. Gauß zeigt darin die Anwendbarkeit der Methode der kleinsten Quadrate für jedes Fehlergesetz; „sie erscheint allgemein als die zweckmäßigste Combination der Beobachtungen, nicht näherungsweise, sondern

hat. Mit jedem neuen Briefe an Zach schickte er neue Bahnbestimmungen ein und es war kaum zu begreifen, mit welcher unglaublichen Leichtigkeit er in so kurzer Zeit so schwierige Untersuchungen und umfangreiche numerische Berechnungen zu fördern wußte. Er war eben 24 Jahre alt." Sartorius, Gauß S. 26.

[1]) Sartorius, Gauß S. 28.

nach mathematischer Schärfe, die Function für die Wahrscheinlichkeit der Fehler sei welche sie wolle, und die Anzahl der Beobachtungen möge groß oder klein sein".

Bevor wir das Gebiet der Analysis verlassen, sei noch Gauß' Antheils an der Theorie der elliptischen Functionen gedacht[1]). — Wie von so manchem andern Gebiet der Analysis, finden wir auch die ersten Anfänge der Theorie der elliptischen Functionen in Euler's Arbeiten[2]). Er hat zuerst bemerkt, daß mit Hülfe eines passenden Algorithmus, durch welchen die Bogen einer Ellipse ähnlich wie Logarithmen und Kreisfunctionen ausgedrückt würden, eine neue Rechnung begründet werden könne; in seinen weitern Untersuchungen, die er diesem Theil der Analysis gewidmet hat, hat er auch das allgemeinste Additionstheorem für elliptische Integrale zuerst deutlich ausgesprochen. Es blieb Legendre vorbehalten, dessen erste desfallsige Arbeiten drei Jahre nach Euler's Tode erschienen, die Ideen Euler's aufzunehmen und weiter zu führen[3]). Derselbe hat die Integrale,

---

[1]) Im Folgenden ist Enneper's Schrift: Elliptische Functionen. Theorie und Geschichte. Halle 1876, benutzt.

[2]) In der Abhandlung: De Reductione Formularum integralium ad rectificationem ellipsis ac hyperbolae (Novi Commentarii Acad. scient. Petropolit. Tom. X. an. 1764) faßt Euler die Resultate von Maclaurin und d'Alembert über die Rectification der Ellipse und Hyperbel zu einer allgemeinen Untersuchung zusammen. Er bemerkt darin: Imprimis autem hic idoneus signandi modus desiderari videtur, cujus ope arcus elliptici aeque commode in calculo exprimi queant, ac jam logarithmi et arcus circulares ad insigne Analyseos per idonea signa in calculum sint introducti. Talia signa novam quandam calculi speciem suppeditabunt, cujus hic quasi prima elementa exponere constitui.

[3]) Wir wollen hier eine Zusammenstellung der Arbeiten Legendre's über die elliptischen Functionen geben, um in der Folge darauf verweisen zu können. Die ersten Abhandlungen erschienen im Jahre 1786: Mémoire sur les integrations par d'arcs d'ellipse, und: Second mémoire sur les integrations par d'arcs d'ellipse; jene enthält die ersten Spuren von Legendre's Forschungen, die letztere beschäftigt sich mit dem von Landen gefundenen Theorem, das von Legendre auf eigene Weise abgeleitet wird. An jene Abhandlungen reiht sich das besonders erschienene Mémoire sur les transcendantes elliptiques, Paris an. II. Seine sämmtlichen Entdeckungen im Zusammenhange

welche die Bogen der Ellipse und Hyperbel ausdrücken, mit dem Namen „elliptische Functionen“ bezeichnet[1]). Wenige Jahre später als Legendre scheint Gauß diesem Gebiet seine Aufmerksamkeit zugewandt zu haben, wie aus der Bemerkung in Disquisit. arith. art. 335 hervorgeht: Ceterum principia theoriae, quam exponere aggredimur, multo latius patent, quam hic extenduntur. Namque non solum ad functiones circulares, sed pari successu ad multas alias functiones transcendentes applicari possunt, e. g. ad eas, quae ab integrali $\int \frac{dx}{\sqrt{1-x^4}}$ pendent; praetereaque etiam ad varia congruentiarum genera: sed quoniam de illis functionibus transcendentibus amplum opus peculiare paramus, de congruentiis autem in continuatione disquisitionum arithmeticarum copiose tractabitur, hoc loco solas functiones circulares considerare visum est. Das hier in Aussicht gestellte „amplum opus“ ist aber leider nicht erschienen; in seinem Nachlaß fanden sich nur Bruchstücke vor, die in dem dritten Bande seiner Werke zusammengestellt sind. Gauß selbst hat nur weniges von seinen Untersuchungen über die elliptischen Functionen bekannt gemacht. Gelegenheit dazu bot ihm die im Jahre 1818 veröffentlichte Abhandlung: Determinatio attractionis, quam in punctum quodvis positionis datae exerceret planeta, si ejus massa per totam orbitam ratione temporis quo singulae partes describuntur, uniformiter esset dispertita.

---

veröffentlichte Legendre in dem großen Werke: Exercices de calcul intégral sur divers ordres de Transcendantes et sur les Quadratures, Paris 1811 — 1816, 3 voll. Der erste Theil enthält die Theorie der elliptischen Functionen und der Euler'schen Integrale, der zweite die Anwendung derselben auf Geometrie und Mechanik, der dritte Theil die elliptischen Tafeln. Dieses Werk erschien in neuer Auflage unter dem Titel: Traité des fonctions elliptiques et des intégrales Eulériennes, Paris 1825—1826, 2 voll. Zwei Jahre später hat Legendre als einen dritten Theil drei Supplemente hinzugefügt, welche die Entdeckungen Abel's und Jacobi's enthalten.

[1]) Es sei bemerkt, daß das was Legendre elliptische Functionen bezeichnet hat, gegenwärtig elliptische Integrale genannt wird. Die elliptischen Functionen bilden die einfachsten doppelt periodischen Functionen.

Indem hier Gauß die allgemeine Bestimmung der Anziehung untersucht, welche ein elliptischer Ring von unendlichkleiner und unveränderlicher Dicke gegen jeden Punkt im Raume ausübt, wird er auf elliptische Integrale geführt, wobei er bemerkt: „Da diese Integrale transcendenter Natur sind und bekannter Maßen mit andern in der Perturbationsrechnung vorkommenden vielbehandelten Transcendenten zusammenhängen, so konnte die Auflösung, nachdem sie bis auf diesen Punkt geführt war, als vollendet angesehen werden. Der Verfasser hat indessen diese erste sich ihm darbietende Gelegenheit benutzt, um die ersten Linien eines neuen Algorithmus zu geben, dessen er sich schon seit einer langen Reihe von Jahren zur Bestimmung dieser Transcendenten bedient hat und worüber er in Zukunft eine ausgedehnte zu vielen merkwürdigen Resultaten führende Untersuchung bekannt machen wird." Gauß zeigt die nach ihm benannte Reduction elliptischer Integrale, und zwar (wahrscheinlich auch um die Priorität seiner Untersuchungen zu wahren) so wie er sie schon vor vielen Jahren unabhängig von ähnlichen Untersuchungen Lagrange's und Legendre's gefunden hat, in ihrer ursprünglichen Form, obgleich sie zum Theil aus den Entdeckungen dieser Geometer leicht hätten abgeleitet werden können, theils weil seine Form ihm wesentliche Vorzüge zu haben schien, theils weil sie gerade so den Anfang einer viel ausgedehnteren Theorie ausmachen, wo seine Arbeit eine ganz verschiedene Richtung von der der genannten Geometer genommen hat[1]). — Als Abel und Jacobi, angeregt durch Legendre's letztes großes Werk: Traité des fonctions elliptiques etc. ihre ausgezeichneten Forschungen veröffentlichten, gestand Gauß in einem Briefe an Schumacher (30. Mai 1828) mit Bezug auf Abel's berühmte Abhandlung: Recherches sur les fonctions elliptiques: „die, Ihnen gesagt, mir von meinen eigenen Untersuchungen wohl $\frac{1}{3}$ vorweggenommen hat, und mit

[1]) Ueber Gauß' Transformation elliptischer Integrale sieh. Enneper, Elliptische Functionen S. 310 ff.

diesen zum Theil selbst bis auf die gewählten bezeichnenden Buchstaben übereinstimmt." In Folge dessen meinte Gauß der Mühe überhoben zu sein, an die Redaction seiner Resultate die letzte Hand anzulegen. Welchen Fortschritt würde aber die Wissenschaft gemacht haben, wenn Gauß selbst seine Untersuchungen früher bekannt gemacht und weiter geführt hätte! Ein großer und reicher Schatz von Entdeckungen über elliptische Functionen ist in seinem Nachlaß vorhanden, der weit über ein halbes Jahrhundert der wissenschaftlichen Welt nur von Hörensagen bekannt war. Abel and Jacobi mußten dies Gebiet der Wissenschaft von neuem entdecken.

Wir kommen jetzt zu Gauß' Arbeiten auf dem Gebiet der Geometrie. Nach seinen Aeußerungen hatte ihm in seiner frühesten Jugend die Geometrie wenig Interesse eingeflößt, erst später entwickelte es sich in hohem Maße, und er suchte zur größern Sicherheit und zur Controle des Calculs so weit als thunlich die geometrische Betrachtung seinen Rechnungen zu unterbreiten. — Bereits in seiner ersten Schrift von 1799: **Demonstratio nova theorematis omnem functionem algebraicam rationalem integram unius variabilis in factores reales primi vel secundi gradus resolvi posse**, finden sich Spuren von der geometrischen Deutung der imaginären Größen, worüber er viel später, im Jahre 1831, ausführlicher sich ausgesprochen hat[1]). Sie hat in der Theorie der Functionen Epoche gemacht und ist für alle Zeiten maßgebend geblieben. Ferner war Gauß in Betreff der Theorie der Parallellinien der Ueberzeugung, daß der 11. Euklidische

[1]) Göttinger gelehrte Anzeigen. 1831. S. 634 ff. — Wahrscheinlich hat Gauß von der Schrift des französischen Mathematikers B. Argand, **Essai sur une manière de représenter les quantités imaginaires dans les constructions géométriques**, die im Jahre 1806 erschien, keine Kenntniß gehabt, zumal da dieselbe in Frankreich selbst beinahe ganz unbeachtet blieb. Wie es scheint, hat man, um Frankreich die Priorität in der Auffassung der imaginären Größen zu wahren, eine neue Auflage der genannten Schrift im Jahre 1874 veranstaltet. Sieh. Jahrbuch über die Fortschritte der Mathematik. 6. Bd S. 234 f.

Lehrsatz nicht bewiesen, und daß die Geometrie nur in so fern als ein consequentes Gebäude betrachtet werden könne, wenn dieser Satz als Axiom an die Spitze derselben gestellt würde. Wolle man dagegen dieses Axiom, dessen näherungsweise Richtigkeit durch die Erfahrung bestätigt würde, nicht zugeben, so folge daraus eine andere ganz selbstständige Geometrie, die er gelegentlich ein Mal verfolgt und mit dem Namen Anticuklidische Geometrie bezeichnet habe[1]). — Eine besondere Veranlassung mit geometrischen Untersuchungen sich zu befassen, erhielt Gauß durch die von ihm in den Jahren 1821 bis 1827 ausgeführte hannöversche Gradmessung zwischen Altona und Göttingen, welche sich an die von dem ihm befreundeten Astronomen Schumacher im Auftrage der dänischen Regierung bewirkte Triangulirung der Herzogthümer Schleswig-Holstein anschloß. Hierbei hat Gauß gezeigt, wie die Astronomie mit der Geodäsie in Verbindung gebracht wird, und er hat dadurch die letztere Wissenschaft, welche früher kaum mehr als gewöhnliche Feldmesserkunst war, in kurzer Zeit einer großartigen und durchaus eigenthümlichen Entwickelung entgegengeführt[2]). Er ersann einerseits für die geodätischen Operationen neue ihm eigenthümliche Methoden, denn durch die Erfindung des Heliotrops wurde es ihm möglich, die Seiten der verbindenden Dreiecke so groß als möglich zu wählen, was früher mit vielen Schwierigkeiten verknüpft war, und er hat das große Dreieck, vielleicht das größte welches je gemessen worden ist,

---

[1]) Sartorius, Gauß S. 81. — Ein von Gauß hochgeschätzter Studienfreund, der Siebenbürge Wolfgang Bolyai und dessen Sohn Johann, haben diese Ideen von Gauß weiter verfolgt. Zu der Schrift W. Bolyai's: Tentamen juventutem studiosam in elementa matheseos purae elementaris ac sublimioris, methodo intuitiva evidentique huic propria, introducendi, Maros Vásárhelyini 1832. 1833, 2 Tom. und zwar zu dem ersten Theil hat sein Sohn Johann einen Appendix gefügt, von dem J. Frischauf's Absolute Geometrie nach Johann Bolyai, Leipzig 1872, eine Bearbeitung ist. Darin wird erwähnt, daß Gauß in Briefen an Schumacher über seine Ideen sich verbreitet, namentlich aus den Jahren 1831 und 1846.

[2]) Sartorius, Gauß S. 50.

zwischen dem Brocken, dem Inselsberg und dem Hohenhagen, so genau gemessen, daß die Summe der drei Winkel nur etwa um zwei Zehntheile einer Secunde von zwei Rechten sich entfernt. Andrerseits war es die damals ganz beispiellose Schärfe der Beobachtungen, welche die von Gauß ausgeführte Triangulation auszeichnete, und die Art und Weise in der die Messungen combinirt und zu einem großartigen Gesammtresultat mit einander verbunden wurden. Leider ist das umfangreiche selbstständige Werk, das Gauß bald nach vollendeter Gradmessung und Triangulation des Königreichs Hannover herauszugeben beabsichtigte und dem diese Messungen als ein großes Beispiel, um daran seine Theorie zu erläutern, beigefügt werden sollten, nicht zur Ausführung gelangt. Bruchstücke davon enthalten die folgenden Abhandlungen: Allgemeine Auflösung der Aufgabe, die Theile einer gegebenen Fläche auf einer andern gegebenen Fläche so abzubilden, daß die Abbildung dem Abgebildeten in den kleinsten Theilen ähnlich wird[1]); ferner: Disquisitiones generales circa superficies curvas (1827), und: Untersuchungen über Gegenstände der höheren Geodäsie, erste Abhandlung 1843, zweite Abhandlung 1846. Gauß untersucht in der zuerst erwähnten Abhandlung die Aufgabe, alle Darstellungen einer gegebenen Fläche auf einer andern zu finden, bei welchen die kleinsten Theile ähnlich bleiben, ganz allgemein; er hat später dafür den Ausdruck: conforme Darstellungen, gebraucht; Mercator's und die stereographische Projection sind bekannte Beispiele conformer Darstellungen der Kugelfläche auf der Ebene. Indem nun Gauß von der Definition ausgeht, daß die erste Fläche auf der zweiten abbilden heißt, ein Gesetz festsetzen, nach welchem einem jeden Punkt der ersten Fläche ein bestimmter Punkt der zweiten entsprechen soll, wozu die Bedingung tritt, daß alle von Einem

[1]) Diese Abhandlung bildet die Beantwortung der von der Königl. Societät der Wissenschaften in Kopenhagen für das Jahr 1822 gestellten Preisaufgabe. Sie erschien in: Astronomische Abhandlungen, herausgegeben von H. C. Schumacher, Altona 1825.

Punkt der ersten Fäche ausgehende und in ihr liegende unendlichkleine Linien den ihnen entsprechenden Linien der zweiten Fläche proportional sind und daß jene unter sich dieselben Winkel machen wie diese, findet er das Verhältniß, in welchem die Lineargrößen auf der ersten Fläche in ihrer Abbildung auf der zweiten vergrößert oder verkleinert werden. Dieses Verhältniß wird, allgemein zu reden, nach den Stellen verschieden sein; in Mercator's Projection z. B. ist die Vergrößerungszahl desto größer, je entfernter vom Aequator, in der stereographischen Projection, je entfernter vom Augenpunkt die betreffenden Stellen sind. In speciellen Fällen findet eine vollkommene Aehnlichkeit auch in den endlichen Theilen, sowie auch eine vollkommene Gleichheit (wenn z. B. eine Fläche auf der andern sich abwickeln läßt) statt. Die allgemeine Auflösung enthält eine willkührliche Function, welche nach den jedesmaligen Zwecken bestimmt werden kann; es sind demnach von jeder gegebenen Fläche auf einer andern gegebenen Fläche unendlich viele conforme Darstellungen möglich. Wenn nur ein Theil der einen Fläche übertragen werden soll, ist es in der Regel am vortheilhaftesten, eine solche conforme Darstellung zu wählen, bei welcher innerhalb der darzustellenden Fläche die Ungleichheiten des Vergrößerungsverhältnisses in den möglichst engsten Gränzen bleiben. Die Aufgabe der conformen Uebertragung der Ellipsoidfläche auf die Kugelfläche ist unter den Beispielen besonders abgehandelt, und der allgemeinen Auflösung sind zwei specielle beigefügt, wovon die eine vorzugsweise für die Darstellung der ganzen Ellipsoidfläche geeignet, die andere hingegen weit zweckmäßiger ist, wenn nur ein mäßiger Theil der als ellipsoidisch betrachteten Erdfläche auf eine Kugelfläche conform übertragen werden soll. Zugleich wird eine Methode angedeutet, wie überhaupt eine conforme Uebertragung zur Berechnung eines Dreiecksystems benutzt werden kann. Die weitere Ausführung dieser Methode bildet den Inhalt der ersten Abhandlung: Untersuchungen über Gegenstände der höheren Geodäsie.

Der Inhalt der Abhandlung: Disquisitiones generales circa superficies curvas, ist wesentlich theoretischer Natur. Sie steht mit der vorhergehenden Abhandlung aus dem Jahre 1822 insofern in Verbindung, als zur Bestimmung der Krümmung eines Flächenstücks einer krummen Oberfläche dasselbe mit einem entsprechenden Oberflächenstück einer festen Hülfskugel verglichen wird. Je geringer die Abweichung jenes Stückes von der Ebene ist, desto kleiner wird der entsprechende Theil der Kugelfläche sein, und es ist mithin ein sehr natürlicher Gedanke zum Maßstab der Totalkrümmung, welche einem Stücke der krummen Fläche beizulegen ist, den Inhalt des entsprechenden Stückes der Kugelfläche zu gebrauchen. Gauß nennt daher diesen Inhalt die ganze Krümmung des entsprechenden Stückes der krummen Fläche, und Krümmungsmaß in einem Punkt der krummen Fläche den Werth des Bruches, dessen Nenner der Inhalt eines unendlichkleinen Stückes der krummen Fläche in diesem Punkte und der Zähler der Inhalt des entsprechenden Stückes der Fläche der Hülfskugel oder die ganze Krümmung jenes Elements ist. In Betreff der Bestimmung des Krümmungsmaßes ergiebt sich nun der Satz, daß das Krümmungsmaß einem Bruche gleich wird, dessen Zähler die Einheit, der Nenner das Product der beiden äußersten Krümmungshalbmesser der durch Normalebenen hervorgebrachten Schnitte; ferner der merkwürdige Lehrsatz: Wenn eine krumme Fläche oder ein Stück derselben auf einer andern Fläche abgewickelt werden kann, so bleibt nach der Abwickelung das Krümmungsmaß in jedem Punkt ungeändert. Diese Sätze führen dahin, die Theorie der krummen Flächen aus einem neuen Gesichtspunkte zu betrachten. Faßt man nämlich die Fläche nicht als Gränze eines Körpers, sondern als Körper, dessen eine Dimension verschwindet, und der zugleich biegsam aber nicht dehnbar ist, so hängen die Relationen einer Fläche theils von der Form ab, in welche dieselbe gebracht werden kann, theils sind sie absolut und bleiben unverändert, in welche Form auch die Fläche gebracht wird. Zu den letztern gehört das Krümmungsmaß, die

Betrachtung der auf der Fläche construirten Figuren, ihrer Winkel, ihres Flächeninhalts und ihrer Totalkrümmung, die Verbindung der Punkte durch kürzeste Linien u. s. w. Insofern nun die Natur einer krummen Fläche durch den Ausdruck für die kürzeste Linie auf derselben charakterisirt wird, so untersucht Gauß die Principien der Theorie der kürzesten Linien auf einer gegebenen krummen Oberfläche und gelangt zu den folgenden Sätzen: Wenn auf einer krummen Fläche von Einem Anfangspunkt ein System unendlich vieler kürzesten Linien von gleicher Länge ausläuft, so schneidet die durch ihre Endpunkte gehende Linie jede derselben unter rechten Winkeln; oder allgemeiner ausgedrückt: Wenn an jeden Punkt einer beliebigen Linie auf einer krummen Fläche kürzeste Linien von gleicher Länge senkrecht gegen jene Linie gezogen sind, so sind diese alle auch senkrecht gegen diejenige Linie, welche ihre andern Endpunkte verbindet. Ferner: Der Ueberschuß der Summe der Winkel eines aus kürzesten Linien gebildeten Dreiecks über zwei Rechte ist der Totalkrümmung des Dreiecks gleich; oder in andern Worten: Der Ueberschuß der Winkel eines aus kürzesten Linien gebildeten Dreiecks über zwei Rechte verhält sich zu 8 Rechten, wie das Stück der Oberfläche der Hülfskugel, welches jenem als ganze Krümmung entspricht, zu der ganzen Oberfläche der Hülfskugel. — Zuletzt giebt Gauß noch eine Anwendung auf die Theorie der durch kürzeste Linien gebildeten Dreiecke, wobei er zu bemerkenswerthen und für die höhere Geodäsie wichtigen Erweiterungen des bekannten von Legendre zuerst 1787 ohne Beweis aufgestellten Lehrsatzes über die Behandlung eines sphärischen Dreiecks, dessen Seiten im Verhältniß zu dem Radius der Kugel sehr klein sind, gelangt. —

Gauß wandelte lange „auf einsamer Höhe". Das Lehramt entsprach nicht seinen Neigungen; er hat nur wenige Schüler, vorzugsweise Astronomen, gebildet. Seine schriftstellerische Thätigkeit war verhältnißmäßig auch nur eine beschränkte. Er hatte die Gewohnheit, bisweilen seine größten Entdeckungen Jahrzehnte in seinem Schreibpult liegen zu lassen, ohne sie bekannt zu machen, denn er betrieb, wie er sich öfters geäußert hat, seine wissenschaftlichen Untersuchungen nur seiner selbst wegen, aus dem innersten Beruf seiner Seele; es sei ihm nur ein untergeordneter Zweck, daß seine Arbeiten später im Druck erschienen, um zur Belehrung einem weitern Kreise mitgetheilt zu werden [1]). Dazu kam, „daß zu aller Zeit Gauß' Streben war, seinen Untersuchungen die Form vollendeter Kunstwerke zu geben; eher ruhte er nicht, und er hat daher nie eine Arbeit veröffentlicht, bevor sie diese von ihm gewünschte durchaus vollendete Form erhalten hatte. Man dürfe einem guten Bauwerk, pflegte er zu sagen, nach seiner Vollendung nicht mehr das Gerüste ansehen" [2]). Sein Wahlspruch war: Pauca sed matura. Daraus läßt sich denn auch die Abfassung von Gauß' Schriften erklären; sie sind sämmtlich in synthetischer Darstellung geschrieben, die er durch das Studium der Werke Archimed's und Newton's lieb gewonnen hatte. Dadurch wurde aber der Weg, auf dem er zu seinen Entdeckungen gelangt war, verschleiert und das Studium seiner Abhandlungen für die in der Mathematik weniger Bewanderten außerordentlich erschwert. Mit dieser synthetischen Darstellung verband Gauß eine strenge Beweisführung, wie sie mustergültig in den Schriften der griechischen Mathematiker sich findet; er hat sie zuerst wieder in die Disciplinen der höheren Mathematik eingeführt. Wenn nun auch Gauß durch Selbstanzeigen seiner Abhandlungen und durch Besprechung ihres Inhalts in den

---

[1]) Sartorius, Gauß S. 78.

[2]) Sartorius, Gauß S. 82. — Unter allen seinen größeren und kleineren Werken ist keines, welches nicht in dem betreffenden Fache einen wesentlichen Fortschritt durch neue Methoden und neue Resultate begründete; sie sind Meisterwerke, welche denjenigen Charakter der Classicität an sich tragen, welcher dafür bürgt, daß sie für alle Zeiten, nicht bloß als Monumente der geschichtlichen Entwickelung der Wissenschaft erhalten, sondern auch von den künftigen Generationen der Mathematiker aller Nationen, als Grundlage jedes tiefer eingehenden Studiums und als reiche Fundgrube fruchtbarer Ideen werden benutzt und mit Fleiß studirt werden. Kummer, Festrede am 3. August 1869 in der Aula der Friedrich-Wilhelms-Universität gehalten, Berlin 1869, S. 9.

Göttinger gelehrten Anzeigen dem Verständniß derselben zu Hülfe zu kommen beabsichtigte, so bewies sich dieses Mittel nicht ausreichend; sie blieben bis in die Mitte des dritten Jahrzehnts unsers Jahrhunderts unverstanden. Da traten wie mit einem Schlage zwei Momente ein, die einen fast plötzlichen Aufschwung der mathematischen Wissenschaften in Deutschland bewirkten: das fast gleichzeitige Auftreten der ausgezeichneten Mathematiker Jacobi und Lejeune-Dirichlet[1]) und die Begründung des Journals für die reine und angewandte Mathematik durch Crelle, dessen erster Band im Jahre 1826 erschien und welches seitdem ununterbrochen fortgesetzt worden ist. „Die darin enthaltenen Original-Abhandlungen der größten Meister, welche diesem wissenschaftlichen Sammelwerke einen für alle Zeiten bleibenden hohen Werth sichern, übten auch in der damaligen Zeit schon ihre Wirkung aus, indem sie den Sinn für tiefere Forschung weckten und den mathematischen Studien die kräftigste Nahrung zuführten[2])." Zu den beiden oben genannten Männern gesellte sich sehr bald als dritter Ebenbürtiger der Geometer Steiner. Diesem Triumvirat, dem sich eine große Zahl gleichzeitiger trefflicher Mathematiker anreihte, verdankt Deutschland das Principat in der Mathematik in der ersten Hälfte des gegenwärtigen Jahrhunderts.

Carl Gustav Jacob Jacobi (geb. 10. December 1804 zu Potsdam, gest. 18. Februar 1851 zu Berlin) gehörte zu den seltenen bevorzugten Naturen, die eminentes Talent mit einer eisernen unbeugsamen Willenskraft vereinen und dadurch eine ungewöhnliche geistige Frühreife erlangen. Noch auf dem Gymnasium seiner Vaterstadt studirte er bereits Euler's Introductio in analysin infinitorum; ebenso machte er als Student der Berliner Universität aus eigener Kraft mit den Meisterwerken

---

[1]) Ueber das Leben und Wirken dieser beiden Männer ist im Folgenden benutzt: Lejeune-Dirichlet, Gedächtnißrede auf C. G. J. Jacobi (Abhandlungen der Akademie der Wissenschaften zu Berlin 1852). — Kummer, Gedächtnißrede auf G. P. Lejeune-Dirichlet (Ebendaselbst 1860).

[2]) Kummer a. a. O. S. 14.

Lagrange's und Laplace's sich vertraut. Anfangs unentschieden ob er die Philologie oder die Mathematik als seine Lebensaufgabe wählen sollte, entschied er sich für das Letztere; die ungeheuerste Kraft und Anstrengung des Nachdenkens, die die Arbeiten jener Geistesheroen erforderten, wenn man in ihre innere Natur eindringen und nicht bloß äußerlich daran herumkramen will, bestimmten ihn dazu. In seinem 21. Jahre trat Jacobi als Docent der Mathematik an der Berliner Universität auf und entwickelte sofort ein glänzendes Lehrtalent, so daß ein großer Schülerkreis sich um ihn versammelte. Auf Veranlassung der vorgesetzten Behörde ging er nach Königsberg, um an der dortigen Universität seine Wirksamkeit als Docent der Mathematik fortzusetzen[1]). Aber nicht allein durch das lebendige Wort, auch als Schriftsteller zeigte Jacobi eine ungemeine Thätigkeit für die Belebung des Studiums der mathematischen Wissenschaften. In dieser Hinsicht war es für ihn ein glücklicher Umstand, daß der Anfang derselben mit der Gründung des Crelle'schen Journals zusammenfiel. Jacobi gehörte zu den frühesten Mitarbeitern dieser Zeitschrift; fast alle seine Arbeiten sind zuerst darin erschienen.

Bei seinem ersten Auftreten stellte sich Jacobi sofort neben die großen Mathematiker seiner Zeit. Er zeigte in seinen ersten Abhandlungen, daß er nicht nur die Arbeiten von Gauß und Pfaff beherrschte, indem er sie aus einem neuen Gesichtspunkt betrachtete und wesentlich vereinfachte, er gelangte auch zu neuen Resultaten, wie in der Abhandlung aus dem Jahre 1827: Ueber eine besondere Gattung algebraischer Functionen, die aus der Entwickelung der Function $(1 - 2xz + z^2)^{\frac{1}{2}}$ entstehen (Crelle's J. Bd. II), in welcher er die von Legendre nicht bemerkten Fundamentaleigenschaften der aus diesem Ausdruck hervorgehenden Entwickelungscoefficienten darthut, und in dem kurzen Aufsatz aus

[1]) Jacobi wurde 1827 außerordentlicher, 1829 ordentlicher Professor. Durch ein körperliches Leiden genöthigt' lebte er seit 1843 als Pensionär des Königs in Berlin.

demselben Jahre: De residuis cubicis commentatio numerosa (Crelle's J. Bd. II), aus dem hervorgeht, daß Jacobi in das Gebiet der Zahlentheorie tief eingedrungen war und im Besitz neuer fruchtbarer Principien sein mußte.

Doch diese Erstlinge wurden sehr bald auf das glänzendste überstrahlt durch Jacobi's Arbeiten auf dem Gebiet der elliptischen Functionen, dessen Erweiterung und völlige Umgestaltung vorzugsweise ihm im Verein mit dem berühmten Norwegischen Mathematiker Niels Henrik Abel[1]) zu verdanken ist. Es bleibt Legendre's unvergänglicher Ruhm, in den Untersuchungen Euler's, Landen's, Lagrange's „die Keime eines wichtigen Zweiges der Analysis erkannt und durch die Arbeit eines halben Lebens auf diesen Grundlagen eine selbstständige Theorie errichtet zu haben, welche alle Integrale umfaßt, in denen keine andere Irrationaliät

[1]) Abel gehört seiner Geburt nach Deutschland nicht an. Da aber seine Arbeiten fast ausschließlich in Crelle's Journal erschienen, zu dessen Entstehen er den hauptsächlichsten Anstoß gab, und da er bei längerem Leben dauernd wirksam in unserm Vaterland geblieben wäre, aus diesen Gründen dürfte es gerechtfertigt sein, wenn ihm hier, in der Geschichte der Mathematik in Deutschland, ein Platz gewidmet wird. Abel wurde den 5. August 1802 zu Frindoe, einem Dorfe in Christiansandstift in Norwegen, geboren. Sein Vater war daselbst protestantischer Prediger. In seinem 16. Jahre zeigte er plötzlich ein außergewöhnliches Talent für die Mathematik. Anfangs genoß er den besondern Unterricht des Professors Holmboe, des Herausgebers seiner Schriften, später bildete er sich allein durch das Studium der Meisterwerke der großen Mathematiker. In Folge der außerordentlichen Leistungen, die Abel während seiner Studienzeit auf der Universität von Christiania zeigte, bewilligte ihm die Norwegische Regierung ein Reisestipendium, um seine Studien in Deutschland, Italien und Frankreich fortzusetzen. Abel hielt sich zunächst sechs Monate in Berlin auf; darauf wandte er sich nach Paris, wo er zehn Monate verweilte. Nach einem zweiten kurzen Aufenthalt in Berlin ging er nach Christiania zurück. Seine Berufung nach Berlin traf ihn nicht mehr lebend; er starb den 6. April 1829. Unter seinen Schriften, die gesammelt: Oeuvres complètes de N. H. Abel, par Holmboe, Christian. 1839, 2 voll. erschienen, sind hervorzuheben seine Arbeiten über die algebraische Auflösung der Gleichungen, namentlich der Beweis der Unmöglichkeit albgebraische Gleichungen von höheren Graden als dem vierten allgemein aufzulösen, und über die elliptischen Functionen.

enthalten ist als eine Quadratwurzel, unter welcher die Veränderliche den vierten Grad nicht übersteigt". Aber so scharfsinnig die Arbeiten Legendre's auch sind, so schien doch eine Fortbildung derselben nicht weiter möglich zu sein. Da durchbrachen Abel und Jacobi die Schranken[1]), und freudig verkündete Legendre am Abend seines Lebens diesen glänzenden Erfolg seiner Arbeiten. Er schreibt in der Vorrede zum ersten Supplement des Traité des fonctions elliptiques, datirt Paris 12. August 1828: Après m'être occupé pendant un grand nombre d'années de la théorie des fonctions elliptiques, dont l'immortel Euler avait posé les fondemens, j'ai cru devoir rassembler les resultats de ce long travail dans un Traité qui a été rendu public au mois de janvier 1827. Jusque là les géomètres n'avaient pris presque aucune part à ce genre de recherches, mais à peine mon ouvrage avait-il vu le jour, à peine son titre pouvait-il être connu des savans étrangers, que deux jeunes géomètres M. M. Jacobi (C. G. J.) de Koenigsberg et Abel de Christiania, avaient reussi, par leurs travaux particuliers, à perfectionner considérablement la théorie des fonctions elliptiques dans ses points les plus élevés.

„Obgleich die Umgestaltung der Theorie der elliptischen Functionen, welche man Abel und Jacobi verdankt, aus dem Zusammenwirken mehrerer sich gegenseitig unterstützender Gedanken hervorgegangen ist, so scheint doch zweien dieser Gedanken die größte Wichtigkeit zugeschrieben werden zu müssen, weil sie alle Theile der neuen Theorie innig durchdringen. Während die früheren Bearbeiter dieses Gegenstandes das elliptische Integral der ersten Gattung als eine Function seiner Grenze ansahen, erkannten Abel und Jacobi, unabhängig von einander, wenn auch der erstere einige Monate früher, die Nothwendigkeit, die Betrachtungsweise umzukehren, und die Grenze nebst zwei ein-

---

[1]) Abel, Remarques sur quelques propriétés générales d'une certaine sorte de fonctions transcendantes (Crelle's J. Bd. III. S. 313.)

fachen von ihr abhängigen Größen, die so unzertrennlich mit ihr verbunden sind wie der Sinus zum Cosinus gehört, als Functionen des Integrals zu behandeln; gerade wie man schon früher zur Erkenntniß der wichtigsten Eigenschaften der vom Kreise abhängigen Transcendenten gelangt war, indem man den Sinus und Cosinus als Functionen des Bogens, und nicht diesen als eine Function von jenen betrachtete. — Ein zweiter, Abel und Jacobi gemeinsamer Gedanke, der Gedanke das Imaginäre in diese Theorie einzuführen, war von noch größerer Bedeutung; und Jacobi hat es später oft wiederholt, daß die Einführung des Imaginären allein alle Räthsel der früheren Theorie gelöst habe." „Indem Abel und Jacobi in die vorhin erwähnten, durch Umkehrung aus dem elliptischen Integral der ersten Gattung gebildeten Functionen, welche nach unserer jetzigen Terminologie ausschließlich elliptische Functionen genannt werden, das Imaginäre einführten, erkannten sie, daß diese Functionen gleichzeitig an der Natur der Kreisfunctionen und an der der Exponentialgrößen Theil haben, und daß während jene nur für reelle, diese nur für imaginäre Werthe des Arguments periodisch sind, die elliptischen Functionen beide Arten der Periodicität in sich vereinigen."

Während nun Abel sich den Problemen zuwandte, welche die Vervielfältigung und Theilung der elliptischen Integrale betreffen, richtete Jacobi auf die Transformation der elliptischen Integrale seine Aufmerksamkeit[1]). Bisher war nur die von Landen und Lagrange ausgeführte Verwandlung eines elliptischen Integrals in ein anderes Integral derselben Art mittelst einer einfachen algebraischen Substitution bekannt (von der zweiten Transformation Legendre's hatte man in Deutschland noch keine Kenntniß), als Jacobi geleitet von dem neuen Gedanken, die Transformation und die Multiplication aus einem gemeinschaft-

[1]) Die hierher gehörenden Abhandlungen finden sich zuerst in Crelle's J. Bd. III und IV (1828 und 1829).

lichen Gesichtspunkt und die letztere als einen speciellen Fall der ersteren zu betrachten, auf die Vermuthung kam, daß rationale Functionen jedes Grades geeignet seien, ein elliptisches Integral in ein Integral von derselben Form zu verwandeln[1]). Als bemerkenswerthes Ergebniß hiervon ist anzuführen, daß die Multiplication immer aus zwei Transformationen zusammengesetzt werden kann[2]).

„Nicht minder erfolgreich griff Jacobi in die von Abel gegebene Theorie der allgemeinen Theilung ein. Die Art wie Abel das Problem gelöst hatte, zeigte zwar, daß die Wurzeln immer algebraisch ausdrückbar sind, erforderte aber zur wirklichen Darstellung derselben die Bildung von gewissen symmetrischen Wurzelverbindungen, die nur in jedem besondern Falle bewerkstelligt werden konnte. Aus einem neuen Princip leitete Jacobi die schließlichen für jeden Grad geltenden und unmittelbar aus den Daten des Problems gebildeten Ausdrücke der Wurzeln ab, welche Ausdrücke überdies vor den Abel'schen eine größere Einfachheit ihrer Form voraus haben[3]).“ In diesen Untersuchungen zeigte sich besonders, wie sehr der unerschöpfliche Vorrath an Wissen und eigenen Gedanken, welcher Jacobi jeden Augenblick zu Gebote stand, ihm zu statten kam; umgekehrt ließ ihn der universelle Blick, mit dem er das ganze Gebiet der mathematischen Wissenschaften beherrschte, sofort erkennen, wie weit sich das Ge-

[1]) In den Fundamenta nova theoriae functionum ellipticarum, Regiomonti 1829, hat Jacobi folgendes Problem an die Spitze gestellt: Quaeritur Functio rationalis y elementi x ejusmodi ut sit:

$$\frac{dy}{\sqrt{A'+B'y+C'y^2+D'y^3+E'y^4}}=\frac{dx}{\sqrt{A+Bx+Cx^2+Dx^3+Ex^4}},$$

wozu er die Bemerkung macht: Quod Problema et Multiplicationem videmus amplecti et Transformationem.

[2]) Transformationes prima et secunda successive adhibitae, utro ordine placet, Multiplicationem praebent. Fundament. p. 60.

[3]) Addition au Mémoire de M. Abel sur les fonctions elliptiques. Crelle's J. Bd. III. S. 86. — Suite des notices sur les fonctions elliptiques. Bd. IV. S. 185 ff.

biet der elliptischen Functionen erstreckte. Vous voyez, schrieb er an Crelle (Jour. Bd. III. S. 310), que la théorie des fonctions elliptiques est un vaste objet de recherches qui dans le cours de ses développemens embrassent presque toute l'algèbre, la théorie des intégrales définies et la science des nombres.

Durch eine Entdeckung Abel's gelang es Jacobi tiefer in das Wesen der elliptischen Functionen einzudringen. Abel hatte, indem er in den Formeln, durch welche er die elliptischen Functionen eines vielfachen Arguments durch die Functionen des einfachen darstellte, den Multiplicator unendlich werden ließ, merkwürdige Ausdrücke für die elliptischen Functionen in Form von unendlichen Reihen, sowie von Quotienten unendlicher Producte erhalten[1]). Jacobi kam auf den Gedanken, diese unendlichen Producte als selbstständige Transcendenten in die Analysis einzuführen. „Als es ihm gelungen war diese Producte, die übrigens alle von derselben Natur und als besondere Fälle einer Transcendente anzusehen sind, in Reihenform darzustellen, erkannte er eine Function, welche sich französischen Mathematikern schon in Untersuchungen der mathematischen Physik dargeboten hatte[2]). Jacobi unterwarf sie einer tief eindringenden Untersuchung, erforschte ihre analytische Natur und führte sie dann in die Theorie der Integrale der zweiten und dritten Gattung ein, was nicht nur die Erkenntniß des innern Zusammenhangs schon bekannter, isolirt stehender Eigenschaften dieser Integrale, sondern auch die wichtige Entdeckung zur Folge hatte, daß die Integrale der dritten Gattung, welche von drei Elementen abhängen, vermittelst der neuen Transcendente, welche deren nur zwei enthält, ausgedrückt werden können." Jacobi bezeichnete

[1]) Abel, Recherches sur les fonctions elliptiques. Crelle's J. Bd. II.

[2]) Suite des notices sur les fontions elliptiques, Crelle's J. Bd. III. S. 303, wo es heißt: On peut remplacer les fonctions elliptiques par la nouvelle transcendante: $1 - 2q \cos 2x + 2q^4 \cos 4x - 2q^9 \cos 6x + 2q^{16} \cos 8x - \ldots . = \Theta x$.

diese Transcendete durch das Symbol Θ; sie wurde deshalb Theta-Function benannt. Insofern dadurch die Theorie der elliptischen Functionen einen überraschenden Grad von Einfachheit und Durchsichtigkeit gewann, so daß Jacobi sie in seinen spätern Vorlesungen über elliptische Functionen zum Ausgangspunkte nahm, sind die Theta-Functionen die Elemente der elliptischen Functionen geworden, welche als Folgerungen der Theta-Functionen erscheinen.

Noch ist Jacobi's Antheil an der Weiterentwickelung des berühmten Abel'schen Theorems, das die Integrale aller algebraischen Functionen umfassend, die Grundeigenschaft derselben enthüllte, zu gedenken[1]). „Der nahe liegende Versuch, die umgekehrten Functionen der Abel'schen Integrale auf dieselbe Weise, wie es bei den elliptischen mit so großem Erfolge geschehen war, in die Analysis einzuführen, erwies sich bald als unausführbar, und verwickelte in unauflöslichen Widerspruch, denn Jacobi erkannte sogleich, daß diese umgekehrten Functionen vier- oder mehrfach periodisch sein müßten, während doch eine analytische Function, wenn sie wie die elliptischen und Kreisfunctionen einwerthig, und wo sie nicht unendlich wird, stetig bleiben soll, nur zwei Perioden zuläßt." „Nachdem Jacobi mehrere Jahre hindurch den Gegenstand nach allen Seiten erwogen hatte, fand er endlich die Lösung des Räthsels darin, daß hier gleichzeitig vier oder mehr Integrale zu betrachten und aus ihnen durch Umkehrung zwei oder mehr Functionen von eben so vielen Argumenten zu bilden sind. Diese Divination machte er in einer Abhandlung von 10 Seiten bekannt, der zwei Jahre später eine

[1]) Abel's Theorem enthält die Abhandlung: **Remarques sur quelques propriétés générales d'une certaine sorte de fontions transcendantes** (Crelle's J. Bd. III. S. 313). Ueber dieses Theorem, das Legendre ein „**monumentum aere perennius**" nennt, äußert sich Jacobi: Wir halten es, wie es in einfacher Gestalt ohne Apparat von Calcul den tiefsten und umfassendsten mathematischen Gedanken ausspricht, für die größte mathematische Entdeckung unserer Zeit, obgleich erst eine künftige, vielleicht späte große Arbeit ihre ganze Bedeutung aufweisen kann.

umfangreiche folgte, in welcher die analytische Natur dieser umgekehrten Functionen im hellsten Lichte erschien[1])."

Wir haben oben des Einflusses erwähnt, den die Einführung der Theta-Functionen auf die Theorie der elliptischen Functionen gehabt hat. Dadurch wurde die letztere eine ergiebige Quelle auch für die höhere Arithmetik: ein zweites Gebiet der mathematischen Wissenschaften, das Jacobi wichtige Bereicherungen zu verdanken hat. Es sind hier anzuführen die Sätze über die Anzahl der Zerlegungen einer Zahl in 2, 4, 6 und 8 Quadrate, sowie die Sätze über solche Zahlen welche gleichzeitig in mehreren quadratischen Formen enthalten sind. Eine weitere Veranlassung mit der Theorie der Zahlen sich zu befassen, wurde für Jacobi die im Jahre 1832 erschienene zweite Abhandlung von Gauß über die biquadratischen Reste, „welche durch die tiefsinnigen Gedanken, complexe ganze Zahlen in der höheren Arithmetik gerade so wie reelle zu behandeln, und durch das darin aufgestellte Reciprocitätsgesetz, das in der Theorie der biquadratischen Reste zwischen zwei complexen Primzahlen stattfindet, Epoche machte; es gelang Jacobi, den erwähnten schönen Satz von Gauß und einen ähnlichen, welcher sich auf die cubischen Reste bezieht, mit großer Einfachheit aus der Kreistheilung abzuleiten[2])". „An diese Arbeiten, die sich auf das Gebiet der höheren Arithmetik beziehen, reihen sich Jacobi's Abhandlungen über die Transformation homogener Functionen 2. Grades, über Elimination,

---

[1]) Die beiden Abhandlungen sind: Considerationes generales de transcendentibus Abelianis (Crelle's J. Bd. IX), und: De functionibus duarum variabilium quadrupliciter periodicis quibus theoria transcendentium Abelianarum innititur (Crelle's J. Bd. XIII). In der ersteren heißt es: Theoremati antecedenti ut monumento pulcherrimo ingenii admirabilis morte praematura abrepti *theorematis Abeliani* nomen imponere placet. Ipsas etiam transcendentes $\Pi(x)$ casibus quibus X ultra ordinem quartum ascendit, *transcendentes Abelianas* vocare lubet, ut quas ante illum nemo consideraverat. Diese Bezeichnungen Jacobi's sind allgemein angenommen worden.

[2]) Bachmann, Die Lehre von der Kreistheilung u. s. w. S. 168 ff.

die simultanen Werthe, welche einer Anzahl von algebraischen Gleichungen genügen, über die Umkehrung der Reihen, und über die Theorie der Determinanten. In Betreff der letztern verdankt man ihm eine ausgebildete Theorie der von ihm mit dem Namen der Functional-Determinanten bezeichneten Ausdrücke. Indem er die Analogie dieser Ausdrücke mit den der Differentialquotienten weit verfolgte, gelangte er zu einem allgemeinen Princip, welches er das Princip des letzten Multiplicators nannte, und welches bei fast allen, in den Anwendungen vorkommenden Integrationsproblemen die letzte Integration zu bewerkstelligen das Mittel giebt, indem es den dazu erforderlichen integrirenden Factor a priori angiebt."

Auf dem weiten Gebiet der Integralrechnung hat sich Jacobi wiederholt mit der Reduction und Werthbestimmung doppelter und vielfacher Integrale beschäftigt; namentlich ist die Bestimmung der Oberfläche eines ungleichaxigen Ellipsoids durch elliptische Integrale von der ersten und zweiten Gattung zu erwähnen, sowie die Ausdehnung des Euler'schen Additionstheorems auf doppelte Integrale, und daß auch der Abel'sche Satz einer ähnlichen Erweiterung fähig ist. Hieran reiht sich Jacobi's Beweis, daß auch ein ungleichaxiges Ellipsoid von einer homogenen flüssigen Masse mit Beibehaltung seiner äußern Gestalt sich gleichförmig um eine feste Axe drehen kann. Es gelang ihm ferner, auf einem solchen Ellipsoid die Gleichung der geodätischen Linie in Form einer Relation zwischen zwei Abel'schen Integralen darzustellen, eine Entdeckung welche „die Grundlage eines der schönsten Capitel der höheren Geometrie geworden ist, welches deutsche, französische und englische Mathematiker wetteifernd ausgebildet haben".

Auch die Variationsrechnung verdankt Jacobi eine Vervollkommnung. „Während zur Existenz eines Maximums oder Minimums das Verschwinden der ersten Variation nothwendig ist, so ist diese Bedingung allein nicht ausreichend, und erst die Beschaffenheit der zweiten Variation entscheidet, ob ein

Maximum, oder ein Minimum, oder keines von beiden stattfindet. Zufolge der Theorie, wie sie Jacobi vorfand, waren nach den Integrationen, die durch das Verschwinden der ersten Variation gefordert werden, neue Integrationen zu leisten, um die zweite Variation zu discutiren; Jacobi zeigte, daß die ersteren die letzteren involviren, so daß also auch hier die vollständige Lösung der Aufgabe bereits mit der Vollendung des ersten Schrittes gegeben ist."

Jacobi's Untersuchungen über die Attraction der Ellipsoiden wurden ihm Veranlassung, mit den Flächen des zweiten Grades sich zu beschäftigen; man verdankt ihm die Kenntniß mehrerer interessanten Eigenschaften und einer höchst eleganten Erzeugungsweise dieser Flächen. Jacobi's weitere der Geometrie gewidmete Arbeiten erstrecken sich auf ein Problem der Elementargeometrie[1]), welches vor ihm nur in speciellen Fällen behandelt worden war, und dessen vollständige Lösung er aus der Theorie der elliptischen Transscendenten ableitet, ferner über die Anzahl der Doppeltangenten algebraischer Curven, über die Krümmung der Flächen und über die kürzesten Linien auf denselben.

Auf fast allen Gebieten der mathematischen Wissenschaften hat Jacobi seine Meisterschaft bewährt. Außer den beiden selbstständig erschienenen Schriften: Fundamenta nova theoriae functionum ellipticarum, Regiom. 1829, wozu ein zweiter, die spätern Erweiterungen der Theorie der elliptischen Functionen enthaltender Theil treten sollte, und: Canon arithmeticus sive tabulae quibus exhibentur pro singulis numeris primis vel primorum potestatibus infra 1000 numeri ad datos indices et indices ad datos numeros pertinentes, Berolin. 1839, liefern zahlreiche Abhandlungen in den mathematischen Zeitschriften, von welchen nur ein kleiner Theil oben angeführt ist, die Beweise

---

[1]) Die Relation zwischen der Distanz der Mittelpunkte und den Radien zweier Kreise zu finden, von denen der eine einem unregelmäßigen Polygon eingeschrieben, der andere demselben umschrieben ist. Crelle's J. Bd. III.

davon. Und wie vieles Neue hat Jacobi in seinen Vorlesungen, die nur diejenigen Theile der Wissenschaft umfaßten in denen er selbst schaffend aufgetreten war, mündlich mitgetheilt; wie vieles Andere, das er anfing niederzuschreiben, blieb unvollendet. Er besaß eine gewaltige Kraft des Schaffens, eine wie es schien unerschöpfliche Production. In dem kräftigsten Mannesalter der wissenschaftlichen Welt durch einen raschen Tod entrissen, hat Jacobi nur ein Vierteljahrhundert wissenschaftlich gewirkt, „also einen weit kürzern Zeitraum als die meisten frühern Mathematiker ersten Ranges, und kaum die Hälfte der Zeit über welche sich Euler's Wirksamkeit erstreckt hat, mit dem er, wie durch Vielseitigkeit und Fruchtbarkeit, so auch darin die größte Aehnlichkeit hat, daß ihm alle Hülfsmittel der Wissenschaft immer gegenwärtig waren und jeden Augenblick zu Gebote standen." —

Auf das innigste mit Jacobi verbunden wirkte Gustav Peter Lejeune-Dirichlet (geb. 13. Februar 1805 zu Düren in der Rheinprovinz, gest. 5. Mai 1859 zu Göttingen). Bereits in früher Jugend von einer entschiedenen Vorliebe für mathematische Studien beseelt, hatte er das Glück, als die Vorlesungen auf den deutschen Universitäten nur wenig über das Gebiet der Elementarmathematik sich erhoben, seine Ausbildung in Paris, wo die Koryphäen Laplace, Legendre, Fourier, Poisson, Cauchy forschend und lehrend an der lebendigen Entwickelung und Verbreitung der mathematischen Wissenschaften arbeiteten, vollenden zu können. Dirichlet besuchte die Vorlesungen am Collège de France und an der Faculté des sciences; außerdem aber vertiefte er sich in das Studium der Werke der großen Mathematiker, namentlich in Gauß' Disquisitiones arithmeticae, welches Werk auf seine ganze mathematische Bildung und Richtung einen entscheidenden Einfluß ausgeübt hat. Für Dirichlet's späteres Leben war es von besonderer Wichtigkeit, daß ihm Gelegenheit geboten wurde, in die Familie des Generals Foy aufgenommen zu werden, in dessen Hause die ersten Notabilitäten Frankreichs in Kunst und Wissenschaft sich versammelten.

Als erste Frucht seiner Studien überreichte Dirichlet im Jahre 1825 die Abhandlung: Mémoire sur l'impossibilité de quelques équations indéterminées du cinquième degré, der Pariser Akademie[1]). Er behandelt darin einen Fall des Fermat'schen Satzes, daß die Summe zweier Potenzen von gleichen Exponenten einer Potenz von demselben Exponenten niemals gleich sein kann, wenn diese Potenzen die zweite übersteigen. Dieser Satz, der trotz der angestrengten Bemühungen Euler's und Lagrange's nicht weiter als für die dritte und vierte Potenz bewiesen war, wird von Dirichlet für die fünfte Potenz untersucht, indem er sich die allgemeine Aufgabe stellt, in welchen Fällen die Summe zweier fünften Potenzen einem gegebenen Vielfachen einer fünften Potenz nicht gleich sein könne. Die hierbei aufgestellten neuen Sätze, sowie die scharfe Beweisführung im Verein mit einer außerordentlichen Klarheit der Darstellung sicherten dieser ersten Arbeit Dirichlet's einen glänzenden Erfolg und begründeten seinen Ruf als ausgezeichneten Mathematiker. Er kam dadurch mit mehreren der angesehensten Mitglieder der Pariser Akademie in nähere Verbindung, namentlich mit Fourier und Alexander von Humboldt, von denen der erstere die Richtung von Dirichlet's Studien hervorragend beeinflußt hat.

Im Herbst des Jahres 1826 kehrte Dirichlet nach Deutschland zurück. Durch Alexander von Humboldt's Vermittelung erhielt er zunächst einen Platz an der Universität in Breslau, von wo er nach zweijährigem Aufenthalt nach Berlin übersiedelte. Er hat daselbst als Docent an der Universität und an der Kriegsschule (Kriegsakademie) 27 Jahre mit dem ausgezeichnetsten Erfolge gewirkt. Im Herbst des Jahres 1855 folgte Dirichlet einem Ruf an die Universität Göttingen als Nachfolger von Gauß.

[1]) Abgedruckt in Crelle's J. Bd. III mit einem Zusatz, in welchem Dirichlet die Erweiterung, wodurch Legendre Dirichlet's Beweis vervollständigt hat, berücksichtigt. — Später hat Dirichlet noch einen Beweis für die 14. Potenz des oben angeführten Fermat'schen Satzes gegeben. Sieh. Crelle's J. Bd. IX.

Wir haben bereits der ersten Erfolge gedacht, welche Dirichlet auf dem Gebiet der Zahlentheorie errang; sie blieb sein Lieblingsstudium. Gauß' Disquisitiones arithmeticae hatten unausgesetzt ihren Platz auf seinem Tische und begleiteten ihn auf seinen Reisen. „Er hat dieses Werk nicht nur einmal oder mehrere Male durchstudirt, sondern sein ganzes Leben hindurch hat er nicht aufgehört die Fülle der tiefen mathematischen Gedanken, die es enthält, durch wiederholtes Lesen sich immer wieder zu vergegenwärtigen." „Dirichlet war der erste, der dieses Werk nicht allein vollständig verstanden, sondern auch für Andere erschlossen hat, indem er die starren Methoden desselben, hinter welchen die tiefen Gedanken verborgen lagen, flüssig und durchsichtig gemacht und in vielen Hauptpunkten durch einfachere, mehr genetische ersetzt hat, ohne der vollkommenen Strenge der Beweise das Geringste zu vergeben; er war auch der erste, der über dasselbe hinausgehend einen reichen Schatz noch tieferer Geheimnisse der Zahlentheorie offenbar gemacht hat."

Einen neuen Triumph seiner Studien auf dem Gebiet der Zahlentheorie errang Dirichlet, als Gauß im Jahre 1825 eine vorläufige Bekanntmachung der von ihm gefundenen Sätze über die biquadratischen Reste und deren Reciprocitätsgesetze in die Göttinger gelehrten Anzeigen einrücken ließ. Er und Jacobi versuchten auf verschiedenen Wegen das Geheimniß zu ergründen, durch welches Gauß auf diese Sätze gekommen war; wenn es ihnen auch nicht gelang, das neue Princip, die Einführung der complexen ganzen Zahlen, zu erfassen, so vermochte doch Dirichlet für die Gaußischen Sätze sehr einfache Beweise aufzustellen[1]).

Dirichlet's Verdienste um die Lösung der großen Probleme auf dem Gebiet der Zahlentheorie gipfeln in der Aufstellung neuer Methoden, indem er die Analysis auf die Zahlentheorie zur Anwendung brachte und ihr dienstbar machte. Veranlassung

[1]) Vergl. Dirichlet's Abhandlung: Recherches sur les diviseurs premiers d'une classe de formules du quadrième degré. Crelle's J. Bd. III.

dazu wurde ihm, als er den Beweis des Satzes suchte, daß jede unbegränzte arithmetische Progression, deren erstes Glied und Differenz ganze Zahlen ohne gemeinschaftlichen Factor sind, unendlich viele Primzahlen enthält [1]). Von diesem Satze, der nicht selten zur Anwendung gebracht wird, war bisher kein Beweis vorhanden; Legendre hatte einen solchen versucht, aber er war nicht genügend. Dirichlet's Versuche ihn zu vervollständigen mißglückten; er sah sich genöthigt einen neuen Weg einzuschlagen. Nach dem Vorgange Euler's, der ein nur Primzahlen enthaltendes Product in eine divergente unendliche Reihe verwandelt und daraus geschlossen hatte, daß die Anzahl aller Primzahlen unendlich groß sei, ging Dirichlet von der Betrachtung unendlicher Reihen aus, und gelangte, indem er das bei der Untersuchung der Fourier'schen Reihen beobachtete Verfahren zur Anwendung brachte, zu dem Fundamentalsatz seiner neuen Methode, welcher den Gränzwerth einer allgemeinen Reihe von Potenzen positiver abnehmender Größen bestimmt, deren gemeinschaftlicher Exponent sich der Gränze Eins nähert. Nach Ueberwindung sehr bedeutender Schwierigkeiten fand Dirichlet nicht nur den vollständigen Beweis des obigen Satzes, er gewann auch mit Hülfe derselben Principien den Zugang zu einer seiner bedeutendsten und glänzendsten Entdeckungen. „Die Principien — so lauten Dirichlet's Worte am Schluß der oben angeführten Abhandlung — von welchen wir hier ausgegangen sind, lassen sich auf mehrere andere Probleme anwenden, zwischen denen und dem hier behandelten Gegenstand man zunächst keinen Zusammenhang vermuthen sollte. Namentlich kann man mit Hülfe dieser Principien die sehr interessante Aufgabe lösen, die Anzahl der verschiedenen quadratischen Formen zu bestimmen, welche einer beliebigen positiven oder negativen Determinante entsprechen, und man findet, daß diese Anzahl als Product von zwei Factoren dargestellt werden kann, wovon der erste eine sehr einfache

[1]) Die betreffende Abhandlung Dirichlet's findet sich in den Abhandlungen der Akademie der Wissenschaften zu Berlin vom Jahre 1837.

Function der Determinante ist, welche für jede Determinante einen endlichen Werth hat, während der andere Factor durch eine Reihe ausgedrückt ist." — Hierdurch gewann Dirichlet die Ueberzeugung, daß die unendlichen Reihen eine sehr fruchtbare Methode darbieten, die Probleme der unbestimmten Analysis zu behandeln, und brachte so die Analysis des Unendlichen mit der höheren Arithmetik in Verbindung. Einige Anwendungen dieser neuen Methode veröffentlichte er in der Abhandlung: Sur l'usage des séries infinies dans la théorie des nombres (Crelle's J. Bd. XXVIII); ausführlich hat er über die bedeutendste und glänzendste seiner Entdeckungen, die Bestimmung der Klassenanzahl der quadratischen Formen für eine jede gegebene Determinante, gehandelt in der großen Abhandlung: Recherches sur diverses applications de l'Analyse infinitesimale à la Théorie des nombres, wovon die première partie im Jahre 1838 (Crelle's J. Bd. XIX) und die seconde partie im Jahre 1840 (Crelle's J. Bd. XXI) erschienen. Er hat dadurch für das Verständniß eines der schwierigsten Abschnitte der Disquisitiones arithmeticae, des zweiten Theils der fünften Section, zuerst Licht verbreitet, und die durch Lagrange in Angriff genommene, von Legendre und Gauß weiter untersuchte Frage nach dem allgemeinen Zusammenhang zwischen der Anzahl der quadratischen Formen und einer jeden gegebenen Determinante gelöst. Das Ergebniß dieser Untersuchung faßt Dirichlet selbst in den Worten zusammen: „Die Abhängigkeit der Anzahl der Formen von der Determinante stellt sich in einer ganz verschiedenen Weise dar, je nachdem die Determinante negativ oder positiv ist. Im ersten Falle ist diese Abhängigkeit rein arithmetischer Natur, während der Ausdruck für die Anzahl der Formen im zweiten Falle gewisse Verbindungen der Coefficienten der Hülfsgleichungen enthält, welche bei der Kreistheilung vorkommen[1])." Aus Letzterem ergab sich eine neue Auflösung der sogenannten Pell'schen Gleichung durch

[1]) Dirichlet, Ueber die complexen Zahlen. Crelle's J. Bd. XXII.

Kreisfunctionen [1]). „Eine tiefere Einsicht in den Zusammenhang dieser ganz heterogen erscheinenden Gegenstände mit der Klassenzahl und unter einander hat seitdem nicht können gewonnen werden, weil überhaupt noch keine andere Methode als die Dirichlet'sche existirt, welche dergleichen schwierige Fragen zu lösen vermöchte."

Dirichlet blieb bei der Bestimmung der Klassenanzahl der quadratischen Formen nicht stehen, er hat seine Methode auch auf die Eintheilung der Klassen in Gattungen und Ordnungen zur Anwendung gebracht. Auch hat er nach dem Vorgange von Gauß die durch seine Methode gewonnenen Resultate auf die Theorie der complexen Zahlen ausgedehnt [2]). Hierbei stellte sich als schließliches Ergebniß der Untersuchung heraus, „daß die Abhängigkeit der Anzahl der Formen von der Determinante derjenigen ganz ähnlich ist, welche in dem zweiten der oben angeführten Fälle stattfindet, nur mit dem Unterschied, daß die Rolle, welche dort die Hülfsgleichungen für die Kreistheilung spielen, hier von den Gleichungen übernommen wird, welche sich auf die Theilung der Lemniscate, oder was dasselbe ist, auf die Theilung der elliptischen Functionen beziehen, welche dem Modul $\sqrt{\frac{1}{2}}$ entsprechen [3])". Merkwürdiger als dieses allgemeine Resultat wird von Dirichlet selbst der besondere Fall hervorgehoben, wo die Anzahl der Formen unabhängig von der Theilung der Lemniscate bestimmt werden kann. Es ist der Fall einer reellen Determinante D; für eine solche ist nämlich, wenn man sie in der Theorie der complexen Zahlen betrachtet, die Anzahl der Formen ein Product von drei Factoren, wovon der erste eine einfache algebraische Function der Determinante darstellt, während der zweite und dritte mit den Zahlen zusammenfallen, welche in

[1]) Dirichlet, Sur la manière de résoudre l'équation $t^2 - pu^2 = 1$ au moyen des fonctions circulaires. Crelle's J. Bd. XVII.

[2]) Dirichlet, Untersuchungen über die Theorie der complexen Zahlen, in den Abhandlungen der Berliner Akademie der Wissenschaften aus dem Jahre 1841.

[3]) Dirichlet, Ueber die complexen Zahlen. Crelle's J. Bd. XXII.

der gewöhnlichen Theorie der quadratischen Formen bezeichnen, wie viel Formen für die Determinante + D und — D stattfinden[1]). „Dieses Beispiel offenbarte zuerst die allgemeinere Natur dieser Ausdrücke, welche in allen später ermittelten Klassenanzahlen von Formen höherer Grade sich wiederfindet, nämlich daß sie aus zwei wesentlich verschiedenen, ganzzahligen Factoren bestehen, deren einer allein durch die Einheiten, der andere aber durch Potenzreste in Beziehung auf die Determinante bestimmt ist."

„Endlich sind hier noch die interessanten und neuen Resultate zu erwähnen, welche Dirichlet aus der Anwendung seiner Methode auf die Bestimmung der mittleren Werthe, oder asymptotischen Gesetze für die, in der Zahlentheorie überall auftretenden, scheinbar ganz regellos fortschreitenden, ganzzahligen Functionen gewonnen hat. Dieselben betreffen die schon früher von Euler, Legendre und Gauß behandelte Frage über die Häufigkeit des Vorkommens der Primzahlen in der natürlichen Zahlenreihe, ferner die von Gauß angedeuteten mittleren Werthe der Klassenanzahl der quadratischen Formen und der Anzahl der Gattungen derselben, und außerdem mehrere in den Elementen der Zahlentheorie vorkommende, auf die Divisoren und die Reste bezügliche Functionen. Merkwürdigerweise ist es gerade bei dieser Art von Untersuchnngen, für welche die analytische Behandlungsweise ganz besonders geeignet erscheint, Dirichlet's fortgesetzten Bemühungen gelungen, die analytischen Methoden in vielen Fällen durch rein arithmetische zu ersetzen, und auf diesem Wege noch einige neue und überraschende Resultate zu gewinnen, wie z. B. daß bei der Division einer gegebenen Zahl durch alle kleineren Zahlen die Reste, welche kleiner als die Hälfte des Divisors sind, durchschnittlich viel häufiger vorkommen als die, welche größer sind."

Die Vorlesungen über Zahlentheorie, welche Dirichlet an der Berliner Universität im Jahre 1837 zum ersten Male hielt

---

[1]) Dirichlet a. a. O.

und die seitdem auf den deutschen Universitäten bestehen geblieben sind, veranlaßten ihn auch auf die mehr elementaren Theile dieser Disciplin und namentlich auf die Vereinfachung der Gaußischen Methoden und Beweise einen besondern Fleiß zu verwenden. „Im Allgemeinen erkannte man an den Methoden, durch welche Dirichlet in diesen Arbeiten die Zahlentheorie vereinfacht und leichter zugänglich gemacht hat, daß sie hauptsächlich aus dem gründlichen Studium der allgemeinern Theorie geschöpft sind; die Beweise der Sätze stützen sich darum nicht auf die speciellen und zufälligen Bestimmungen, sondern durchgängig auf die wesentlichen Eigenschaften der betreffenden zahlentheoretischen Begriffe, und vermitteln so im Speciellen zugleich die Erkenntniß des Allgemeinen.“ —

Es ist bereits oben erwähnt, daß Dirichlet während seines Pariser Aufenthalts mit Fourier in Berührung kam, der einen Kreis junger Mathematiker um sich zu versammeln pflegte, mit welchen er „damals seine Wärmetheorie und seine neuen analytischen Methoden, sowie allerhand allgemeinere wissenschaftliche Gegenstände und Fragen in der ihm eigenen lebendigen und anziehenden Weise besprach“. Dadurch wurde Dirichlet's Interesse für die mathematische Physik angeregt, zunächst für die trigonometrischen Reihen, durch welche die in der Wärmetheorie vorkommenden willkührlichen Functionen dargestellt werden. Ueber diese Functionen, mit welchen die ausgezeichnetsten Mathematiker des 18. Jahrhunderts d'Alembert, Euler, Daniel Bernoulli, Lagrange in ihren Untersuchungen über physikalische Probleme sich beschäftigt hatten[1]), wurde zuerst wieder von Fourier neues Licht verbreitet; er bemerkte, daß die Coefficienten in den trigonometrischen Reihen durch bestimmte Integrale dargestellt werden könnten, und dadurch war die Natur dieser Reihen vollkommen

---

[1]) Eine vorzügliche Zusammenstellung dieser Untersuchungen enthält Riemann's Abhandlung: Ueber die Darstellbarkeit einer Function durch eine trigonometrische Reihe (Abhandlungen der Königl. Gesellschaft der Wissenschaften zu Göttingen, Bd 13 für die Jahre 1866 und 1867).

richtig erkannt. „Es begann damit eine neue Epoche in der Entwickelung dieses Theils der Mathematik, die sich bald noch äußerlich in großartigen Erweiterungen der mathematischen Physik kundgab.“ Die trigonometrischen Reihen „wurden seitdem in der mathematischen Physik zur Darstellung willkührlicher Functionen vielfach angewandt, und in jedem einzelnen Falle überzeugte man sich leicht, daß die Fourier'sche Reihe wirklich gegen den Werth der Function convergire“. Noch fehlte aber der allgemeine Beweis dieses wichtigen Satzes. Nachdem Cauchy im Jahre 1826 einen solchen versucht hatte[1]), von dem aber Dirichlet nachwies, daß er unzureichend sei, gelang es Dirichlet zuerst im Jahre 1829 vollkommen streng zu beweisen, daß Functionen, die durchgehends eine Integration zulassen, nicht unendlich viele Maxima und Minima haben und zwischen bestimmten Gränzen nur in einer endlichen Anzahl Fällen discontinuirlich werden, durch convergente trigonometrische Reihen dargestellt werden könnten[2]). Er ging zu dem Ende auf den ursprünglichen Begriff der Convergenz der unendlichen Reihen zurück; „er untersuchte den Gränzwerth, welchen die Summe einer Anzahl Glieder erreicht, wenn diese Anzahl ins Unendliche wachsend angenommen wird, und diese Frage ergründete er vollständig mittelst der genauen Bestimmung des Gränzwerthes eines einfachen bestimmten Integrals, welches wegen der vielen Anwendungen die es gestattet, seitdem zu den Grundlagen der Theorie der bestimmten Integrale gerechnet wird.“

„Durch diese Arbeit Dirichlet's ward einer großen Menge wichtiger analytischer Untersuchungen eine feste Grundlage gegeben. Es war ihm gelungen, indem er den Punkt, wo Euler irrte, in volles Licht brachte, eine Frage zu erledigen, die so viele ausgezeichnete Mathematiker seit mehr als 70 Jahren (seit 1753) beschäftigt hatte. In der That für alle Fälle der Natur,

---

[1]) Mémoires de l'Académie des sciences de Paris Tom. VI.

[2]) Dirichlet, Sur la convergence des séries trigonometriques qui servent à représenter une fonction arbitraire entre des limites données (Crelle's J. Bd. IV). — Dove und Moser, Repertorium der Physik Bd. 1.

um welche es sich allein handelte, war sie vollkommen erledigt; denn so groß auch unsere Unwissenheit darüber ist, wie sich die Kräfte und Zustände der Materie nach Ort und Zeit im Unendlichkleinen ändern, so können wir doch sicher annehmen, daß die Functionen, auf welche sich Dirichlet's Untersuchung nicht erstreckt, in der Natur nicht vorkommen[1])."

Dirichlet hat später die Untersuchung auf die Entwickelung einer willkührlichen Function zweier unabhängigen Veränderlichen in convergente trigonometrische Reihen ausgedehnt. In der Abhandlung: Sur les séries dont le terme général dépend de deux angles et qui servent à exprimer des fonctions arbitraires entre des limites données (Crelle's J. Bd. XVII) beweist er den Satz: Bezeichnet $f(\vartheta, \varphi)$ eine Function von ϑ und φ, die für jeden Werth von ϑ zwischen o und π und für jeden Werth von φ zwischen o und 2π willkührlich, aber überall eindeutig und endlich gegeben ist, so läßt sie sich immer und nur auf eine Weise in eine Reihe von Kugelfunctionen entwickeln.

Das glückliche Resultat das Dirichlet in Betreff der Fourierschen Reihen gewonnen hatte, war für seine ferneren analytischen Studien bestimmend. Er hat mit Vorliebe seine Thätigkeit dem Gebiet der unendlichen Reihen und den bestimmten Integralen zugewandt. Da die Fourier'schen Reihen zu den Reihen gehören, deren Glieder in einer bestimmt vorgeschriebenen Anordnung genommen werden müssen, wenn sie convergent sein sollen, so unterschied Dirichlet zwei Klassen von convergenten Reihen: solche deren Summe unabhängig von der Anordnung der Glieder ist, und solche die je nach der Anordnung der Glieder eine andere

[1]) Riemann in der oben angeführten Abhandlung. Derselbe hat darin die Untersuchung Dirichlet's weiter geführt und vervollständigt, indem er die Darstellbarkeit einer Function durch eine trigonometrische Reihe ohne besondere Voraussetzungen über die Natur der Function untersucht und von der Frage ausgeht: Wenn eine Function durch eine trigonometrische Reihe darstellbar ist, was folgt daraus über ihren Gang, über die Aenderung ihres Werthes bei stetiger Aenderung des Arguments?

Summe geben, indem er nachwies, daß es eine Klasse convergenter Reihen mit positiven und negativen Gliedern giebt, welche andere Werthe erhalten und selbst divergent werden können, wenn nur die Reihenfolge ihrer Glieder geändert wird. Namentlich aber hat Dirichlet der Theorie der bestimmten Integrale eine ganz besonders elegante Behandlung zu Theil werden lassen; er hat zuerst die vereinzelt stehenden Resultate zu einem Ganzen verbunden. „Außerdem hat er diese Disciplin durch Erfindung einer neuen eigenthümlichen Integrationsmethode bereichert, deren Hauptgedanke darin besteht, durch Einführung eines discontinuirlichen Factors die Gränzen, innerhalb deren die Integrationen sich zu halten haben, in der Art überschreitbar zu machen, daß beliebig andere, jedoch weitere und namentlich auch unendlich weite Gränzen anstatt der gegebenen genommen werden können, ohne daß der Werth des Integrals dadurch geändert wird. In den Anwendungen dieser Methode auf die Attraction der Ellipsoide und auf die Werthbestimmung eines neuen vielfachen Integrals hat er auch gezeigt, daß sie mit Geschicklichkeit gehandhabt, die Lösungen gewisser schwierigen Probleme auf einfacherem Wege zu geben vermag, als die andern bekannten Integrationsmethoden."

In späteren Jahren widmete Dirichlet nach dem Vorgange von Gauß besonders der Theorie der nach den umgekehrten Quadraten der Entfernungen wirkenden Kräfte seine Thätigkeit. Er hat darüber zwei Abhandlungen veröffentlicht. In der einen: Ueber einen neuen Ausdruck zur Bestimmung der Dichtigkeit einer unendlich dünnen Kugelschicht, wenn der Werth des Potentials in jedem Punkte der Oberfläche gegeben ist (Abhandlungen der Akademie der Wissenschaften zu Berlin aus dem Jahre 1850), beweist er, daß die Reihe für die nach Kugelfunctionen entwickelte Dichtigkeit convergirt, indem er sie summirt und die Summe durch ein Integral ausdrückt. In der zweiten Abhandlung: Sur un moyen général de vérifier l'expression du potentiel relatif à une masse quelconque, homogène ou hétérogène

(Crelle's J. Bd. XXXII), stellt Dirichlet den Satz auf: Ist die Function v einwerthig, endlich und stetig variabel für jeden Punkt in der Oberfläche eines begränzten Raumes S gegeben, so läßt sie sich immer und nur auf eine Weise für das Innere so bestimmen, daß sie auch da einwerthig, endlich und stetig variabel ist und der partiellen Differentialgleichung $\frac{d^2v}{dx^2} + \frac{d^2v}{dy^2} + \frac{d^2v}{dz^2} = 0$ Genüge leistet. Es wird dadurch eine neue Definition des Potentials gegeben, und es kann jeder gefundene Ausdruck eines Potentials durch Differentiation a posteriori geprüft und verificirt werden. Riemann hat diesen Satz zu einem eigenen Princip der Analysis erhoben, das von ihm „das Dirichlet'sche Princip" benannt worden ist[1]).

Dirichlet's Thätigkeit erstreckte sich nur auf einige mathematische Disciplinen; er steht darin hinter Jacobi zurück, dessen gewaltiger Geist das ganze Gebiet der Mathematik umfaßte. Auch seine Schriften erreichen weder an Zahl noch an Umfang die Jacobi'schen. Dirichlet hat kein größeres Werk verfaßt; er hat das was er gearbeitet, in einzelnen Abhandlungen niedergelegt; aber diese Abhandlungen sind nach Inhalt und Form vollendete Meisterwerke. Dieselbe Klarheit, die sie auszeichnet, dieselbe Durchsichtigkeit herrschte auch in seinen Vorlesungen. Die Eleganz des Vortrags stand mit der Feinheit seines ganzen Wesens in Harmonie. Als akademischer Lehrer glänzte Dirichlet als bisher noch nicht erreichtes Muster. Wohl vorbereitet und durchdacht übte sein Vortrag in freier Reproduction auf die Zuhörer die zauberische Gewalt, die sie für die Wissenschaft begeistert und mit fortreißt. Dadurch und daß er und Jacobi zuerst über mathematische Disciplinen Vorträge hielten, die bis-

[1]) Schwere, Elektricität und Magnetismus. Nach den Vorträgen von B. Riemann bearbeitet von K. Hattendorff, Hannover 1876, S. 145. — Vorlesungen über die im umgekehrten Verhältniß des Quadrats der Entfernung wirkenden Kräfte von P. G. Lejeune-Dirichlet, herausgegeben von F. Grube, Leipzig 1876.

her noch nicht gehört worden waren, wurden sie die Reformatoren des mathematischen Unterrichts auf den deutschen Universitäten, und von ihrem Auftreten datirt der Aufschwung des mathematischen Studiums in Deutschland. Dirichlet's Vorlesungen über bestimmte Integrale, über Zahlentheorie, über partielle Differentialgleichungen bilden gegenwärtig auf den deutschen Universitäten das feststehende Programm. —

In Gauß, Jacobi, Lejeune-Dirichlet culminiren die Fortschritte, welche die Analysis während der ersten Hälfte des 19. Jahrhunderts in Deutschland gemacht hat. Aber auch an der Fortbildung der Geometrie haben deutsche Mathematiker des 19. Jahrhunderts bedeutenden Antheil genommen.

Die Geometrie der Alten, oder wie sie gewöhnlich genannt wird, die Euklidische Geometrie betrachtet die geometrischen Größen als gegeben in fester, unabänderlicher Form, und untersucht ihre Eigenschaften absolut oder in Vergleich zu andern gegebenen geometrischen Größen. Durch die Klarheit und Bestimmtheit der Begriffe, die sie dabei entwickelt, durch die Consequenz in der Verbindung derselben, durch die Einfachheit und strenge Aufeinanderfolge in der Darstellung hat sie von jeher die allgemeine Bewunderung erregt. Man betrachtete sie deshalb als das beste Mittel zur strengen Schulung des Denkens. Dadurch aber machte man sie zu einer todten Sprache, an deren weitere Ausbildung nicht gedacht wurde. Die der Euklidischen Geometrie anhaftenden Mängel: der Fortschritt vom Einzelnen zum Einzelnen, und in Folge davon keine Spur über den Zusammenhang geometrischer Gestalten, das Fehlen jeder wissenschaftlichen Anordnung des Stoffes, sowie allgemeiner Principien und Methoden, wurden nicht bemerkt. Im Gegentheil da man die Ueberzeugung gewann, daß von dem festgeschlossenen Bau des Gebäudes nichts hinweggenommen oder hinzugesetzt werden konnte, daß es unmöglich sei daran zu rütteln, so hielt man die Geometrie der Alten für das Vollkommenste was in dieser Hinsicht geschaffen werden konnte.

Die Ausbildung, welche die Algebra im 16. und 17. Jahrhundert erhalten hatte, erweckte in Descartes den Gedanken, durch eine Verbindung der Geometrie mit der Algebra die erstere aus ihren Banden zu befreien. Indem er die allgemeine Zeichensprache, durch welche die Algebra so ungemein gefördert worden war, auf geometrische Größen zur Anwendung brachte, und das Grundprincip der Geometrie, die Continuität, erkannte, so daß es ausreichend war, um z. B. den Charakter einer krummen Linie zu erforschen, die Eigenthümlichkeit eines Punktes derselben zu untersuchen, vermochte Descartes das was man bisher durch Worte ausgedrückt hatte, in Zeichen darzustellen; ja noch mehr, er konnte nun den Inbegriff aller Eigenschaften einer Curve durch eine Gleichung ausdrücken, aus welcher alle jene Eigenschaften sich ableiten ließen. „Man erkennt leicht, welche ungeheuere Umwälzung die Geometrie hierdurch erfahren mußte. Statt der einzelnen wenigen Curven, welche man bisher betrachtet hatte, wurde man jetzt auf ganze Klassen aufmerksam gemacht, die in natürlichen Gruppen nach dem Grade ihrer Gleichungen sich darstellten; man hatte jetzt nur noch krumme Linien des 2., 3., 4. Grades mit allgemeinen Eigenschaften, welche durch den Grad ihrer Gleichungen bedingt waren[1].“ Durch diese Entdeckung von Descartes erhielt die Geometrie eine allgemeine Methode zur Untersuchung der Eigenschaften räumlicher Größen, wovon in den Werken der alten Geometrie nicht die geringste Spur sich findet.

Diese neue Geometrie, welche man als die analytische bezeichnete, während die welche von der Rechnung keinen Gebrauch machte, die synthetische hieß, wurde mit dem ungetheiltesten Beifall aufgenommen. Die zahlreichen Schüler von Descartes meinten, daß ihr Meister das Vollkommenste was in dieser Hinsicht zu erreichen möglich sei, geleistet hätte, und daß das von ihm geschaffene Mittel durchaus ausreichend sei, um jedes geo-

---

[1]) Arneth, Die Geschichte der reinen Mathematik, Stuttgart 1872, S. 249.

metrische Problem zu lösen. Der welcher mit den Schriften Leibnizens vertraut ist, weiß, mit welchem Uebermuth die Schüler von Descartes jedes andere Verfahren zur Untersuchung geometrischer Probleme verachteten.

Neben den Schülern von Descartes gab es aber auch Mathematiker, welche die synthetische Geometrie förderten. Es sind hier besonders die drei ausgezeichneten französischen Geometer Mydorge, Desargues und Pascal hervorzuheben, welche sämmtlich über die Kegelschnitte geschrieben haben. Während der erste sein Werk[1]) nach der Weise der griechischen Geometer verfaßte, aber mehr als diese die Kegelschnittscurven am Kegel betrachtete und dadurch die Beweise von einzelnen Sätzen zusammenfassen und so die Behandlung des Gegenstandes vereinfachen konnte, gründeten Desargues und Pascal die Lehre von den Kegelschnitten auf den Principien der Perspective und auf einigen Sätzen aus der Theorie der Transversalen. Indem Desargues die Kegelschnitte wie die Alten auf dem Kegel mit einem Kreise als Basis entstehen ließ, machte er die Bemerkung, daß alle diese Curven als Unterarten einer einzigen Curve zu betrachten seien und daß sie an den Eigenschaften des Kreises Theil haben müßten, und bemühte sich die Eigenschaften des letzteren auf jene zu übertragen: die erste Idee einer perspectivischen Behandlung der Kegelschnitte. Von Desargues wissen wir auch, daß er sich mit Anwendung der Geometrie auf die Künste beschäftigt hat; er schrieb über die Perspective, über den Steinschnitt und über die Verfertigung von Sonnenuhren. Seine Schriften, deren Originale verloren gegangen, sind nur noch in Bearbeitungen durch einen gebildeten Handwerker vorhanden; man sieht daraus, daß er die

---

[1]) Claudii Mydorgii Patricii Parisini, Prodromi catoptricorum et dioptricorum, sive: Conicorum operis ad abdita radii reflexi et refracti mysteria praevii et facem praeferentis lib. II. Paris. 1631 fol. Die zweite Ausgabe von 1639 enthält vier Bücher. Chasles (Aperçu historique etc. p. 89) erwähnt, daß noch vier andere Bücher hätten folgen sollen, die aber Manuscript geblieben sind.

erwähnten Lehren ebenso aus einem allgemeinen Gesichtspunkte behandelte als die Kegelschnitte. Dieser Zug, der Technik eine wissenschaftliche Grundlage zu geben[1]), enthält die ersten Spuren der neuen Geometrie, die sich von der der Alten durch die Allgemeinheit ihrer Principien und Methoden unterscheidet. „Der Techniker braucht zu seinen Arbeiten Zeichnungen; er ist geübter im Zeichnen als im Rechnen"; deshalb konnte er von der analytischen Geometrie wenig Gebrauch machen; er bedurfte einer directeren Methode. — Pascal hatte, erst 16 Jahre alt, den berühmten Satz, der von ihm das mystische Sechseck (Hexagrammum mysticum) genannt wurde, gefunden. „Mit diesem Namen bezeichnete er jedes Sechseck, das einem Kegelschnitt eingeschrieben ist, und von dem er die merkwürdige Eigenschaft angab, daß die drei Durchschnittspunkte je zweier gegenüberliegenden Seiten in einer geraden Linie liegen. Da fünf Punkte einen Kegelschnitt bestimmen, so ist dieses Theorem eine Relation für die Lage eines sechsten Punktes dieser Curve in Bezug auf die fünf ersten, so daß es eine fundamentale und charakterisirende Eigenschaft der Kegelschnitte ist[2])." Zugleich hatte Pascal ein größeres Werk über die Kegelschnitte ausgearbeitet, das aber als Manuscript verloren gegangen ist und von dessen Inhalt wir nur durch einen Brief Leibnizens Kenntniß haben, dem es zur Begutachtung, ob es druckfähig sei, vorlag. Aus diesem Briefe geht hervor, daß Pascal sich der Principien der Perspective bediente, um die Kegelschnitte durch den Kreis zu erzeugen und so ihre Eigenschaften aus denen des Kreises herzuleiten. Nach der Sitte der damaligen Zeit hatte Pascal ein Flugblatt (oder Programm): Essai pour les coniques, veröffentlicht, worin er sein großes Werk über die Kegelschnitte ankündigte. Man sieht daraus, daß er das oben erwähnte Theorem über das mystische Sechseck zur

[1]) In dieser Hinsicht tritt Albrecht Dürer in Deutschland dem Desargues zur Seite.

[2]) Chasles, Aperçu hist. p. 70.

Grundlage für die Behandlung der Kegelschnitte gemacht, und wie Mersenne versichert, 400 Sätze daraus hergeleitet hatte.

Einige Zeit später als die genannten französischen Mathematiker faßte Leibniz den Plan einer andern Geometrie als die Euklidische ist; er hat Grundlinien zu einer Geometrie der Lage hinterlassen, wovon früher die Rede gewesen ist.

Auf demselben Boden, in Frankreich, wo die frühesten Spuren einer allgemeineren Auffassung geometrischer Sätze sich zeigten, erwuchs der erste gewaltige Fortschritt, den die Geometrie in neuer Zeit gemacht hat. Monge schuf die darstellende Geometrie (Géométrie descriptive) d. h. „die Kunst, alle vollständig bestimmten Formen räumlicher Linien, Flächen und Körper in einer Ebene als Aufriß und Grundriß nach allgemeinen, gleichmäßigen Regeln darzustellen und aus solchen Darstellungen die geometrischen Beziehungen abzuleiten, welche aus der Gestalt und gegenseitigen Lage der räumlichen Objecte entspringen". Diese neue Disciplin schuf für die geometrische Wissenschaft den bis dahin unbekannten Begriff der geometrischen Allgemeinheit und der geometrischen Eleganz. Die Unzahl von Figuren, womit die alte Geometrie überfüllt ist, nebst den zur Bezeichnung gebrauchten Buchstaben verwirrt die Phantasie und ermüdet den Geist, und der Text selbst erzeugt kein geistiges Bild des betreffenden geometrischen Objects. „Monge, der Erfinder des wissenschaftlich begründeten Zeichnens, fegte den herkömmlichen Wust von Figuren aus der Geometrie hinaus, nicht weil er die geometrische Anschauung zurückdrängen, sondern vielmehr gerade dadurch fördern wollte, daß er durch seine Beschreibung ein geistiges Bild entstehen ließ[1])." Ferner folgte in der alten Geometrie Satz auf Satz ohne Vermittelung und zusammenhängende Entwickelung. Auch hierin verdankt man Monge einen Fortschritt; „seine Werke

[1]) Hankel, Die Elemente der projectivischen Geometrie (Leipzig 1875) Einleitung S. 6. — Es wird bemerkt, daß diese Einleitung in der obigen Darstellung benutzt worden ist.

sind wahre Muster eleganter, fließender Darstellung, frei von all' jenem veralteten Rüstzeug". Einen andern Fortschritt machten Monge und seine Schüler, daß sie in der Geometrie eine freiere und allgemeinere Anschauung in Betreff der Lage der räumlichen Größen anbahnten. Indem die descriptive Geometrie den Zweck hat, eine vollständige und bestimmte Verbindung zwischen den in der Ebene wirklich verzeichneten Figuren und den im Raume gedachten Körpern herzustellen, bewirkt sie eine schnelle und genaue Auffassung der Form der Körper und gewährt so ein Mittel die Untersuchungen räumlicher Größen zu erleichtern. Nicht minder zeigten die in der Ebene gezeichneten Risse der körperlichen Figuren „interessante Eigenschaften, welche einfache Folgen der Beziehungen im Raume von 3 Dimensionen waren, deren directer Beweis in der Ebene sich aber nicht so einfach gestaltet".

Auch um die analytische Geometrie hat sich Monge bedeutende Verdienste erworben. Er hat, nachdem ihm Lagrange darin vorausgegangen war, diese Disciplin von der Vermischung mit Sätzen der alten Geometrie gereinigt, und gezeigt, wie man ohne Herbeiziehung anderer Sätze, durch die Verbindung der Gleichungen der Linien, die Probleme der analytischen Geometrie einfacher und eleganter lösen kann als nach der ältern Weise. Monge ist so „der Vater der neueren analytischen Geometrie" geworden.

Gleichzeitig mit Monge behandelte Carnot in seiner Géométrie de position (1803) und in dem Essai sur la théorie des transversales die Größenverhältnisse der Figuren, namentlich die durch Schnitte von Transversalen entstehen. Er förderte in dieser Hinsicht die Entwickelung der Geometrie, da die alte Geometrie sich nur mit der Größe der geometrischen Gestalten befaßt hatte.

Durch die Schriften von Monge und Carnot wurde die Geometrie aus ihrer bisherigen Erstarrung aufgerüttelt. Zu den bisher allein betrachteten metrischen Relationen traten die beschreibenden, die sich auf die Formen und auf die Lage der Figur beziehen, und man begriff, daß es Methoden gäbe, durch die geometrische Wahrheiten in ihrer Allgemeinheit aufgefaßt werden könnten. Indeß eine solche Methode, wie sie z. B. für die analytische Geometrie durch Descartes geschaffen war, die zur Lösung ganzer Gruppen von Aufgaben sich eignete, boten die genannten Schriften nicht dar.

Es ist das Verdienst Poncelet's, solche Methode in seinem berühmten Werke: Traité des propriétés projectives, das im Jahre 1822 erschien, aufgestellt zu haben. Er untersuchte die Eigenschaften der Figuren, welche wenn die Figuren perspectivisch projicirt werden, in dieser Transformation unverändert bleiben; diese Eigenschaften, von Poncelet „projectivische Eigenschaften“ genannt, beziehen sich besonders auf die Lage der Figuren; sodann sind es aber auch metrische Eigenschaften, welche in der Projection dieselben bleiben, wie das sogenannte Doppelverhältniß. Insofern Poncelet sich hierbei lediglich des geometrischen Mittels der Projection bediente, hat er in der That eine neue geometrische Methode zur Auffindung und Entwickelung einer sehr umfassenden Klasse von Eigenschaften der Figuren gegeben, eine Methode, von geometrischer Reinheit, ohne den geringsten Calcul, wie sie die descriptive Geometrie nicht bietet, die sich in dieser Hinsicht an die analytische Darstellung anlehnt. Außer der perspectivischen Projection hat Poncelet noch die fundamentalen Principe der Continuität, der homologen Figuren und der reciproken Polaren zur Auffindung neuer Sätze zur Anwendung gebracht. Das letztere ist von Gergonne zum Princip der Dualität ausgebildet worden. Fortwährend macht auch Poncelet von der Bemerkung Gebrauch, daß in dem ganzen Gebiet, welches hier in Betracht kommt, die Richtigkeit eines geometrischen Satzes durchaus nicht davon abhängt, ob die zu seinem Beweise nöthigen Hülfsfiguren reell oder imaginär sind. So entstand durch Poncelet's Meisterwerk die neue Geometrie.

Das war der Zustand der geometrischen Wissenschaft, als deutsche Mathematiker an dem Fortschritt derselben sich betheiligten.

Es erschien im Jahre 1827 Möbius' niemals genug zu bewunderndes Originalwerk: Der baryeentrische Calcul, das unabhängig von den Arbeiten des zuletzt genannten französischen Mathematikers abgefaßt ist[1]). Bereits Carnot und L'Huilier hatten den Schwerpunkt von einem System gewichtiger Punkte betrachtet und ihn als den Punkt der mittleren Entfernungen aufgefaßt, insofern sein Abstand von irgend einer Ebene gleich der mittleren Entfernung aller Punkte des Systems von derselben Ebene ist. Sie hatten dadurch den Schwerpunkt von den ihm aus der Mechanik anhaftenden Vorstellungen losgelöst und ihn so in das Gebiet der Elementargeometrie eingeführt. Von denselben elementaren und rein geometrischen Vorstellungen ging auch Möbius aus. „Die erste Veranlassung hierzu war die Erwägung der Fruchtbarkeit des Satzes, daß jedes System gewichtiger Punkte nur einen Schwerpunkt hat, und daß daher, in welcher Folge man auch die Punkte nach und nach in Verbindung bringt, zuletzt doch immer ein und derselbe Punkt gefunden werden muß. Die einfache Art, womit ich (Möbius) dadurch, mehrere geometrische Sätze zu beweisen, mich im Stande sah, bewog mich, zu noch größerer Vereinfachung solcher Untersuchungen einen dafür passenden Algorithmus auszumitteln." In Betreff dessen bemerkt Möbius zuerst, daß lediglich durch die Stellung der eine Linie bezeichnenden Buchstaben der positive oder negative Werth derselben ausgedrückt werden kann, so daß $AB + BA = 0$ ist. Auf entsprechende Weise wird später die Fläche eines Dreiecks

---

[1]) August Ferdinand Möbius (geb. 1790, gest. 1868) war seit 1816 bis zu seinem Tode Professor der Astronomie an der Universität Leipzig und Director der Sternwarte daselbst. Er hat viele Abhandlungen mathematischen und astronomischen Inhalts geschrieben, die in verschiedenen Zeitschriften sich finden. Der vollständige Titel des oben genannten Werkes lautet: Der barycentrische Calcul, ein neues Hülfsmittel zur analytischen Behandlung der Geometrie, dargestellt und insbesondere auf die Bildung neuer Klassen von Aufgaben und die Entwickelung mehrerer Eigenschaften der Kegelschnitte angewandt, von A. F. Möbius, Professor der Astronomie zu Leipzig. Leipzig 1827.

und der Inhalt einer dreiseitigen Pyramide bezeichnet, je nachdem der den Umfang des Dreiecks u. s. w. durchlaufende Punkt von rechts nach links oder umgekehrt sich bewegt. Denkt man sich nun in den Punkten A und B Gewichte angebracht, welche den Zahlen a und b proportional sind, so wird es einen Schwerpunkt P geben und dieser wird der Schwerpunkt der Punkte A und B mit den resp. Coefficienten a und b genannt. Um das Gleichgewicht auszudrücken, das zwischen einem System von gewichtigen Punkten und dessen Schwerpunkt mit seinem Gewicht stattfindet, gebraucht Möbius das Gleichheitszeichen. Das auf solche Weise dargestellte Gleichgewicht muß fortbestehen, wenn entweder alle Gewichte in gleichen Verhältnissen vergrößert oder verringert werden, oder wenn Punkte mit ihren Gewichten von der einen auf die andere Seite mit entgegengesetzten Zeichen gebracht werden, oder wenn damit auf beiden Seiten nur im Gleichgewicht stehende Systeme verbunden werden. Nachdem Möbius gezeigt, daß dieselbe Theorie auch für Linien gilt, die von einem System von Punkten nebst deren Schwerpunkt parallel gezogen und von einer beliebigen Ebene geschnitten werden, und daß diese Linien vollständig durch die ihre Endpunkte (das gegebene System von Punkten) bezeichnenden Buchstaben charakterisirt werden, so gewinnen die dadurch abgekürzten Formeln die Gestalt algebraischer Gleichungen und können wie algebraische Gleichungen behandelt werden. „Die Rechnung mit solchen abgekürzten Formeln, fährt Möbius fort, ist es nun, welchen ich den barycentrischen d. h. den aus den Begriffen des Schwerpunktes abgeleiteten Calcul genannt habe, einen Calcul, der es nicht nur mit wirklichen Zahlgrößen, sondern scheinbar auch mit bloßen Punkten zu thun hat, dennoch aber von der gewöhnlichen Rechnungsweise der Algebra sich im Ganzen nicht unterscheidet." „Die Gegenstände des barycentrischen Calculs sind Punkte und numerische Coefficienten derselben."

Durch die Bemerkung, daß irgend drei Punkten einer Ebene immer solche Gewichte beigelegt werden können, daß ein gegebener vierter Punkt der Ebene als Schwerpunkt derselben betrachtet werden kann, und daß diese drei Gewichte in Verhältnissen zu einander stehen, die aus der gegenseitigen Lage der vier Punkte nur auf eine Weise bestimmbar sind, wurde Möbius zu einer neuen Methode geführt, die Lage von Punkten zu bestimmen. Das Wesentliche dieser Methode besteht darin, daß anstatt der sonst üblichen festen Coordinatenaxen gewisse Punkte, von Möbius Fundamentalpunkte genannt, angenommen werden, zu welchen der zu bestimmende Punkt als Schwerpunkt gedacht wird. Die die Fundamentalpunkte verbindenden Geraden nennt er Fundamentallinien, und das von ihnen gebildete Dreieck Fundamentaldreieck. Die Verhältnisse, die für den zu bestimmenden Punkt zwischen den Gewichten der Fundamentalpunkte oder ihren Coefficienten, wie die Gewichte auch genannt werden, stattfinden müssen, sind die veränderlichen Stücke oder die Coordinaten des Punktes. Die Fundamentallinien sind das was in der Methode der parallelen Coordinaten die Axen sind, jeder der Fundamentalpunkte der Anfangspunkt der Coordinaten, so daß das Fundamentaldreieck der Ebene oder die Fundamentalpyramide im Raume als die Vereinigung von drei oder vier Axensystemen anzusehen sind. Sind die Coefficienten der Fundamentalpunkte Functionen einer veränderlichen Größe, so bilden für die verschiedenen Werthe der Veränderlichen alle Schwerpunkte eine Linie in der Ebene oder im Raume, und zwar eine gerade Linie, wenn die Coefficienten lineäre Functionen einer Veränderlichen sind, eine Linie der zweiten Ordnung wenn sie quadratische Funktionen sind u. s. w. Werden die Coefficienten der vier Fundamentalpunkte des Raumes als Functionen zweier Veränderlichen genommen, so ergiebt sich der Ausdruck einer Fläche und zwar wenn die Functionen von lineärer Form sind, eine Ebene, kommen außerdem darin noch quadratische Glieder vor, so ist es eine Fläche der zweiten Ordnung u. s. w. So wurde es Möbius möglich, die analytische Geometrie einer ganz neuen Behandlungsweise zu unterwerfen.

Das Bisherige ist der Inhalt des ersten Abschnitts von

Möbius' Werk. In dem zweiten Abschnitt wird „von der Verwandtschaft der Figuren und den daraus entspringenden Klassen geometrischer Aufgaben" gehandelt. Außer den allgemein bekannten Beziehungen, welche zwischen geometrischen Figuren stattfinden, der Gleichheit, Aehnlichkeit und der Combination beider, der Congruenz, hatte bereits Euler (Introduct. in Analys. Infinit. Tom. II. cap. XVIII) eine allgemeine Beziehung aufgestellt, die von ihm Affinität genannt wurde. Bezieht man nämlich die Punkte einer ebenen Figur durch Coordinaten auf zwei unter einem beliebigen Winkel sich schneidende Axen und construirt nun eine zweite Figur unter einem von dem vorigen verschiedenen Axenwinkel dergestalt, daß jede Abscisse in der zweiten zu der ihr entsprechenden in der ersten in einem beliebigen constanten Verhältniß steht, und daß ebenso das gegenseitige Verhältniß der sich entsprechenden Ordinaten ein beliebiges constantes, aber von dem der Abscissen verschiedenes Verhältniß ist, so wird zwischen beiden Figuren eine neue allgemeine Verwandtschaft, die Affinität, stattfinden. Euler hatte jedoch diesen Begriff nicht weiter verfolgt. Möbius faßt ihn vom Standpunkte des barycentrischen Calculs: denkt man sich nämlich alle Punkte einer Figur durch die Coefficienten gewisser Fundamentalpunkte gegeben, so werden alle durch diese Coefficienten ausdrückbaren Relationen auch bei jeder andern Figur vorhanden sein, die man mit denselben Coefficienten, aber nach Belieben anders gewählten Fundamentalpunkten construirt. Er wurde zugleich bewogen, noch mehrere dergleichen Beziehungen zwischen Figuren auszumitteln, und er wurde dadurch der Schöpfer der Lehre von den geometrischen Verwandtschaften, einer Lehre welche die Grundlage der ganzen Geometrie in sich faßt. Möbius stellte eine noch allgemeinere Verwandtschaft als die Affinität ist, zwischen geometrischen Figuren auf: die Collineation. Es ist die Verwandtschaft, die zwischen einer ebenen Figur und ihrem perspectivischen Bilde stattfindet. Die perspectivische Projection hatte man schon oft angewandt, schwierigere Sätze und Aufgaben auf einfachere zurückzuführen. Möbius erfaßte diesen Gegenstand aus einem allgemeineren Gesichtspunkt und versuchte den Zusammenhang zwischen einer ebenen Figur und ihrem perspectivischen Bilde auch auf Figuren im Raume auszudehnen. Es läßt sich nämlich nicht nur bei ebenen, sondern auch bei räumlichen Figuren der Begriff dieser Verwandtschaft schon dadurch bestimmen, daß jeden drei Punkten einer Geraden der einen Figur drei gleichfalls in einer Gerade liegende Punkte der andern entsprechen. Das Wesen dieser Verwandtschaft besteht demnach darin, daß bei zwei ebenen oder körperlichen Räumen, jedem Punkt des einen Raumes ein Punkt in dem andern Raum dergestalt entspricht, daß wenn man in dem einen Raum eine beliebige Gerade zieht, von allen Punkten welche von dieser Geraden getroffen werden (collineantur), die entsprechenden Punkte in dem andern Raume gleichfalls durch eine Gerade verbunden werden können. Je nach der Lage eines auf beide Gebilde bezüglichen Punktes (Collineations-Centrum) und ebenso einer Geraden (Collineations-Axe) geht diese Verwandtschaft in die der Affinität, der Aehnlichkeit und der Congruenz über. Zum bessern Verständniß dieser Verwandtschaft hat Möbius in dem zweiten Abschnitt seines Werkes zwei Capitel eingeschaltet, von denen das erste „über Doppelschnittsverhältnisse", das zweite „über die geometrischen Netze" handelt; in beiden findet der barycentrische Calcul keine Anwendung. Unter einem Doppelschnittsverhältniß wird das Verhältniß zwischen den zwei Verhältnissen verstanden, nach welchen eine gerade Linie, in Bezug auf zwei in ihr liegende Punkte, als Gränzpunkte, in zwei andern Punkten geschnitten wird. Die Theorie dieser Verhältnisse war bisher noch nicht behandelt worden; sie kommt in dem folgenden Capitel über die Netze zur Anwendung. Das geometrische Netz wird von Möbius so definirt: Werden vier in einer Ebene liegende Punkte A, B, C, D durch gerade Linien verbunden und die sich dabei ergebenden Durchschnittspunkte A', B', C', D' ebenfalls durch Gerade verknüpft, wodurch sechs neue Durchschnitte erhalten werden, die unter sich und mit den vier ersten durch Gerade verbunden werden können u. s. w., so wird dies nach und nach sich bildende System von Linien ein Netz in einer Ebene genannt.

Durch die Verwandtschaft der Collineation und durch die bekannte Eigenschaft der Kegelschnitte, wonach jedem Punkte in der Ebene einer solchen Curve eine Gerade, und umgekehrt, entspricht, wurde Möbius veranlaßt, seinem Werke noch einen dritten Abschnitt hinzuzufügen, welcher „Anwendung des barycentrischen Calculs auf die Entwickelung mehrerer Eigenschaften der Kegelschnitte" enthält. Es wird darin über die Bestimmung eines Kegelschnitts durch gegebene Punkte, über die Bestimmung eines Kegelschnitts durch Tangenten, von den Durchmessern und dem Mittelpunkt eines Kegelschnitts, von den Asymptoten der Hyperbel u. s. w. gehandelt. Dieser Gegenstand war bereits in großer Allgemeinheit von französischen Mathematikern bearbeitet worden; Möbius zeigt hier, daß mit Hülfe des barycentrischen Calculs nicht nur dasselbe erreicht, sondern auch durch die Benutzung der Theorie der Doppelschnitts- und Vieleckschnittsverhältnisse diesen Lehren eine größere Allgemeinheit verschafft wird. Durch die Anwendung seines Algorithmus und durch den barycentrischen Calcul wird hier die Anschaulichkeit der synthetischen Methode mit der Allgemeinheit der analytischen in möglichst nahe Verbindung gebracht.

Möbius' barycentrischer Calcul ist ein in seiner Art klassisches Werk; es nimmt unter den wenigen Originalwerken über theoretische Mathematik, welche Deutschland damals aufzuweisen hatte, eine der höchsten Stellen ein. Durch die Methode des barycentrischen Calculs wurde der analytischen Geometrie eine neue Seite abgewonnen: die barycentrischen Coordinaten sind das erste Beispiel von homogenen Coordinaten, wie sie gegenwärtig in der analytischen Geometrie durchaus üblich sind. Symmetrie und Eleganz in den Formeln wurden dadurch auf eine bis dahin nicht gekannte Weise erreicht. Dazu kommt ein in der Bezeichnung geometischer Größen neuer, konsequent durchgeführter Algorithmus, mittelst dessen Möbius dem geometrischen

Ausdruck seiner Theoreme eine allgemeine von jeder zufälligen Lage unabhängige Form gab. Aber in diesen neuen Hülfsmitteln zur Untersuchung der Probleme der analytischen Geometrie besteht nicht allein der reiche Inhalt von Möbius' Werk, es enthält eine Fülle von neuen und tiefen Gedanken, die in der Aufstellung und Verwerthung des allgemeinen Begriffs der geometrischen Verwandtschaft gipfeln, wodurch die Grundlagen der Geometrie eine durchaus veränderte Gestalt gewannen. Und dennoch fand Möbius' Werk bei seinem Erscheinen wenig Beachtung; es scheint als ob die einfache, natürliche Darstellung, die anspruchslose Form, in welcher die neuen Lehren vorgetragen wurden, bewirkten daß man über den tiefen Inhalt der darin enthaltenen neuen Gedanken hinwegsah. Sie wurden erst erfaßt, als andere Geometer auf die von Möbius behandelten Gegenstände durch den natürlichen Fortschritt der Wissenschaft geführt wurden, als von Frankreich her, namentlich durch Chasles' Aperçu historique sur l'origine et le développement des méthodes en géométrie (1837) Möbius' Grundgedanken in Deutschland wieder eindrangen.

Auf demselben Felde, auf dem Gebiete der analytischen Geometrie, entfaltete Plücker fast gleichzeitig seine Thätigkeit.

Julius Plücker (geb. 1801 zu Elberfeld, gest. 1868 zu Bonn) begab sich nach Vollendung seiner Studien in Deutschland auf kurze Zeit nach Paris, um an der Quelle selbst die Arbeiten der französischen Mathematiker kennen zu lernen[1]. Hier waren

[1] Nach seiner Rückkehr aus Frankreich habilitirte sich Plücker 1826 in Bonn als Privatdocent. Er wurde 1828 außerordentlicher Professor, ging 1833 als solcher und zugleich als Lehrer an dem Friedrich-Wilhelms-Gymnasium nach Berlin, erhielt aber schon 1834 eine ordentliche Professur in Halle. 1836 kehrte er nach Bonn zurück, wo ihm auch die Professur der Physik übertragen wurde. Bis 1846 arbeitete Plücker als Mathematiker, darauf gehörte er ganz der Physik an. Erst in den letzten Jahren seines Lebens wandte er sich wieder der Mathematik zu. — In obiger Darstellung sind benutzt: A. Clebsch, Zum Gedächtniß an Julius Plücker (Abhandl. der Königl. Gesellschaft der Wissenschaften zu Göttingen XV. Bd. 1872.) — Dronke, Julius Plücker. Bonn 1871.

es namentlich die geometrischen Vorlesungen Monge's und seiner Schüler, welche die Richtung von Plücker's Studien für sein ganzes Leben bestimmten. Nach Deutschland zurückgekehrt, entsprangen aus seinen Vorlesungen, die er über Biot's Essai de Géométrie analytique an der Bonner Universität hielt, die Resultate, die er in seinem ersten größeren Werke: Analytisch-geometrische Untersuchungen (1. Band 1828, 2. Band 1831), vereinigt hat. Aus Gergonne's Methode nämlich hatte sich ihm ein neues Hülfsmittel, die Methode der abgekürzten Bezeichnung[1]), ergeben. Indem Plücker dasselbe zunächst für die Behandlung linearer Gleichungen in der ausgedehntesten Weise zur Anwenwendung brachte, verschwand einerseits „die stete Beziehung auf die Coordinatenaxen, welche sich bisher immer, gleichsam wie ein fremdes Element, zwischen die der Betrachtung unterliegenden Linien und Figuren eingeschoben hatte", so daß man mittelst dieser Methode mit den Linien selbst rechnen konnte, andrerseits wurden die endlosen Eliminationen, womit die analytisch-geometrischen Untersuchungen so vielfach belastet waren, beseitigt, indem „die Combination der symbolischen Bezeichnungen von selbst zu den geometrischen Relationen führte, die sich einfach aus den Gleichungen ablesen ließen. Die analytische Geometrie konnte erst jetzt, wie es die synthetische Geometrie immer gethan hat, mit den Gebilden selbst operiren". In der Vorrede zum ersten Bande des oben genannten Werkes charakterisirt Plücker selbst seine Methode folgendermaßen: „Die von mir aufgestellte und durchgeführte Behandlungsweise ist eine rein analytische, in demjenigen Sinne des Wortes, in welchem man dasselbe seit Monge nimmt. In jeder Gleichung zwischen Coordinaten seh' ich einen geometrischen Ort, in dem Systeme zweier solcher Gleichungen die Durchschnitte zweier Oerter, und endlich und hauptsächlich in jeder dritten Gleichung die eine algebraische Folge zweier gegebenen ist, einen neuen geometrischen Ort, der die Durchschnitte

[1]) Sie wurde fast gleichzeitig von Bobillier gefunden.

der durch die beiden gegebenen Gleichungen dargestellten Oerter enthält, und dessen Natur von der Form der resultirenden Gleichung abhängt. Fast überall genügt es, die Verbindung durch einen unbestimmten Coefficienten bloß anzudeuten; ja sogar, wenn man die Form der Gleichungen einmal kennt, auch diese durch ein bloßes Symbol zu bezeichnen.“ Mit Hülfe dieser neuen Methode, mit welcher eine neue Epoche der analytischen Geometrie begann, behandelte Plücker in dem ersten Bande des genannten Werkes die Theorie der geraden Linie, des Kreises und der Kegelschnitte. — Die zweite Abtheilung des zweiten Bandes der Analytisch-geometrischen Untersuchungen enthält das Princip der Reciprocität, oder was dasselbe ist, der Dualität. Dasselbe war bereits von Poncelet und Gergonne aufgestellt worden. Da Plücker in dem Prioritätsstreit, der zwischen den beiden genannten sich erhob, verwickelt wurde, so bot sich ihm hier eine Gelegenheit zur Klärung dieser fundamentalen Verhältnisse und zur Entdeckung eines der wichtigsten Hülfsmittel der analytischen Geometrie mitzuwirken. Es gelang Plücker, das Princip der Dualität in einer Weise zu begründen, bei welcher nur nothwendige Elemente benutzt wurden und eine wirkliche Einsicht in das Wesen der Sache erreicht ward. Er betrachtete Punkt und Gerade als gleichberechtigte Grundelemente der Geometrie der Ebene, Punkt und Ebene als gleichberechtigte Grundelemente des Raumes; er abstrahirte also von der gewohnheitsmäßigen Vorstellung, den Punkt als einzig denkbares Grundelement räumlicher Gebilde zu nehmen. „Plücker untersuchte nun, welche Bestimmungsstücke zweckmäßiger Weise als Coordinaten der Geraden in der Ebene und der Ebene im Raume eingeführt werden müßten. Nachdem dieser Begriff festgestellt war, zeigte sich das Poncelet-Gergonne'sche Princip als selbstverständlich in dem einen Umstande enthalten, daß die Bedingung der vereinigten Lage von Punkt und Gerade in der Ebene, sowie für Punkt und Ebene im Raume eine für die Coordinaten der jedesmal auftretenden beiden Gebilde symmetrische Gestalt hat.“

Es muß bemerkt werden, daß in diesen Untersuchungen bereits Möbius im barycentrischen Calcul Plücker vorgekommen war; dadurch aber daß Plücker sich von der gewöhnlichen Coordinatenbestimmung vollständig losmachte, dadurch geschah „der erste Schritt zur höheren Gestaltung der analytischen Geometrie".

Plücker hat seine Ideen zur Neugestaltung der analytischen Geometrie in den beiden Werken: System der analytischen Geometrie, auf neue Betrachtungsweisen gegründet, und insbesondere eine ausführliche Theorie der Curven dritter Ordnung enthaltend (Berlin 1835), und: Theorie der algebraischen Curven, gegründet auf eine neue Behandlungsweise der analytischen Geometrie (Bonn 1839), im Zusammenhange dargestellt und weiter entwickelt. Er geht aus von der allgemeinsten Auffassung der Coordinatenbestimmung: er setzt an die Stelle der Coordinaten lineare Functionen, die jede mögliche Beziehung, also auch die gewöhnlichen Coordinaten ausdrücken können, und begründet zunächst die Verwandtschaft der geometrischen Constructionen und der sich daran schließenden Uebertragungs-Principien, der Collineation, Reciprocität u. s. w. Hierauf folgen die Untersuchungen über die Curven der zweiten und dritten Ordnung; sie wurzeln darin, daß Plücker den betreffenden Gleichungen eine bestimmte Form giebt, daß die allgemeine Gleichung des zweiten Grades und demnach jede Curve der zweiten Ordnung durch eine Gleichung $\eta\xi + \mu = 0$ dargestellt wird, wo $\eta = 0$, $\xi = 0$ die linearen Gleichungen von zwei geraden Linien und μ einen unbestimmten Coefficienten bedeuten, ferner daß jede Gleichung des dritten Grades und jede Curve der dritten Ordnung durch die Gleichung $pqr + \mu s = 0$ ausgedrückt wird, wo p, q, r, s die linearen Gleichungen von vier geraden Linien und μ einen unbestimmten Coefficienten bezeichnen. Die ganze Discussion der Curven besteht alsdann darin, daß diesen einfachen Gleichungen eine verschiedene Deutung gegeben wird[1]). Die Curven der dritten

---

[1]) „Aus dieser ebenso einfachen als fruchtbaren Bemerkung entfaltete sich

Ordnung behandelt Plücker ausführlich; er untersucht ihre Gestalten und giebt eine vollständige Aufzählung derselben, die bis auf 219 verschiedene Arten steigt. — Die Untersuchungen, welche die zweite der oben genannten Schriften enthielt, sind wesentlich auf eine Methode basirt, die Plücker mit Vorliebe zur Anwendung brachte: die Methode der Constantenabzählung. In den zu dieser Schrift vorausgeschickten „einleitenden Betrachtungen“ erläutert er sie durch ein Beispiel: „Es ist $pqr + \mu s = 0$ die allgemeine Gleichung der Curven der dritten Ordnung und enthält neun Constante, die wir unmittelbar zählen können. Denn auf jede der vier vermittelnden linearen Functionen p, q, r und s kommen zwei Constante und μ ist die neunte. Diese neun Constanten sind von einander ganz unabhängig; wir können keine der vier linearen Functionen ändern, ohne dadurch zugleich die Form der Gleichung zu ändern. Darum stehen die geraden Linien P, Q, R und S in einer vollkommen bestimmten geometrischen Beziehung zur Curve. Die drei ersten jener vier linearen Functionen kommen auf symmetrische Weise in der obigen Gleichung vor; die entsprechenden drei geraden Linien stehen daher in gleicher Beziehung zur Curve. Es sind ihre drei Asymptoten, und da die Curve nur drei Asymptoten hat, können wir der allgemeinen Gleichung der Curven dritter Ordnung (der allgemeinen Gleichung dritten Grades zwischen zwei unbekannten Größen) nur auf einmalige Weise die obige Form geben. In andern Fällen ist es eine rein combinatorische Aufgabe, welche bestimmt, auf wievielfache Art eine Curve durch eine Gleichung

---

die hier vorliegende neue Gestaltung der analytischen Geometrie, deren Eigenthümlichkeit und deren Stärke in dem vollständigsten Parallelismus zwischen geometrischen und analytischen Formen, oder, um mich bestimmter auszudrücken, in dem Umstande beruht, daß wir, durch das Zusammenrücken, das Zusammenwachsen gleichsam, von Construction und analytischer Darstellung, dahin gelangen, über die großartigen Betrachtungsweisen der Analysis gebieten zu können, ohne irgend einen der unersetzlichen Vortheile, welche die unmittelbare Anschauung gewährt, aufzugeben.“ Plücker in der Vorrede zu „System der analytischen Geometrie“.

von gegebener Form sich ausdrücken läßt." Die Schrift selbst, mit welcher der Cyclus von Plücker's bisherigen Arbeiten im Gebiet der analytischen Geometrie abschließt, zerfällt in zwei Theile, von denen der erste von der Theorie der unendlichen Zweige der algebraischen Curven, der zweite über die Singularitäten im Laufe der Curven handelt. Beide Gesichtspunkte werden zur Eintheilung der Curven verwerthet. In Betreff des letzteren, der singulären Punkte der Curven, ist hervorzuheben, daß nachdem zuerst Cramer und später Poncelet über die singulären Punkte der Curven genauere Untersuchungen angestellt hatten, Plücker auch hier Klarheit schaffte, indem er von einer zwiefachen Entstehungsweise der Curven ausging, entweder durch Bewegung eines Punktes oder durch die Bewegung einer die Curve umhüllenden geraden Linie. Durch beide Entstehungsweisen werden die bei Curven vorkommenden Singularitäten vollständig erklärt. Der Uebergang von der einen Entstehungsweise der Curven zur andern ist ein discontinuirlicher, aber sie werden durch das Princip der Reciprocität mit einander verknüpft. Durch diese Betrachtung gewann Plücker ganz neue Aufschlüsse über die eigentliche Natur der singulären Punkte, und was bisher in dieser Theorie als parador erschien, erledigte sich sofort. Plücker hat die Resultate dieser Untersuchungen in Formeln über die Singularitäten der Curven zusammengefaßt, die nach ihm benannt werden.

Im Jahre 1846 erschien Plücker's „System der Geometrie des Raumes in neuer analytischer Behandlungsweise, insbesondere die Theorie der Flächen zweiter Ordnung und Klasse enthaltend". Dieses Werk, das seiner Form nach unter Plücker's Schriften „am durchgebildetsten" erscheint, enthält mehr eine Darstellung bereits bekannter Resultate; die Entwickelung neuer Gesichtspunkte tritt darin zurück. In letzterer Hinsicht ist eine Bemerkung daraus hervorzuheben, welche die Verbindung mit Plücker's letzter größerer Arbeit bildet. Am Schluß der Untersuchung über die Reciprocität der Flächen zweiter Ordnung und

Klasse fügt nämlich Plücker hinzu: „Eine gerade Linie hängt von vier linearen Constanten ab. Diese vier Größen, die wir als Veränderliche betrachten, welche für eine gegebene gerade Linie leicht zu construirende constante Werthe erhalten, sind die vier Coordinaten der geraden Linie. Eine Gleichung zwischen diesen vier Coordinaten bestimmt noch keinen geometrischen Ort für die gerade Linie, sondern nur ein Gesetz, nach welchem der unendliche Raum aus geraden Linien besteht.“ Hierin ist der Ursprung der Liniengeometrie ausgesprochen.

Plücker's mathematische Leistungen fanden in Deutschland wenig Beifall, sie zogen ihm sogar Anfeindungen und hämische Angriffe zu, wodurch ihm das wissenschaftliche Schaffen auf dem Gebiet der Mathematik verleidet wurde; er beschloß daher den mathematischen Untersuchungen den Rücken zuzukehren, und er widmete sich mit dem größten Eifer physikalischen Studien. Erst am Abend seines Lebens, nach fast zwanzigjähriger Unterbrechung, besonders ermuntert durch den Beifall den seine mathematischen Arbeiten in England fanden, nahm er seine früheren Studien wieder auf. Plücker knüpfte an die oben erwähnte Bemerkung, daß der Raum aus Linien bestehend gedacht werden kann, wieder an und schuf die Grundlagen von dem, was er als „Neue Geometrie des Raumes“ bezeichnete. Durch Einführung des Begriffs eines Complexes gewann die neue Disciplin eine fundamentale Grundlage für weitere Betrachtungen. Plücker unterwarf die linearen Complexe und die der zweiten Ordnung einer eingehenden Untersuchung; den schwierigen Gegenstand vermochte er durch Einführung der von ihm „Complexflächen“ genannten Flächen vierter Ordnung und Klasse zu bewältigen. Ehe er jedoch diese Untersuchungen zu Ende führte, wurde er aus dem Leben abgerufen. Plücker's „Neue Geometrie des Raumes, gegründet auf die Betrachtung der geraden Linie als Raumelement“, erschien nach seinem Tode in zwei Abhandlungen (Leipzig 1868 und 1869). „Das Geschick konnte ihm keine schönere Genugthuung bereiten, als daß es ihm noch am Abend seines Lebens Schöpfer einer neuen Richtung werden ließ, an deren Verfolgung nunmehr die Nachlebenden in neidloser, freudiger Anerkennung arbeiten."

Es ist Plücker's bleibendes Verdienst, daß er es zuerst unternahm „ein specifisch geometrisches Gebiet und zwar eines welches vollständig der synthetischen Richtung der Geometrie anzugehören schien, consequent in ein analytisches Gewand zu kleiden", indem er an die Stelle der Coordinaten lineare Functionen setzte, die jede mögliche Beziehung ausdrücken konnten. „Der frühere starre Mechanismus wurde dadurch zu einem beweglichen Organismus, welcher nach allen Seiten hin sich zu entwickeln fähig ist. Durch diese Idee geschah der erste Schritt zur Vereinigung der beiden Methoden, welche jetzt die Geometrie spalten. Der sogenannte Calcul tritt hier schon mehr zurück, und für Plücker sind seine Functionen dasselbe was für Steiner die Strahlenbüschel, das bewegliche Element, durch welches sie ihre schönen Theoreme beweisen[1])." Dadurch wurde der Grund gelegt sowohl zu den berühmten Resultaten, welche die Geometer der Gegenwart auf diesem Gebiet errangen, sowie für die ganze Disciplin der neuern Algebra, und die weit verzweigten geometrisch-algebraischen Untersuchungen, welche damit im Zusammenhang stehen.

Gleichzeitig mit Plücker arbeitete Steiner, der in Deutschland zuerst die Geometrie wieder in ihrer synthetischen Form auffaßte.

Jacob Steiner (geb. 18. März zu Utzendorf in der Nähe von Solothurn, gest. 1. April in Bern) war von Jugend auf gewohnt seinen eigenen Weg zu gehen[2]). In Pestalozzi's Er-

[1]) Arneth, Die Geschichte der reinen Mathematik S. 288.

[2]) Steiner erhielt in seiner Jugend nur den Unterricht, der in der Schule seines Dorfes geboten wurde; er lernte erst im 14. Jahre schreiben Nachdem er Pestalozzi's Erziehungsanstalt verlassen, wandte er sich 1818 zur Fortsetzung seiner Studien nach Heidelberg, wo er bis zum Jahre 1821 blieb. Auch hier bildete er größtentheils sich selbst. Nach Beendigung seiner akademischen Studien ging Steiner nach Berlin; hier wirkte er anfangs als Lehrer

ziehungsanstalt zu Iferten legte er den Grund zu seinem wissenschaftlichen Wirken sowohl in Betreff seiner speciellen Studien, als in Bezug auf seine Unterrichtsmethode, die den Sokratischen Weg verfolgte, wodurch er seinen späteren öffentlichen Vorträgen einen besondern Reiz verlieh. Er erhielt daselbst höchst wahrscheinlich auch die Anregung, wie man „von den einfachsten Anschauungen ausgehend zu solchen räumlichen Fundamentaleigenschaften“ gelangen könne, „die den Keim aller Sätze, Porismen und Aufgaben der Geometrie, womit uns die ältere und neuere Zeit so freigebig beschenkt hat, in sich enthalten“. Steiner unternahm es „für dieses Heer von aus einander gerissenen Eigenthümlichkeiten einen leitenden Faden und eine gemeinsame Wurzel aufzufinden, wovon aus eine umfassende und klare Uebersicht der Sätze gewonnen, ein freier Blick in das Besondere eines jeden und seiner Stellung zu den übrigen geworfen werden kann“.

In dem Werke: Systematische Entwickelung der Abhängigkeit geometrischer Gestalten von einander, mit Berücksichtigung der Arbeiten alter und neuer Geometer über Porismen, Projections-Methoden, Geometrie der Lage, Transversalen, Dualität

---

an einer Privaterziehungsanstalt, bald aber sah er sich genöthigt als Privatlehrer seinen Unterhalt zu verdienen. Als solcher kam er in das Haus Wilhelm's von Humboldt, durch dessen Verwendung Steiner eine feste Stellung an der Gewerbeschule erhielt. Der Verkehr im Humboldt'schen Hause brachte ihm die Bekanntschaft Alexander's von Humboldt, der ihm durch sein ganzes Leben ein treuer Beschützer wurde. Auf diese Weise faßte Steiner in den wissenschaftlichen Kreisen Berlins festen Fuß. Er lernte Abel kennen, der damals in Berlin sich aufhielt, und im Vertrauen auf die Productionskraft der beiden jungen Mathematiker gründete Crelle das Journal für reine und angewandte Mathematik. Durch die Bemühungen Jacobi's, der sich besonders für Steiner interessirte, und Alex. von Humboldt erhielt er 1834 eine außerordentliche Professur an der Universität. In dieser Stellung verblieb Steiner. Seine letzten Lebensjahre waren von schwerer Krankheit getrübt. — Steiner's erste Arbeiten erschienen in Gergonne's Annalen und in Crelle's Journal; außerdem gab er eine kleine Schrift besonders heraus: Die geometrischen Constructionen, ausgeführt mittelst der geraden Linie und eines festen Kreises, Berlin 1833. — Vergl. Geiser, Zur Erinnerung an J. Steiner. Schaffhausen 1874.

und Reciprocität u. s. w. (Berlin 1832), das auf fünf Theile angelegt war, wovon aber nur der erste Theil erschienen ist, hat Steiner seine geometrischen Grundanschauungen niedergelegt. In der Vorrede spricht er selbst darüber folgendermaßen sich aus: Gegenwärtige Schrift hat es versucht, den Organismus aufzudecken, durch welchen die verschiedenartigsten Erscheinungen in der Raumwelt mit einander verbunden sind. Es giebt eine geringe Zahl von ganz einfachen Fundamentalbeziehungen, worin sich der Schematismus ausspricht, nach welchem sich die übrige Masse von Sätzen folgerecht und ohne alle Schwierigkeit entwickelt. Durch gehörige Aneignung der wenigen Grundbeziehungen macht man sich zum Herrn des ganzen Gegenstandes; es tritt Ordnung in das Chaos ein, und man sieht, wie alle Theile naturgemäß in einander greifen, in schönster Ordnung sich in Reihen stellen, und verwandte zu wohlbegränzten Gruppen sich vereinigen. Man gelangt auf diese Weise gleichsam in den Besitz der Elemente, von welchen die Natur ausgeht, um mit möglichster Sparsamkeit und auf die einfachste Weise den Figuren unzählig viele Eigenschaften verleihen zu können. Hierbei macht weder die synthetische noch die analytische Methode den Kern der Sache aus, der darin besteht, daß die Abhängigkeit der Gestalten von einander, und die Art und Weise aufgedeckt wird, wie ihre Eigenschaften von den einfachen Figuren zu den zusammengesetzten sich fortpflanzen. Dieser Zusammenhang und Uebergang ist die eigentliche Quelle aller übrigen vereinzelten Aussagen der Geometrie. Eigenschaften der Figuren (wie z. B. die conjugirten Durchmesser der Kegelschnitte; sechs Punkte oder Strahlen, welche Involution bilden; das mystische Sechseck und Sechsseit u. s. w.), von deren Vorhandensein man sich sonst durch künstliche Beweise überzeugen mußte, und die, wenn sie gefunden waren, als etwas Wunderbares dastanden, zeigen sich nun als nothwendige Folgen der unscheinbarsten Eigenschaften der aufgefundenen Grundelemente, und jene sind a priori durch diese gesetzt. — Jedem der fünf Theile war ein Abschnitt zugewiesen.

In dem erschienenen ersten Theile befindet sich der Abschnitt, dessen Inhalt in „Betrachtungen der Geraden, der ebenen Strahlbüschel und der Ebenenbüschel in Hinsicht ihrer projectivischen Beziehungen unter einander“ besteht. Der zweite Theil sollte „Projectivische Ebenen und Strahlbüschel (im Raume)“, der dritte Theil „Projectivische Räume“, der vierte „Correlations-Systeme und Netze (mit Einschluß der Involutions-Systeme und Netze)“, der fünfte „Ausführliche und umfassende Behandlung der Curven und Flächen zweiten Grades, durch Construction und gestützt auf projectivische Eigenschaften“ enthalten. Außerdem gedachte Steiner noch zwei Theile mit diesem Werke in Verbindung zu bringen, wovon der eine „über Punkte und Axen der mittleren Entfernung (mit Einschluß der mittleren harmonischen Entfernung), über Transversalen u. s. w.“ mit Anwendung vorhergegangener projectivischer Eigenschaften handeln sollte: der andere Theil hingegen sollte der Elementargeometrie gewidmet sein und der Hauptsache nach „eine systematische Entwickelung der Aufgaben und Sätze über das Schneiden und Berühren der Kreise in der Ebene und auf der Kugelfläche, und der Kugeln“ enthalten. Da in dem ersten Theile die Principien entwickelt sind, auf denen die synthetische Geometrie in ihrem gegenwärtigen Standpunkt beruht, so mag hier eine genaue Inhaltsangabe desselben folgen. In den „einleitenden Begriffen“ handelt Steiner zuerst über die Gerade, in welcher eine unzählige Menge unmittelbar auf einander folgender Punkte denkbar sind, die sich von irgend einem derselben ausgehend, nach zwei entgegengesetzten Seiten hin ins Unendliche erstrecken; sodann über den ebenen Strahlbüschel, unter dem er die unzähligen Grade versteht, die durch jeden Punkt in einer Ebene möglich sind, der Punkt selbst wird der Mittelpunkt des Strahlbüschels genannt; ferner über den Ebenenbüschel d. h. die unendlich vielen Ebenen, die durch jede Gerade denkbar sind, die Gerade ist die Axe des Ebenenbüschels. In einer Ebene sind zahllose Gerade und Punkte, oder ebene Strahlbüschel enthalten. Durch jeden Punkt im Raume sind nach allen möglichen Richtungen unzählige Gerade oder Strahlen denkbar, sie werden als Strahlbüschel im Raume zusammengefaßt; der Punkt, in welchem sich die Strahlen schneiden, ist der Mittelpunkt des Strahlbüschels. Ein solcher Strahlbüschel enthält nicht nur unendlich viele Strahlen, sondern er umfaßt auch zahllose ebene Strahlbüschel und Ebenenbüschel als untergeordnete Gebilde oder Elemente. Diese fünf Gebilde sind die eigentliche Grundlage der synthetischen Geometrie, und das Beziehen derselben auf einander bei verschiedenartigen Verbindungen und Zusammenstellungen sollen in den fünf Theilen des Werkes betrachtet werden. Die Fundamentalbeziehungen sind nun die folgenden: 1) Es werden Gerade und ebene Strahlbüschel auf einander bezogen und zwar eine Gerade und ein ebener Strahlbüschel, so daß ihre Elemente gepaart sind d. h. daß jedem Punkt der Geraden ein bestimmter Strahl des Strahlbüschels entspricht; sodann werden sowohl Gerade unter sich als ebene Strahlbüschel unter sich ähnlicherweise auf einander bezogen. 2) Ebenenbüschel und sowohl Gerade als ebene Strahlbüschel. Ein Ebenenbüschel und eine Gerade oder ein ebener Strahlbüschel werden auf einander bezogen, so daß ihre Elemente gepaart sind d. h. daß jeder Ebene des Ebenenbüschels ein bestimmter Punkt der Geraden oder ein bestimmter Strahl des Strahlbüschels entspricht. Aehnlicherweise werden Ebenenbüschel unter sich auf einander bezogen. 3) Ebenen und Strahlbüschel (im Raume). Eine Ebene und ein Strahlbüschel werden so auf einander bezogen, daß jedem Punkt in der Ebene ein Strahl im Strahlbüschel, jeder Geraden in der Ebene eine Ebene im Strahlbüschel entspricht. Diese Beziehung kann auch in anderer Ordnung angestellt werden. Aehnlicherweise werden sowohl Ebenen unter sich als Strahlbüschel unter sich auf einander bezogen. 4) Räume unter sich. Zuerst werden zwei Räume (d. h. der ganze oder absolute Raum doppelt gedacht, so daß beide Räume einander durchdringen) so auf einander bezogen, daß jedem Element des einen Raums ein bestimmtes, gleichartiges Element des andern Raums entspricht, und weiter werden sie so auf einander bezogen, daß auch ungleichartige Elemente einander entsprechen. „So wie die Grundgebilde ihrer Natur nach einander entgegengesetzt sind, nämlich die Gerade dem ebenen Strahlbüschel, die Gerade dem Ebenenbüschel, der ebene Strahlbüschel dem Ebenenbüschel, die Ebene dem Strahlbüschel, und sich solchergestalt auf einander beziehen lassen, daß ihre Elemente einander paarweise entsprechen: ebenso stehen auch, im Allgemeinen, ihre Eigenschaften, ihre Verbindungen (zu Figuren) und die aus diesen hervorgehenden Sätze einander auf bestimmte Weise entgegen, d. h. kommen der einen Art von Gebilden gewisse Eigenschaften oder Sätze zu, so finden bei der jedesmaligen entgegengesetzten Art von Gebilden ebenfalls bestimmte, jenen entsprechende, aber ihnen entgegengesetzte Eigenschaften und Sätze statt. Das Wesen dieser Dualität von Eigenschaften und Sätzen ist also durch die Grundgebilde selbst d. h. durch die umfassende Vorstellung der Raumelemente nothwendig bedingt[1]."

Von den drei Capiteln, aus denen der erste Abschnitt des Steiner'schen Werkes besteht, handelt das erste „von projectivischen Geraden und ebenen Strahlbüscheln in der Ebene". Zunächst wird eine Gerade und ein ebener Strahlbüschel betrachtet und als allgemeines Gesetz gefunden: daß bei irgend vier entsprechenden Elementenpaaren a, b, c, d (Strahlen) und a, b, c, d (Punkten der Geraden) ein gewisses Doppelverhältniß, gebildet aus vier Abschnitten der Geraden A, gleich ist dem Doppelverhältniß, welches auf entsprechende Weise aus den Sinussen derjenigen Winkel des Strahlbüschels B, die jenen Abschnitten entsprechen, gebildet ist. Für den besondern Fall, daß der Werth

[1]) Mit Recht hebt Steiner in der Vorrede hervor, daß durch diese Beziehungen der Grundgebilde auf einander der Streit zwischen Gergonne und Poncelet über den Vorzug des Princips der Dualität und der Théorie des polaires reciproques unzweideutig entschieden wird. „Die Dualität tritt mit den Grundgebilden zugleich hervor, jene Theorie hingegen kommt erst später, als Resultat bestimmter Verbindungen der Grundgebilde, zum Vorschein."

eines Doppelverhältnisses = 1, werden die vier Punkte a, b, b, c vier harmonische Punkte, und die vier Strahlen a, d, b, c vier harmonische Strahlen. Alsdann wird die Untersuchung auf zwei und mehrere Gerade, und zwei und mehrere ebene Strahlbüschel fortgeführt, und es werden die Gesetze aufgestellt, welchen ihre entsprechenden Elementenpaare unterworfen sind. Zuletzt wird von der gegenseitigen Lage der Gebilde und den durch sie bedingten Sätzen und Aufgaben gehandelt; es werden die Eigenschaften, welche von der gegenseitigen Lage der Gebilde herrühren, betrachtet und zwar zunächst die Merkmale aufgesucht, an denen man erkennt, ob zwei solche Gebilde sich in perspectivischer oder in schiefer Lage befinden; die wichtigsten Eigenschaften jedoch, nämlich das Gesetz, welchem bei den Geraden die Projectionsstrahlen und bei den Strahlbüscheln die Durchschnitte der entsprechenden Strahlen unterworfen sind, werden noch nicht in ihrem ganzen Umfange erforscht, sondern einer spätern Untersuchung vorbehalten. Sätze und Porismen, die aus Zusammenstellung der Gebilde entspringen, schließen das erste Capitel, um durch einige Beispiele zu erläutern, wie umfassend die Eigenschaften und die Fundamentalsätze sind, die im Vorhergehenden über projectivische Gerade und Strahlbüschel aufgestellt wurden. Sätze über die sogenannten vollständigen Figuren und über einige in der Sammlung des Pappus angeführte Porismen, die früher nur mit Mühe hergeleitet werden konnten, ergeben sich hier naturgemäß und werden einfach und leicht bewiesen. — In dem zweiten Capitel wird „von projectivischen Geraden, ebenen Strahlbüscheln und Ebenenbüscheln im Raume" gehandelt. Die Untersuchung hat mit der im ersten Capitel große Uebereinstimmung. In zwei Anmerkungen, die Steiner diesem zweiten Capitel hinzugefügt, werden „die projectivischen Gebilde die in einem Strahlbüschel im Raume liegen" und „die projectivischen Gebilde auf der Kugelfläche" betrachtet. — Das dritte Capitel, das fast die Hälfte des ersten Bandes einnimmt, hat als Inhalt die „Erzeugung der Linien und der geradlinigen Flächen zweiter Ordnung durch projectivische Gebilde". Die Untersuchung führt hier zu den interessantesten und fruchtbarsten Eigenschaften der Linien zweiter Ordnung, oder der sogenannten Kegelschnitte, aus denen sich fast alle andern Eigenschaften der letztern, in einem umfassenden Zusammenhange, auf eine überraschend einfache und anschauliche Weise entwickeln lassen, nämlich sie zeigt die nothwendige Entstehung der Kegelschnitte aus den geometrischen Grundgebilden, und zwar zeigt sie dadurch zugleich eine sehr merkwürdige doppelte Erzeugung derselben durch projectivische Gebilde. Ebenso zeigt sie eine doppelte Erzeugung der geradlinigen Flächen zweiten Grades d. h. aller derjenigen Flächen zweiten Grades, in welchen gerade Linien liegen (d. i. Kegel, Cylinder, einfaches Hyperboloid, hyperbolisches Paraboloid, zwei Ebenen"). „Wenn man bedenkt, setzt Steiner hinzu, mit welchem Scharfsinne die Mathematiker in älterer und neuerer Zeit die Kegelschnitte erforscht, und welche fast zahllose Menge von Eigenschaften sie an denselben entdeckt haben, so ist es in der That auffallend, daß die vorgenannten Eigenschaften so lange verborgen bleiben konnten, da doch aus ihnen, wie sich zeigen wird, fast alle bekannten Eigenschaften (nebst vielen neuen) wie aus einem Gusse hervorgehen, ja da sie gleichsam die innere Natur der Kegelschnitte vor unsern Augen aufschließen. Denn wenn auch Eigenschaften bekannt sind, die den genannten nahe liegen, so finden sich doch, meines Wissens, letztere nirgends bestimmt ausgesprochen, in keinem Falle aber wurde ihre Wichtigkeit erkannt, die sie durch die gegenwärtige Entwickelung, wo sie zu Fundamentalsätzen erhoben werden, erhalten; übrigens bin ich auch nicht einmal durch jene auf diese geführt worden." Da jedoch hier die Betrachtung projectivischer Gebilde der Hauptzweck ist, so beschränkt sich Steiner nur auf einige wenige Entwickelungen der Eigenschaften der Kegelschnitte. Sie sollten später einer umfassenden Untersuchung unterworfen werden. Zunächst folgt eine kurze Betrachtung der Kegelschnitte, wie sie sich am Kegel der unmittelbaren Anschauung darbieten, durch den Durchschnitt der Ebene und der Kegelfläche; alsdann die Erzeugung der Kegelschnitte und der Kegelfläche durch projectivische Gebilde. Es ergeben sich hier die eigentlichen wahren Fundamentalsätze, „weil sie nämlich so umfassend sind, daß fast alle übrigen Eigenschaften jener Figuren (Kegel des zweiten Grades und dessen Schnitte) auf die leichteste und klarste Weise aus ihnen folgen; und weil auch die Methode, nach der sie daraus hergeleitet werden, jede bisherige Betrachtungsweise an Einfachheit und Bequemlichkeit übertrifft". Von diesen Fundamentalsätzen betrachtet Steiner im Folgenden einige besondere Fälle, namentlich welche Gestalten die durch die projectivischen Gebilde erzeugten Figuren haben können; ferner woran zu erkennen, zu welcher Klasse der durch zwei projectivische Gebilde erzeugte Kegelschnitt gehört, und ob durch dieselben zwei Gebilde, je nachdem sie anders liegen, ein Kegelschnitt anderer Art erzeugt wird. Sodann entwickelt Steiner aus denselben Fundamentalsätzen einige bemerkenswerthe Sätze in Betreff der Kegelschnitte, z. B. durch irgend fünf Tangenten oder durch irgend fünf Punkte in einer Ebene ist ein Kegelschnitt bestimmt; ferner daß durch irgend einen Punkt in der Ebene eines Kegelschnitts im Allgemeinen und höchstens nur zwei Tangenten des letztern gehen, oder daß irgend eine Gerade in der Ebene eines Kegelschnitts den letztern im Allgemeinen und höchstens nur in zwei Punkten schneidet[1]); ferner: Bei jedem einem Kegelschnitt umschriebenen Sechseck treffen die drei Hauptdiagonalen, welche die gegenüberstehenden Ecken verbinden, in irgend einem Punkte zusammen (Satz von Brianchon), und: Bei jedem einem Kegelschnitt eingeschriebenen Sechseck liegen die drei Durchschnittspunkte der einander gegenüberstehenden Seitenpaare allemal in irgend einer Geraden. Dieser letztere Satz wurde bekanntlich von Pascal gefunden, der das Sechseck Hexagrammum mysticum nannte. Beide Sätze, der Pascal'sche und der

---

[1]) In Folge dieser Eigenschaft werden die Kegelschnitte „Linien der zweiten Klasse" und „Linien der zweiten Ordnung" genannt.

von Brianchon, zogen, seitdem man ihre Wichtigkeit für die Behandlung der Kegelschnitte erkannt hatte, die Aufmerksamkeit der hervorragendsten Geometer auf sich und wurden vielfach bewiesen. Steiner bemerkt, daß aus seiner Ableitung dieser Sätze hervorgeht, daß sie nicht die eigentliche Grundlage für die Untersuchung der Kegelschnitte bilden. Er hatte sie schon in einer früheren Abhandlung, die in den Annales de Mathématiques tom. XVIII abgedruckt ist, wesentlich vervollständigt. Die Sätze: Schneiden vier Tangenten eines Kegelschnitts irgend eine fünfte harmonisch, so schneiden sie auch jede andere Tangente desselben ebenso, und: Bestimmen vier Punkte eines Kegelschnitts mit irgend einem fünften harmonische Strahlen, so thun sie mit jedem andern Punkte desselben ein Gleiches[1]), führen weiter zur Betrachtung der harmonischen Pole und Gerade in Bezug auf einen Kegelschnitt. Auch hierbei bemerkt Steiner, daß obwohl dieser Gegenstand von französischen Mathematikern bereits mit großem Erfolge angewandt und ausgebildet worden war, dennoch weder die über harmonische Gerade und Pole aufgestellten Sätze, noch die Art und Weise der bisherigen Behandlung über die innere Natur und die eigentliche Bedeutung dieser Eigenschaften gehörige Auskunft geben, „daß vielmehr dieser Gegenstand, wie er bisher aufgefaßt und erkannt worden, nur ein Theil eines umfassenden Ganzen ist, wovon der andere Theil, der mit jenem in sehr naher Beziehung steht, unter anderer Gestalt längst allgemein bekannt war, und daß endlich die gemeinschaftliche Urquelle beider Theile aus einer eigenthümlichen Verbindung projectivischer Gebilde entspringt". Dadurch wird unter andern auch das Wesen der Involution auf eine sehr einfache Weise aufgeklärt. — Die Untersuchung wendet sich alsdann zu den „Erzeugnissen projectivischer Gebilde im Raume"; es werden hier die Erzeugungsarten und die Eigenschaften des einfachen Hyperboloids, des

[1] Die vier festen Tangenten werden in Bezug auf den betreffenden Kegelschnitt „vier harmonische Tangenten", und die vier festen Punkte in Bezug auf den zugehörigen Kegelschnitt „vier harmonische Punkte" genannt.

hyperbolischen Paraboloids, des gleichseitigen hyperbolischen Paraboloids dargethan. Durch Wiederholung und Verbindung dieser Erzeugnisse wird es möglich „eine Menge von Aufgaben leicht zu lösen, viele Sätze einfach zu beweisen, den innern Zusammenhang von Porismen klar darzustellen, sowie endlich auch die Abhängigkeit gewisser Systeme ungleichartiger Figuren von einander zu begründen, und die Gesetze für die Uebertragung der Eigenschaften des einen Systems auf das andere nachzuweisen“. Namentlich giebt das einfache Hyperboloid, vermöge der ihm zukommenden Eigenschaften und vermöge seiner doppelten Erzeugung durch projectivische Gebilde, ein Mittel an die Hand, die gegenseitige Abhängigkeit gewisser Systeme verschiedenartiger Figuren von einander klar darzuthun, die Uebertragung der Eigenschaften jedes Systems auf alle übrigen leicht zu bewerkstelligen, und zugleich auch jedes System in ein anderes zu verwandeln. Ein Anhang, Aufgaben und Lehrsätze enthaltend, schließt diesen ersten Band.

Steiner hat, seitdem er im Jahre 1834 Professor an der Berliner Universität geworden war, über die in dem eben besprochenen Werke niedergelegten Principien zur Behandlung der synthetischen Geometrie Vorträge gehalten; mit besonderer Vorliebe hat er darin über die Curven und Flächen zweiten Grades gehandelt. In dem Capitel seines Werkes, das von der Erzeugung der Linien und geradlinigen Flächen zweiter Ordnung durch projectivische Gebilde handelt, war er noch nach alt-hergebrachter Sitte von dem Kegel mit einem Kreise als Basis ausgegangen; er überzeugte sich daß diese Darstellungsweise unzweckmäßig sei und verlassen werden müsse. Steiner fand, daß die Kegelschnitte durch projectivische Gerade und Strahlbüschel rein synthetisch auf die möglichst einfache Weise erzeugt werden könnten. „Die Schwierigkeit, die hierbei zu überwinden war, bestand darin, zu beweisen, daß das durch zwei schiefliegende projectivische Gerade hervorgebrachte Erzeugniß identisch sei mit dem Erzeugniß von zwei projectivischen Strahlbüscheln die sich in schiefer Lage befinden." Die Beseitigung derselben geschah dadurch auf die einfachste Weise, daß an der geringsten Anzahl von Elementen, durch welche die Projectivität jener Gebilde bestimmt wird, und zwar an denjenigen Elementen, welche sich sowohl in Hinsicht der Gebilde als in Bezug auf den Kegelschnitt am bemerkbarsten machten, consequent festgehalten wurde. Durch diese Erzeugung der Kegelschnitte in der Ebene, durch den Durchschnitt zweier projectivischen Strahlbüschel, wurde die Betrachtung des räumlichen Kegels entbehrlich; „sie führt schneller und directer als jene frühere Betrachtungsweise in die innere Natur der Kegelschnitte hinein und schließt uns am unmittelbarsten den organischen Zusammenhang ihrer zahlreichen Eigenschaften und Geheimnisse auf". Aber es wurde dadurch nicht allein ein Fortschritt in Bezug auf die Kegelschnitte gemacht, „ebenso wird das wahre Wesen der Involution und der théorie des polaires reciproques durch besondere Eigenschaften der genannten projectivischen Gebilde geoffenbart, indem ihre nothwendige Entstehung auf überraschende Weise aus diesen Eigenschaften sich nachweisen läßt und zugleich ihr inniger Zusammenhang sich kund giebt". — Außer dieser, aus den neuern Methoden der synthetischen Geometrie sich ergebenden Betrachtungsweise der Kegelschnitte hat Steiner noch Vorträge über „Eigenschaften der Kegelschnitte und einiger andern Curven, synthetisch und elementar entwickelt", auch „populäre Kegelschnitte" genannt, gehalten[1]). Welchen Reiz diese Vorträge für ihn hatten und wie großes Interesse er ihnen zuwandte, geht aus seinen hinterlassenen Aufzeichnungen hervor, die er von Jahr zu Jahr revidirte und vermehrte. Man sieht daraus, daß er die Kegelschnitte der verschiedensten Auffassung unterwarf, um

[1]) Diese Vorträge Steiner's sind nach seinen hinterlassenen Notizen und nachgeschriebenen Heften veröffentlicht in: Jac. Steiner's Vorlesungen über synthetische Geometrie, 2 Bände, zweite Auflage, Leipzig 1875/76. Der erste Theil, herausgegeben von C. F. Geiser, enthält „die Theorie der Kegelschnitte in elementarer Darstellung"; der zweite, herausgegeben von H. Schröter, „die Theorie der Kegelschnitte, gestützt auf projectivische Eigenschaften".

zur Kenntniß ihrer allgemeinsten, sowie neuer Eigenschaften zu gelangen: er definirte den Kegelschnitt als geometrischen Ort eines Punktes, welcher gleichweit absteht von einem andern festen Punkt und von einem Kreise; er ging ferner, anstatt die Summe oder Differenz der nach den Brennpunkten gezogenen Leitstrahlen als gegeben anzunehmen, von der Summe oder Differenz zweier Tangenten aus, welche aus dem beschriebenen Punkte an zwei feste Kreise gezogen werden, oder er setzte an die Stelle der Leitlinie irgend eine Anzahl beliebige gegebene Gerade, auf welche aus dem beschreibenden Punkte Perpendikel gefällt und mit dem Leitstrahl nach dem einen Brennpunkt, sowie mit dem aus diesem letztern auf dieselben Geraden herabgelassenen Perpendikel in bestimmtes Verhältniß gesetzt werden[1]). — Diesem nach kann behauptet werden, daß durch Steiner's Arbeiten die Lehre von den Kegelschnitten und den im Raume entsprechenden Gebilden, den Flächen zweiter Ordnung, sammt den hierzu gehörigen Theorien im Wesentlichen abgeschlossen ist; was seitdem noch in dieser Beziehung geleistet worden ist, beschränkt sich auf weitere Durcharbeitung, größere formelle Vollendung[2]).

In den Untersuchungen über die Kegelschnitte wurde Steiner fast überall auf höhere Curven geführt[3]). Er würde auch, wenn er „die einleitenden Begriffe“ die in dem ersten Bande seines Werkes enthalten sind, zu vollständigen Theilen ausgeführt hätte, naturgemäß zur Darstellung von der Lehre der allgemeinen Flächen zweiten Grades, sowie zur Theorie der Raumcurven dritten und vierten Grades gelangt sein. Unter den von Steiner veröffentlichten Abhandlungen kommen hier zunächst in Betracht:

[1]) Vergl. die Abhandlung: Ueber einige neue Bestimmungs-Arten der Curven zweiter Ordnung nebst daraus folgenden neuen Eigenschaften derselben Curven (Crelle's J. Bd. XLV).

[2]) Hankel, Die Elemente der projectivischen Geometrie S. 27.

[3]) Vergl. unter andern die Abhandlung: Elementare Lösung einer geometrischen Aufgabe, und über einige damit in Beziehung stehende Eigenschaften der Kegelschnitte (Crelle's J. Bd. XXXVII).

Allgemeine Eigenschaften der algebraischen Curven, und: Ueber solche algebraische Curven, welche einen Mittelpunkt haben, und über darauf bezügliche Eigenschaften allgemeiner Curven, sowie über geradlinige Transversalen der letztern (Crelle's J. Band XLVII). In der ersteren werden die Polaren eines Punktes einer Curve n^{ten} Grades bestimmt, und die Polar-Enveloppen des bewegten Punktes (Pols) untersucht; zum ersten Mal wird hier entwickelt, wie algebraische Curven durch projectivische Curvenbüschel niedrigeren Grades erzeugt werden, die Eigenschaften der Kerncurven werden aufgestellt, und schließlich wird das Cramer'sche Paradoxon in seiner allgemeinsten Form erklärt. Welche fruchtbare Anwendung diese „allgemeinen Eigenschaften algebraischer Curven" finden, ergiebt sich aus der zweiten der oben angeführten Abhandlungen. Namentlich war es das schwierige Problem der Doppeltangenten algebraischer Curven, das Steiner hier auf synthetischem Wege in Angriff nahm. Nachdem Poncelet zuerst auf das Vorhandensein der Doppeltangenten bei algebraischen Curven aufmerksam gemacht und Jacobi die Zahl derselben direct und analytisch bewiesen hatte, war noch wenig geschehen, die weiteren wesentlichen Eigenschaften derselben zu erforschen. Steiner versuchte auf synthetischem Wege die gegenseitige Beziehung der 28 Doppeltangenten der allgemeinen Curve vierten Grades zu finden, und gelangte zu Resultaten, welche sowohl den Grund der dem Gegenstande innewohnenden Schwierigkeit aufdeckten, als auch zugleich die geeigneten Angriffspunkte für die zweckmäßige Behandlung desselben leicht erkennen ließen. Da die Resultate auf eigenthümlich verschlungenen, theils ungewöhnlichen Combinationen der gegebenen Elemente beruhten, so war es nicht zu verwundern, daß dem großen Geometer, wie er selbst gesteht, mehrere der von ihm aufgestellten Sätze nicht hinreichend begründet erschienen; er hat aber in einer spätern Abhandlung aus dem Jahre 1855: Eigenschaften der Curven vierten Grades rücksichtlich ihrer Doppeltangenten (Crelle's J. Bd. XLIX), eine Zusammenstellung der von ihm gewonnenen Resultate gegeben und zugleich den Weg und die Mittel eröffnet, die zu ihrem Beweise führen. „Neben den Resultaten über die Curven vierten Grades finden sich zudem in der Abhandlung schöne Sätze über die Curven dritten Grades und deren Kerncurven, sowie über die neuen nach Cayley benannten Curven dritter Klasse.“ — Eine zweite Anwendung „der allgemeinen Eigenschaften der algebraischen Curven“ findet sich in der Abhandlung: Ueber algebraische Curven und Flächen (Crelle's J. Bd. XLIX). Steiner handelt darin zunächst von der Zahl der Normalen aus einem Punkte auf eine algebraische Curve, und Eigenschaften der Evolute der letztern; er zeigt daß die Frage: Wie viele Normalen einer gegebenen allgemeinen algebraischen Curve n^{ten} Grades durch einen in ihrer Ebene gegebenen Punkt gehen? gleichbedeutend ist mit derjenigen: Von der wievielten Klasse die Evolute der gegebenen Curve sei? Da die gesammten Normalen jeder Curve Tangenten einer andern Curve sind, die ihre Evolute heißt, von welcher hier gezeigt wird, daß sie von der n^{2ten} Klasse ist wenn die gegebene Curve vom n^{ten} Grade, so werden in Folge dieser eigenthümlichen Beziehung, welche beide Curven zu einander haben, auch ihre Eigenschaften, namentlich ihre singulären Elemente (Punkte und Tangenten) in gegenseitige Abhängigkeit gesetzt. Die gewonnenen allgemeinen Resultate erläutert Steiner für Curven des zweiten und dritten Grades. Alsdann wendet sich Steiner zu den Normalen aus einem Punkte auf eine algebraische Fläche, deren Zahl für eine Fläche des n^{ten} Grades auf analoge Weise wie bei den algebraischen Curven gefunden werden kann; der besondere Fall, daß die Fläche vom zweiten Grade, wird ausführlich behandelt. — Von Steiner's weiteren, lange Jahre hindurch fortgesetzten Untersuchungen über die algebraischen Flächen hat er nur die Abhandlung: Ueber die Flächen dritten Grades (Crelle's J. Bd. LIII) veröffentlicht. „Es ist daraus zu sehen, daß die Flächen fortan ebenso leicht und einläßlich zu behandeln sind, als bisher die Flächen zweiten Grades.“ Steiner entwickelt darin die verschiedenen Erzeugungsarten der Flächen dritten Grades, aus welchen die wesentlichsten Eigenschaften dieser Flächen unmittelbar hervortreten.

Steiner hat auch solche Probleme, die man zur Zeit nur mit Hülfe der Analysis zu lösen gewohnt war, geometrisch behandelt. Vor allem gehören hierher seine Untersuchungen über die Maxima und Minima geometrischer Figuren. Da die allgemeinen Regeln, welche die Analysis zur Lösung von dergleichen Fragen aufstellt, in vielen Fällen weder direct noch auf einfache Weise zum Ziele führen oder auch Klarheit in Bezug auf die Entstehung des Maximums vermissen lassen, so versuchte Steiner nach dem Vorgange von L'Huilier[1]), der solche Probleme ganz elementar geometrisch behandelt hatte, neue Methoden zu gewinnen, um die ungewöhnlichen Schwierigkeiten, die in der Behandlung des in Rede stehenden Gegenstandes auftreten, zu überwinden. Wenn es nun auch ihm gelang, zur Bestimmung von gewissen Klassen der Maxima und Minima Fundamentalsätze aufzustellen, mit deren Hülfe die Fragen leicht und elegant entschieden werden konnten, so war er doch weit entfernt, etwa dem geometrischen Wege den Vorzug vor dem analytischen zu geben. Nous croyons, heißt es in der unten angeführten Abhandlung, que les deux méthodes, bien loin de s'exclure et de se repousser mutuellement, sont au contraire indispensables pour vaincre les grandes difficultès de la matière, et conduire ainsi à la solution des nombreux problèmes qui restent encore à traiter. — La méthode synthétique aura à fournir des bases solides, à établir les théorèmes fondamentaux, à montrer enfin à l'analyse le chemin qu'elle doit suivre pour pouvoir déployer librement toute sa force, et pour discuter ultérieurement les questions proposées; aussi est ce là la marche que l'on a

[1]) L'Huilier, De relatione mutua capacitatis et terminorum figurarum geometrice considerata, seu de maximis et minimis. Pars prior Element. Varsov. 1782. — L'Huilier, Polygonométrie, ou de la mesure des figures rectiligues et abrégé d'Isoperimétrie elementaire, ou de la dépendance mutuelle des grandeurs et des limites des figures. Genèv. et Paris 1789.

généralement suivie sans toujours l'avouer. — In Bezug auf das Vorstehende ist zu erwähnen die umfangreiche Abhandlung: Sur le maximum et le minimum des figures dans le plan, sur la sphère et dans l'espace en général (Crelle's J. Bd. XXIV). Es ist überraschend zu sehen, wie Steiner ausgehend von den einfachsten Fundamentalsätzen: Unter allen Dreiecken von gleichem Umfange und derselben Basis ist das gleichschenklige ein Maximum, und: Unter allen Dreiecken, welche mit zwei gegebenen Seiten construirt werden, ist dasjenige, in dem die beiden Seiten senkrecht auf einander stehen, ein Maximum (analoge Sätze lassen sich vom sphärischen Dreieck aufstellen), zu einem Princip gelangt, mit dessen Hülfe viel zusammengesetztere und scheinbar schwierigere Fragen gelöst werden können; es ist dies der Satz: Unter allen ebenen oder sphärischen Figuren von gleichem Umfange ist der Kreis ein Maximum, und: Unter allen ebenen Figuren von gleichem Inhalt hat der Kreis den kleinsten Umfang. Da nun auch die verschiedenen Theile des Kreises ähnliche Eigenschaften haben, so stehen die daraus hervorgehenden Theoreme ebenso im Zusammenhang mit dem principiellen Satz, so daß sie gleichsam als Folgerungen sich ergeben. Die Beweise von manchen diesen Theoremen würden, wenn sie direct und außer diesem Zusammenhang geführt werden sollten, großen Schwierigkeiten unterliegen; so aber folgen sie naturgemäß aus einer gemeinsamen Quelle, was ebenso wichtig und nützlich für den Fortschritt der Wissenschaft ist, als die Entdeckung der Theoreme selbst. Nachdem Steiner noch gezeigt hat, daß man auf vier andern Wegen, von denen ein jeder seine besondere Eigenthümlichkeit hat, zu demselben oben erwähnten Princip gelangen kann, wendet er sich zu den räumlichen Figuren, zu den prismatischen und pyramidalischen Körpern. Zum Schluß betrachtet er die Körper im Allgemeinen und die Kugel insbesondere, indem er speciell die Frage behandelt: Welcher von allen Körpern mit derselben Oberfläche hat den größten Inhalt, oder welcher Körper hat unter denen, die von gleichem Inhalt sind, die kleinste Oberfläche? Sie wird auf zwei Weisen gelöst, indem Steiner darthut, daß unter allen Körpern von gleichem Inhalt die Kugel die kleinste Oberfläche, und daß sie unter allen Körpern von derselben Oberfläche den größten Inhalt hat. — Andere Ergebnisse dieser Untersuchungen über Maxima und Minima sind in der großen Abhandlung: Von dem Krümmungs-Schwerpunkt ebener Curven (Crelle's J. Bd. XXI) niedergelegt. Steiner zeigt darin, daß wenn eine stetig convexe Curve durch Rollen auf einer festen Geraden eine ganze Umdrehung macht, die durch einen mit dieser Curve verbundenen Punkt beschriebene Curve allemal gerade doppelt so großen Inhalt hat als die Fußpunkten-Curve der gegebenen Curve; er zeigt ferner, daß derjenige Punkt, dessen Fußpunkten-Curve den kleinsten Inhalt hat, die merkwürdige Eigenschaft besitzt, daß er der Schwerpunkt der gegebenen Curve ist, wenn die Gewichte ihrer einzelnen Punkte (die sie in unendlich kleine gleiche Theile theilen) sich verhalten, wie die respectiven Krümmungen, oder wie die umgekehrten Werthe der zugehörigen Krümmungsradien, und deshalb wird dieser Punkt der Krümmungs-Schwerpunkt genannt. Es wird dadurch die Quadratur der Fußpunkten-Curve auf diejenige zurückgeführt, die durch den Krümmungs-Schwerpunkt beschrieben wird. Die Beweise dieser Sätze werden auf geometrischem Wege, durch bloß elementare Betrachtungen, geführt. Eine Fülle von Theoremen, welche die Quadratur vieler Curven betreffen, z. B. der verschiedenen Arten der Cycloiden, des Raumes zwischen parallelen Curven u. s. w. ergiebt sich daraus. „Ohne alle Frage hat Steiner bedeutendere für die Wissenschaft wichtigere Leistungen aufzuweisen, als diese Untersuchungen, und doch stehe ich nicht an, sie in Bezug auf Form und Inhalt als das Glänzendste zu erklären, was die Ueberfülle seines Genius geleistet hat. Ueber die kleinsten Dinge weiß er ein helles Licht zu ergießen, welches sie interessant macht, indem man sie im Zusammenhang mit höheren Gebilden erkennt, und umgekehrt werden Probleme, die vor ihm unlösbar schienen, mit spielender Leichtigkeit auf ganz elementare Sätze zurückgeführt.

Hier vor allem bewährte sich sein Bestreben, die geometrischen Figuren fortwährend zu bewegen, um ihre Eigenschaften belauschen zu können — nie läßt er sie kalt erstarren, immer werden sie in warmem Flusse erhalten." „Die Variationsrechnung hat erst lange nach Steiner, und auf dem durch ihn eröffneten Wege die Mittel gefunden, der Synthesis in der Lösung derartiger Fragen zu folgen[1])."

Wenn ein allgemeines Urtheil über Steiner's Leistungen gefällt werden soll, so ist dem bereits abgegebenen zuzustimmen: Steiner überglänzt alle seine Genossen und Mitstrebenden an Fülle der Erfindungskraft und Meisterschaft der Darstellung.

Um die Mitte des gegenwärtigen Jahrhunderts schieden die Koryphäen Gauß, Jacobi, Lejeune-Dirichlet, Steiner, denen die mathematischen Wissenschaften in Deutschland den Fortschritt und das Principat verdanken, aus dem Leben. Was seitdem auf dem Gebiet der Mathematik geleistet worden ist, gehört noch nicht der Geschichte an.

[1]) Geiser a. a. O. S. 27. 28.

www.ingramcontent.com/pod-product-compliance
Lightning Source LLC
LaVergne TN
LVHW042233300926
849161LV00003B/337
* 9 7 8 3 4 8 6 7 2 4 4 4 8 *